21 世纪教育科学系列教材

心理与教育研究中实验设计与 SPSS 数据处理

言语听觉科学教育部重点实验室资助

杜晓新　编著

图书在版编目(CIP)数据

心理与教育研究中实验设计与SPSS数据处理/杜晓新编著. —北京：北京大学出版社，2013.4
（21世纪教育科学系列教材）
ISBN 978-7-301-22361-1

Ⅰ.①心… Ⅱ.①杜… Ⅲ.①教育统计—统计分析—应用软件—师范大学—教材②心理统计—统计分析—应用软件—师范大学—教材 Ⅳ.①G40-051②B841.2

中国版本图书馆CIP数据核字(2013)第070602号

书　　　名	心理与教育研究中实验设计与SPSS数据处理 XINLI YU JIAOYU YANJIU ZHONG SHIYAN SHEJI YU SPSS SHUJU CHULI
著作责任者	杜晓新　编著
丛书主持	李淑方
责任编辑	李淑方
标准书号	ISBN 978-7-301-22361-1
出版发行	北京大学出版社
地　　　址	北京市海淀区成府路205号　100871
网　　　址	http://www.pup.cn　　新浪微博：@北京大学出版社
微信公众号	通识书苑（微信号：sartspku）　科学元典（微信号：kexueyuandian）
电子邮箱	编辑部 jyzx@pup.cn　　总编室 zpup@pup.cn
电　　　话	邮购部 010-62752015　发行部 010-62750672　编辑部 010-62767857
印刷者	北京虎彩文化传播有限公司
经销者	新华书店
	730毫米×980毫米　16开本　20.75印张　400千字 2013年4月第1版　2025年6月第7次印刷
定　　　价	49.00元

未经许可，不得以任何方式复制或抄袭本书之部分或全部内容。
版权所有，侵权必究
举报电话：010-62752024　电子邮箱：fd@pup.cn
图书如有印装质量问题，请与出版部联系，电话：010-62756370

前　言

本人从事研究生课程"心理学实验设计与数据处理""多元统计在心理与教育研究中的应用"的教学工作已有十多年，深感"工欲善其事，必先利其器"的道理。具体来说，"善其事"就是要提高学生的科研意识与研究的水平；"器"就是研究方法，自然也包括实验研究方法。然而，对于大部分文科背景的研究生（硕士与博士）来说，其"器"不利，具体反映在：基本统计概念模糊不清，看不懂相关专业的实验研究报告，学位论文中实验设计与数据处理的错误明显或严重。2009年，华东师范大学研究生院发布了"关于建设人文和社会学科研究方法类课程"的通知，其中提出："目前，我校人文和社会学科研究生在研究方法运用上存在方法陈旧、单一，定量方法运用不足等问题，为了有效改变这一现状，不断提升研究生创新意识、创新精神和创新能力，研究生院拟建设一系列面向人文和社会学科研究生的研究方法类课程。"为此，笔者在教学中，注意引进和介绍现代统计和分析方法，尽力阐明实验研究范式与实验设计之间的联系、各类实验设计与数据处理之间的联系与差异，在讲述各类实验设计与数据处理之后，要求学生对相应的实验报告进行精读。教学实践证明：上述教学方法有效提高了研究生运用实验研究方法和技术的能力。《心理与教育研究中实验设计与 SPSS 数据处理》这本教材即是笔者多年教学实践的一个初步总结。在编写过程中，力求做到：结构清晰、文字简明、简述原理、详述软件操作过程与详解统计结果。

本教材分九章。第1章，实验研究概述；第2章，单组与双组实验设计及数据处理；第3章，单因素实验设计及数据处理；第4章，两因素实验设计及数据处理；第5章，三因素实验设计及数据处理；第6章，多元方差分析实验设计与数据处理；第7章，追踪研究的实验设计与数据处理；第8章，单一被试实验设计与数据处理；第9章，实验研究报告精读。关于本教材的编写，就以下几点予以说明：

1. 近年来,国内陆续出版了一些有关实验设计与数据处理的书籍,大致有两类,一是教材,二是相关统计软件的操作手册。在教学过程中,笔者与学生遇到的主要问题是,一些教材注重原理的阐述,而与统计软件的操作结合不够密切;同样,一些操作手册注重统计软件的操作,而对实验设计原理与特点的介绍过于简单。因此,需要有一本将实验设计原理与统计软件操作紧密结合的教材,本教材就是基于上述想法而编写的。

2. 本书的各章节均包括理论与操作两部分。在理论部分主要介绍了各种实验设计的基本特点以及相应方差分析的基本原理;在操作部分,介绍了利用 SPSS 统计软件进行数据处理的方法与步骤,对软件输出结果作了较详尽的说明,并给出了各类方差分析的流程图,以便学生或读者进行比较与理清思路。在各章后均附有本章小结及思考与练习题。

3. "心理与教育研究中实验设计与 SPSS 数据处理"是大学本科课程"心理与教育统计学"、"心理测量学"的后续课程。本教材并未对基本统计知识与内容做全面与系统地叙述。因此,在学习本教材的过程中,有必要对相关的统计学概念以及基础知识进行复习,为顺利学习本教材作好必要的铺垫。

4. 据笔者多年教学与研究的经验,本教材更多的可作为相关人员进行实验研究的必备手册。为了便于读者查阅,尽量保持各类数据处理过程中 SPSS 操作步骤与结果说明的完整性,因此,依然保留了部分在前已述的内容。

本教材可作为心理学、教育学以及其他社会科学专业硕士或博士研究生的教材。还可面向所有从事心理与教育以及社会科学工作的教师、学生和研究人员。

由于作者学识有限,本书定有许多不妥之处,敬请各位专家与同行批评指正。

杜晓新
华东师范大学言语听觉康复科学系
言语听觉科学教育部重点实验室
2013 年 1 月

目 录

第1章 实验研究概述 ·· (1)
 第1节 实验研究的理论基础、特点与作用 ·· (1)
  一、实验研究与实验设计 ·· (1)
  二、社会科学中的实验研究与自然科学中的实验研究 ····························· (1)
  三、实验研究在心理与教育研究中的作用 ·· (2)
 第2节 实验研究中的变量 ··· (3)
  一、实验研究中的三类变量及其关系 ·· (3)
  二、实验变量的选择与处理 ·· (4)
 第3节 实验设计中的常用术语与类型 ··· (7)
  一、实验设计中常用术语 ·· (7)
  二、实验设计的类型 ·· (9)
 第4节 实验研究的程序 ·· (10)
  一、提出实验假设 ·· (10)
  二、确定实验设计的类型 ·· (10)
  三、选择被试 ··· (11)
  四、控制实验变量 ·· (11)
  五、收集与分析实验资料 ·· (11)
  六、撰写实验报告 ·· (12)
 本章小结 ·· (13)
 思考与练习 ·· (14)

第2章 单组与双组实验设计及数据处理 ·· (15)
 第1节 单组与双组实验设计及数据处理 ·· (15)
  一、单组实验设计 ·· (15)
  二、双组实验设计 ·· (16)
  三、双组均数差异显著性检验的基本思路 ··· (18)
 第2节 用SPSS统计软件对两样本均数进行数据处理 ······························ (21)
  一、独立样本的SPSS数据处理 ··· (21)

二、相关样本的 SPSS 数据处理 ·················· (25)
　　三、两样本均数差异显著性检验流程图 ············ (28)
本章小结 ······························· (29)
思考与练习 ······························ (29)

第 3 章　单因素实验设计及数据处理 ················ (31)
　第 1 节　单因素完全随机实验设计与数据处理 ·········· (31)
　　一、单因素完全随机实验设计的模式与特点 ·········· (31)
　　二、单因素完全随机实验方差分析的原理与步骤 ······· (33)
　　三、用 SPSS 统计软件对单因素完全随机实验进行数据处理 ·· (37)
　　四、被试分析与项目分析 ···················· (43)
　　五、单因素完全随机实验设计方差分析流程图 ········ (45)
　第 2 节　单因素随机区组实验设计与数据处理 ·········· (46)
　　一、单因素随机区组实验设计的基本特点 ············ (46)
　　二、单因素随机区组实验设计方差分析的原理与步骤 ···· (47)
　　三、用 SPSS 统计软件对单因素随机区组实验设计进行数据处理 ·· (49)
　　四、单因素随机区组实验设计方差分析流程图 ········ (55)
　第 3 节　单因素重复测量实验设计及数据处理 ·········· (56)
　　一、单因素重复测量实验设计的模式与特点 ·········· (56)
　　二、单因素重复测量实验方差分析的原理与计算步骤 ···· (57)
　　三、用 SPSS 统计软件对单因素重复测量实验进行数据处理 ·· (60)
　　四、单因素重复测量实验设计方差分析流程图 ········ (66)
本章小结 ······························· (66)
思考与练习 ······························ (67)

第 4 章　两因素实验设计及数据处理 ················ (69)
　第 1 节　两因素完全随机实验设计与数据处理 ·········· (69)
　　一、两因素完全随机实验设计的基本特点 ············ (69)
　　二、两因素完全随机实验设计方差分析的基本原理与计算步骤 ·· (70)
　　三、用 SPSS 统计软件对两因素完全随机实验进行数据处理 ·· (73)
　　四、两因素完全随机实验设计方差分析流程图 ········ (85)
　第 2 节　两因素混合实验设计及数据处理 ·············· (86)
　　一、两因素混合实验设计的基本特点 ·············· (86)
　　二、两因素混合实验设计方差分析的原理与计算步骤 ···· (87)
　　三、用 SPSS 统计软件对两因素混合实验进行数据处理 ···· (91)
　　四、两因素混合实验设计方差分析流程图 ············ (102)

第 3 节　两因素重复测量实验设计及数据处理 …………………… (103)
　　一、两因素重复测量实验设计的特点与模式 …………………… (103)
　　二、两因素重复测量实验方差分析的原理与计算步骤 ………… (104)
　　三、用 SPSS 统计软件对两因素重复测量实验进行数据处理 … (108)
　　四、两因素重复测量实验设计方差分析流程图 ………………… (119)
本章小结 ……………………………………………………………… (119)
思考与练习 …………………………………………………………… (120)

第 5 章　三因素实验设计及数据处理 …………………………… (122)

第 1 节　三因素完全随机实验设计与数据处理 …………………… (122)
　　一、三因素完全随机实验设计的基本特点 ……………………… (122)
　　二、三因素完全随机实验设计方差分析的原理与计算步骤 …… (123)
　　三、用 SPSS 统计软件对三因素完全随机实验设计进行数据处理 … (127)
　　四、三因素完全随机实验设计方差分析流程图 ………………… (142)

第 2 节　重复测量一个因素的三因素混合实验
　　　　设计及数据处理 …………………………………………… (143)
　　一、重复测量一个因素的三因素混合实验设计的基本特点 …… (143)
　　二、重复测量一个因素的三因素混合实验设计的原理与计算步骤 …… (144)
　　三、用 SPSS 统计软件对重复测量一个因素的三因素混合实验
　　　　设计进行数据处理 ………………………………………… (149)
　　四、重复测量一个因素的三因素混合实验设计方差分析流程图 … (166)

第 3 节　重复测量两个因素的三因素混合实验
　　　　设计及数据处理 …………………………………………… (166)
　　一、重复测量两个因素的三因素混合实验设计的基本特点 …… (167)
　　二、重复测量两个因素的三因素混合实验设计方差分析的
　　　　原理与计算步骤 …………………………………………… (168)
　　三、用 SPSS 统计软件对重复测量两个因素的三因素混合实验
　　　　设计进行数据处理 ………………………………………… (173)
　　四、重复测量两个因素的三因素混合实验设计方差分析流程图 …… (191)

第 4 节　三因素重复测量的实验设计及数据处理 ………………… (191)
　　一、三因素重复测量实验设计的基本特点 ……………………… (191)
　　二、三因素重复测量实验设计的原理与计算步骤 ……………… (193)
　　三、用 SPSS 统计软件对三因素重复测量实验设计进行数据处理 …… (198)
　　四、三因素重复测量实验设计方差分析流程图 ………………… (215)

本章小结 ……………………………………………………………… (216)

思考与练习 ……………………………………………………………… (219)

第6章 多元方差分析实验设计与数据处理 …………………… (220)
第1节 单因素两元实验设计与数据处理 ……………………… (220)
一、单因素两元实验设计的模式与特点 ………………………… (220)
二、单因素多元方差分析的基本原理 …………………………… (221)
三、用SPSS统计软件对单因素两元实验设计进行数据处理 …… (222)
第2节 两因素两元实验设计与数据处理 ……………………… (229)
一、两因素两元实验设计的模式与特点 ………………………… (229)
二、多因素多元方差分析的基本原理 …………………………… (230)
三、全模型的SPSS数据处理 …………………………………… (230)
四、选模型的SPSS数据处理 …………………………………… (235)
五、关于多元方差分析假设条件的检验 ………………………… (240)
本章小结 ……………………………………………………………… (246)
思考与练习 …………………………………………………………… (247)

第7章 追踪研究的实验设计与数据处理 …………………… (248)
第1节 追踪研究概述与追踪数据的方差分析 ………………… (248)
一、追踪研究概述 ………………………………………………… (248)
二、追踪数据的方差分析 ………………………………………… (249)
第2节 追踪数据一元方差分析的常见类型与
SPSS数据处理 …………………………………………… (255)
一、一组被试、多个时间点测量的实验设计与SPSS数据处理 …… (255)
二、多组被试、多个时间点测量的实验设计与SPSS数据处理 …… (259)
三、一组被试、不同测试条件、多个时间点测量的实验设计与
SPSS数据处理 ………………………………………………… (263)
四、多组被试、不同测试条件、多个时间点测量的实验设计与
SPSS数据处理 ………………………………………………… (267)
本章小结 ……………………………………………………………… (272)
思考与练习 …………………………………………………………… (272)

第8章 单一被试实验设计与数据处理 ……………………… (273)
第1节 单一被试实验简介 ……………………………………… (273)
一、单一被试实验的界定与类型 ………………………………… (273)
二、单一被试实验的方法论基础 ………………………………… (274)
三、单一被试实验的信度与效度 ………………………………… (275)

第 2 节　单一被试实验的数据收集 …………………………………… (279)
　　一、单一被试实验的数据指标 ………………………………………… (279)
　　二、单一被试实验的数据收集方法 …………………………………… (280)
第 3 节　单基线实验设计与数据处理 ………………………………… (281)
　　一、A—B 设计与数据处理 …………………………………………… (281)
　　二、A—B—A 设计与数据处理 ……………………………………… (290)
　　三、U 实验设计与数据处理 ………………………………………… (294)
第 4 节　多基线实验设计与数据处理 ………………………………… (300)
　　一、多基线实验设计与数据处理 ……………………………………… (300)
　　二、多基线实验设计的特点及实施注意事项 ………………………… (303)
本章小结 …………………………………………………………………… (304)
思考与练习 ………………………………………………………………… (305)

第 9 章　实验研究报告精读 ……………………………………… (306)
第 1 节　实验研究报告精读方法 ……………………………………… (306)
　　一、对前言部分的精读 ………………………………………………… (307)
　　二、对研究方法部分的精读 …………………………………………… (309)
　　三、对结果与分析部分的精读 ………………………………………… (312)
　　四、对结论部分的精读 ………………………………………………… (316)
第 2 节　实验研究报告精读 …………………………………………… (317)
　　一、实验研究报告举例 ………………………………………………… (317)
　　二、实验研究报告精读 ………………………………………………… (322)
本章小结 …………………………………………………………………… (325)
思考与练习 ………………………………………………………………… (325)

参考资料 ……………………………………………………………… (326)

第1章 实验研究概述

在具体介绍各种实验研究方法之前,先简要介绍实验研究的理论基础、特点与作用;实验研究中的变量、实验设计的类型、常用术语以及实验研究的基本程序。

第1节 实验研究的理论基础、特点与作用

一、实验研究与实验设计

实验研究的理论基础是实证主义。实证主义认为:社会的任何现象是一种客观存在,不受主观意志的影响。社会现象必然能被经验所感知,客观存在的现象必须可以还原为直接的经验,理论的正确性必须由经验来验证。自然科学的研究思路遵循的是实证主义的观点,由于事物内部和事物之间必然存在着某种逻辑关系,对事物的研究就是要找到这些关系,并通过科学的方法对它加以验证。

实验研究是自然科学研究的基本方法,是在人为严密控制实验条件的基础上,有计划地操纵实验变量,观测与这些变量相伴随的现象,探究实验因子与反应现象之间的关系。在实验之前,需要对实验的整个框架进行设计,即实验设计。实验设计分为广义的实验设计与狭义的实验设计。广义的实验设计是指科学研究的程序性知识,它包括问题的提出、假说的形成、变量的选择、结果的分析、论文的撰写等一系列内容。狭义的实验设计是指实施实验处理的一个计划方案以及与计划方案有关的统计分析。本书所述的实验设计主要是指狭义的实验设计。

二、社会科学中的实验研究与自然科学中的实验研究

心理学与教育学属于社会科学,社会科学的研究方法大致分为两类:一是量的研究;二是质性研究。实验研究属于量的研究,然而,社会科学中的实验研究与自然科学中的实验研究有较大的区别:第一,社会科学实验研究的

对象大多为人，而自然科学实验研究的对象大多为自然现象；第二，社会科学实验研究中的变量较多，关系复杂，而自然科学实验研究中的变量较少，关系相对简单；第三，社会科学实验研究中的测量方法一般采用量表、调查问卷或仪器与设备；而自然科学实验研究的测量方法大多采用仪器与设备。由于社会科学中的实验研究与自然科学中的实验研究存在上述主要区别，因此，相对于自然科学中的实验研究，社会科学中的实验研究具有以下特点：① 更多地涉及研究的伦理与道德；② 难以严格地控制实验变量；③ 实验数据多为间接测量的结果，其实验效度相对较低。因此，有人将社会科学中的实验研究称为准实验研究。

三、实验研究在心理与教育研究中的作用

心理学研究与实验研究关系密切，历史源远流长。早在1879年，著名德国心理学家冯特就在莱比锡大学创建了世界上第一个心理学实验室，开始用自然科学的实验方法来研究心理现象，成为现代心理学的奠基人。一百多年来，科学研究方法与计算机统计软件的问世与进步，为心理学实验研究的发展提供了前所未有的空间。在研究方法上，已由过去只研究单变量过渡到研究多变量，因此，不仅可以分析因素的主效应，也可分析因素之间的交互效应；已由对少数单指标的直接观测变量进行研究过渡到对多指标的潜在变量进行研究，即可将较多的外生潜在变量（原因变量）与内生潜在变量（结果变量）纳入同一个模型进行研究，如此，既可研究变量之间的相关关系，也可研究变量之间的因果联系。在统计分析技术上，由于各类统计软件如SPSS、SAS、LISREL、AMOS等的问世，使相应统计结果的获得变得十分简便与可行。总之，研究方法与统计技术的进步，极大地提升了实验研究的地位与作用、拓展与丰富了心理学的研究领域。目前，在教育研究中提倡质性研究与量的研究相结合，教育研究中的实验研究往往有自身的特点：如实验现场不是实验室，而是教育教学场所（如教室等）；实验中的变量更为复杂，对无关因素的控制难度加大；更多地依赖非标准化的工具进行测量；实验周期相对较长等。尽管如此，实验研究在教育研究中依然占有重要地位。研究者通过实验的方法，探索教育教学中各因素的相互关系，例如，探讨学习策略训练对提高儿童阅读理解能力的作用、探讨不同教学方法对学生学科成绩影响、探讨学生个性特征与其创造性思维能力的关系等。

第 2 节 实验研究中的变量

一、实验研究中的三类变量及其关系

（一）自变量、因变量和无关变量

变量是指在数量或质量上可变的事物的属性。如,光的强度可由弱变强,呈现时间可由短变长,智商可由高到低,性别有男或女等,这些都属于变量。在实验设计中,一般将变量分为自变量、因变量和无关变量三类。自变量与因变量是数学中的一个常用概念,请看下面的函数式：

$$y = kx + b$$

这是一个一元一次函数,对应的图形是一条直线。其中,x 是自变量；y 是因变量；k 是斜率,b 是截距,k 与 b 均为常数。当常数确定后,因变量随自变量的变化而变化。这里,将因变量与自变量的概念引入实验研究中。自变量是指在实验中实验者可操纵的变量,因此我们说操纵自变量；因变量是实验者要观察与测量的变量,因此我们说测量因变量。无关变量是指在实验中,不是实验者所欲研究的变量,但会对因变量产生影响的变量,因此我们说控制无关变量。

（二）三类变量之间的关系

在实验中,三类变量相互联系与相互作用。如在只有一个自变量和因变量的实验设计中,自变量、因变量和无关变量三者之间关系,可如图 1-2-1 所示。

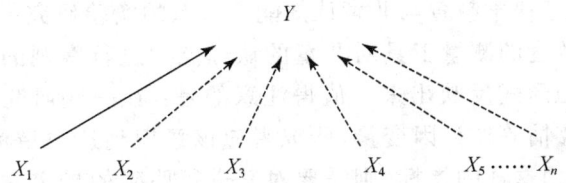

图 1-2-1 三类变量之间的关系

图中,Y 是因变量,$X_1,X_2,X_3,X_4,X_5,\cdots,X_n$ 是都会对 Y 产生影响的变量。而在该实验中,研究者只欲探讨某一变量与 Y 的关系,不失一般性,假设此变量为 X_1,这时 X_1 就是自变量,其与 Y 之间的关系用实箭头表示；而 $X_2,X_3,X_4,X_5,\cdots,X_n$ 都是无关变量,它们与 Y 的关系用虚箭头表示。

任何一项实验研究均涉及上述三类变量。例如,有一项"三种不同教学方法对学生阅读成绩影响"的实验研究。从题目中我们可知：学生阅读成绩是因变量,三种不同的教学方法是自变量。研究的目的是要探究自变量与因变量的关系,即三种不同的教学方法是否会对学生阅读成绩产生不同的影响?另外,除了自变量教学方法之外,所有可能影响学生阅读成绩的因素都是无关变量。

又如,一项题为"大麻含量对人的长时记忆影响"的实验研究。从题中可知:人的长时记忆是因变量,大麻含量是自变量。其研究的目的是要探究或证明:大麻对人的长时记忆是有正面影响?负面影响?还是没有影响。在该实验中,除了大麻含量以外,所有其他可能影响人的长时记忆的因素都是无关变量。

二、实验变量的选择与处理

(一)因变量的选择与测量

在实验研究中,因变量的选择十分重要。一般来说,选择的因变量要符合两个标准,一是有效性、二是客观性。所谓有效性是指因变量与自变量要有一定的内在联系,即因变量能准确与敏感地反映自变量的变化。例如,在探讨组织策略训练与学生阅读理解能力关系的实验研究中,如果将词汇识别与阅读理解合并起来作为因变量的指标,那么,该因变量的选择就是无效的。因为在实验中,阅读理解能力主要指的是对文本信息整体把握的能力,词汇识别虽然与阅读理解有关系,但只是文本中的局部信息,与文本信息的整体把握没有直接的联系。客观性是指因变量指标是客观存在的,具有可量化的性质,是可以用客观的方法测量与记录到的,如反应时、反应频率、学习成绩、认知能力等。例如,在探讨儿童科学教育与儿童认知能力关系的实验研究中,就必须采用具有一定信度与效度的测量工具对儿童的认知能力进行客观的评价,将儿童的认知能力以量的形式反映出来。值得注意的是:在一些研究中,将主观幸福感、亲社会性、移情等作为因变量,研究者应该意识到这类指标的获得较为随意与主观,如采用这样的指标,则需要对其进行明确的界定,并采用适当的工具来获得有效的数据。

在确定了因变量之后,就需要对这些因变量进行测量,测量就需要采用相应的测量工具。在心理与教育测量学中,将测量工具分为标准化的测量工具与非标准化的测量工具。标准化的测量工具提供了因变量指标在一定年龄段的常模(平均数与标准差),如韦氏智力测验量表、瑞文智力测验量表等;如果没有提供常模,那就是非标准化的测量工具,如实验者自编的调查问卷、学科测验试卷等。在研究中,要使用测验工具时,实验者必须清楚这些工具是标准化的还是非标准化的,如果是非标准化的测验工具,必须考虑其信度与效度。

例如,在一项实验研究中,将人的长时记忆作为因变量,那么如何测量长时记忆的水平呢?实验者自编了一个包括 100 个单词的词表,并尽量使单词之间没有语义上的联系。实验中让被试学习该词表,并于一个月后招回被试,让其自由回忆学习过的 100 个单词,并以回忆百分率作为长时记忆水平的衡量指标。在该实验中,词表是反映被试长时记忆水平的测量工具,并没有提供常模,是一个非标准化的测量工具,但依据心理学原理,此工具依然是可信与可靠的。

(二) 自变量的分类与操纵

一般而言,所有可能影响因变量的因素均可作为自变量。但为了叙述的方便,还是将自变量人为地分为以下两类:

1. 按内外来源分

所谓的内外,是以被试自身为参照而言的,如果以被试以外的影响因素作为自变量,那么这些自变量就是外源性的。外源性的自变量主要包括物理刺激和社会性刺激。例如,在灯光强度对阅读速度影响的实验研究中,灯光强度是自变量,是来自外部的物理刺激。又如,在不同奖励措施对儿童合作行为影响的实验研究中,不同奖励措施就是来自外部的社会性刺激。

在实验研究中,如果以被试的某些心理或生理属性为自变量,那么这些自变量就是内源性的。内源性的自变量又可分为被试固有属性与暂时属性。固有属性是指比较稳定的属性,如性别、年龄、智力水平等;暂时属性是指较易改变的属性,如动机水平、疲劳程度等。如在探讨儿童年龄与认知发展水平的研究中,年龄是自变量,是被试的固有属性。又如,在探讨学生情景焦虑水平与其学业成就关系的研究中,情景焦虑水平是自变量,是被试的暂时属性。

2. 按数据类型分

在教育统计和心理测量学中,数据分为连续型随机数据与间断型随机数据两类。在实验研究中,自变量的取值有时是连续型随机数据,有时是间断型随机数据。如果将刺激呈现的时间作为自变量,那么时间是连续型随机数据;如果将被试性别、学科成绩及格与否等作为自变量,那么性别、学科成绩及格与否就是间断型随机数据。

在自变量的操纵过程中,必须注意两个问题:一是自变量的取值间隔;二是自变量取值的范围。例如,在研究学生焦虑水平与学习成绩的关系时,如果有三种不同的自变量的取值间隔与范围,则会出现三种截然不同的结果,如图 1-2-2 所示。

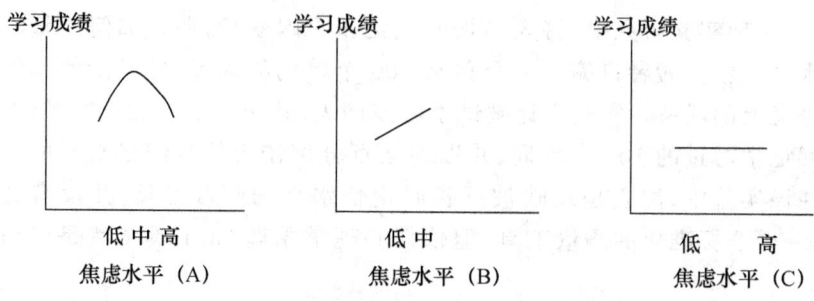

图 1-2-2 焦虑水平与学习成绩的关系

第一种情况,自变量取值间隔与范围适当,结论为:学生焦虑水平与学习成绩呈倒 U 型关系(如图 A);第二种情况,自变量取值范围过窄,未包括高焦虑水平,则结论为:学生焦虑水平与学习成绩呈正相关(如图 B);第三种情况,自变量取值间隔过大,未包括中等焦虑水平,其结论为:学生焦虑水平与学习成绩呈零相关(如图 C)。已有大量心理学研究结果证明:第一种结论符合实际情况,而后两种结论都是错误的。

一般来说,如何确定实验中自变量取值范围与间隔,通常有两种方法,一是根据有关的理论与前人的研究经验,二是根据预实验的结果。

(三)无关变量的识别与控制

实验中所有可能对因变量产生影响,但又不作为自变量的因素都是无关变量。对无关变量控制的严格程度,涉及实验的效度问题。实验效度分为内部效度与外部效度,内部效度是指因变量与自变量之间的关联程度,如果因变量的变异大部分能由自变量的变异来解释,实验的内部效度就高,如果因变量的变异大部分不能由自变量的变异来解释,实验的内部效度就低。外部效度是指实验结果的推广程度,如果实验结果可解释的范围大,实验的外部效度就大,可解释的范围小,外部效度就低。一般来说实验的内部效度与外部效度呈反比关系,即实验的内部效度高,外部效度就低,内部效度低,外部效度就高。显然,无关变量的控制既关系到实验的内部效度,也关系到实验的外部效度。对无关变量控制的越严格,实验的内部效度就越高,而外部效度就越低。一般来说,在基础心理学实验中,更注重提高实验的内部效度,在教育现场实验中,更注重提高实验的外部效度。

在实验研究中,控制无关变量的方法大致有两类:一是控制被试。具体包括:① 随机化,即从总体中随机选取被试,并将被试随机地分配给各个实验处理组;② 匹配,即将被试在某一或某些属性上进行配对,使其在这一或这些属性上尽量保持一致,并将经配对的被试分配到实验组或对照组;③ 消除或平衡,即尽可能选择在某属性上同质的被试,如被试在性别、年龄、文化程度、经济条件等基本相同。二是实验设计,即可通过不同类型的实验设计来控制无关变量,提高实验的内部效度。如在单因素随机区组实验设计中,可以通过设置区组变量,来减少被试个体差异对实验结果的影响。

第3节 实验设计中的常用术语与类型

一、实验设计中常用术语

根据实验研究的目的与实验条件,会有不同的实验设计类型。为了介绍实验设计的类型,先介绍有关的常用术语。

(一)因素、因素水平与因素水平的结合

实验研究中的自变量也称为因素;因素水平是指因素的不同取值或类型;因素水平的结合就形成了某种实验处理情景,如在一项两因素实验设计中,有 A 与 B 两个因素,A 因素有 a_1 与 a_2 两个水平;B 因素有 b_1 与 b_2 两个水平,这时 $a_1b_1, a_1b_2, a_2b_1, a_2b_2$ 就形成四种因素水平的结合。

(二)被试间变量与被试内变量

实验设计的类型与自变量性质密切相关,自变量可分为被试间变量与被试内变量。在完全随机实验设计中,自变量是被试间变量,每个被试只接受一次因素的一个水平或一次因素水平结合的实验处理。这里,需要注意区分被试间变量与被试变量。被试变量是指将被试的某种属性作为变量,如:年龄、性别、智力等。在一些实验设计中,经常将被试变量作为被试间变量。在重复测量的实验设计中,自变量是被试内变量,每一个被试必须接受因素所有水平或所有因素水平结合的实验处理。例如,要进行"不同阅读方法对阅读理解水平影响"的实验研究,可采用两种实验设计:如果是单因素完全随机实验设计,由于阅读方法是自变量,有无策略阅读、标记中心句与填充组织结构图三个水平,故被试分为三组,每位被试采用一种不同的阅读方法,因此,自变量阅读方法是被试间变量;如果是单因素重复测量的实验设计,实验只有一组被试,而每位被试必须采用三种不同的阅读方法。因此,自变量阅读方法是被试内变量。

(三)主效应与交互效应

1. 主效应

实验中一个因素的不同水平所引起的变异称为该因素的主效应。它是通过忽略实验中其他因素不同水平引起的变异,而仅单纯计算某一个因素引起的效应而得到的。在多因素实验设计中,有几个因素就有几个主效应。例如,在"学习能力和教学方法对学生学习成绩影响"的实验研究中,就有学习能力和教学方法两个主效应。学习能力的主效应就是在不考虑采用什么样的教学方法的情况下,看不同学习能力学生的成绩是否有显著差异。教学方法的主效应就是在不考虑学生学习能力的情况下,看不同教学方法是否会对学生学习成绩造成显著影响。

2. 交互效应

在多因素实验中,自变量之间往往互相影响,共同对因变量产生作用。当一个因素的不同水平在另一个因素的不同水平上变化趋势不一致时,称这两个因素之间有交互效应。在一个实验中,如有两个自变量 A 与 B,则可检验 $A*B$ 一个交互效应;如果有三个自变量,则可检验 $A*B,A*C,B*C$ 与 $A*B*C$ 四个交互效应。因此,可检验的交互效应的数量是各因素的组合数。

以上述"学习能力和教学方法对学生学习成绩影响"的实验研究为例,如果将实验数据整理、绘制成图,可能有两种情况,如图 1-2-3 所示。

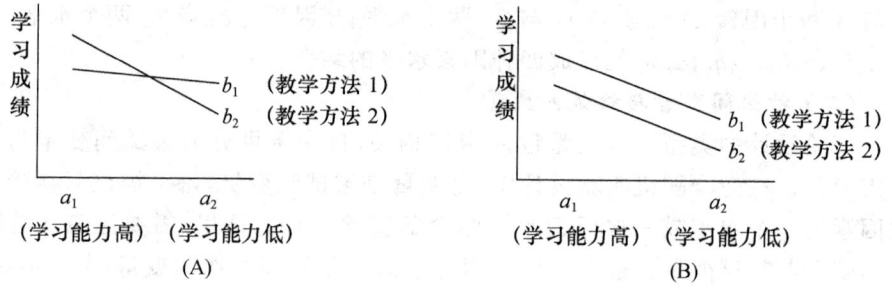

图 1-2-3　教学方法与学习能力的交互作用

图 1-2-3(A 图)两条直线交叉,即两直线的变化趋势不一致,表明教学方法与学习能力可能有交互效应。即采用教学方法 1 时,学习能力高与低的学生在学习成绩上没有显著差异。而采用教学方法 2 时,学习能力高的学生的学习成绩高于学习能力低的学生。图 1-2-3(B 图)两条直线平行,即两直线的变化趋势一致,表明教学方法与学习能力无交互效应。即无论采用教学方法 1 还是教学方法 2,学习能力高的学生的学习成绩均优于学习能力低的学生。

3. 简单效应及其检验

一个因素的各水平在另一个因素的某个水平上的变异叫简单效应。在上述"学习能力和教学方法对学生学习成绩影响"的实验研究中,如果学习能力(A)和教学方法(B)有交互效应,则还需进行简单效应的检验。即检验 a_1 与 a_2 在 b_1 水平上的差异,检验 a_1 与 a_2 在 b_2 水平上的差异。具体如图 1-2-4 所示。

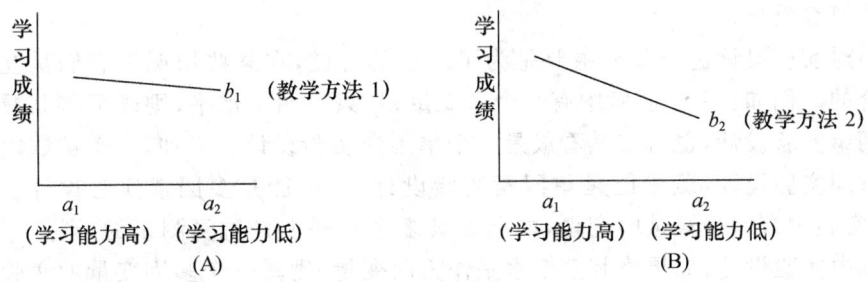

图 1-2-4　简单效应检验

从图 1-2-4(A)可大致判断：当采用教学方法 1 时，学习能力高与低的学生在学习成绩上没有显著差异。从图 1-2-4(B)可大致判断：采用教学方法 2 时，学习能力高的学生的学习成绩高于学习能力低的学生。然而，在统计学上是否有显著差异，不能仅依赖视觉上的判断，还需要从数据统计结果来判断。

4. 简单简单效应检验

在多因素实验中，有可能会产生三阶交互效应。例如，在一项性别、学习能力与教学方法对学习成绩影响的实验研究中，性别有男女两个水平，学习能力有高低两个水平，教学方法有方法 1 与方法 2 两个水平，因变量是学习成绩。这是一个 $2*2*2$ 的三因素实验设计，如果初步统计结果显示 $A*B*C$ 交互效应显著，则需进行简单简单效应检验，即可在 a_1 水平下进行 $A*B$ 交互效应检验，在 a_2 水平下进行 $A*B$ 交互效应检验。从上可知，当三阶交互效应显著时，简单简单效应检验实际上是将一个三维空间的问题转化为几个两维平面的问题来解决。正因为如此，实验设计中的自变量不宜超过 3 个，因为一旦产生三阶以上的交互效应，对结果的解释将会变得较为困难。

二、实验设计的类型

可从不同的维度对实验设计进行分类。如从被试数量看，可分为单一被试实验设计、多被试实验设计；从被试分组的数量看，可分为单组实验设计、双组实验设计及多组实验设计；从实验中包含的因素数量看，可分为单因素实验设计与多因素实验设计；从自变量的性质看，可分为被试间设计、被试内设计与混合实验设计。如实验中的自变量均为被试间变量，就是被试间实验设计，又称为非重复测量的实验设计；如实验中的自变量均为被试内变量，就是被试内实验设计，又称为重复测量的实验设计；如实验中既有被试内变量又有被试间变量，就称为混合实验设计。从实验中因变量的数量来看，可分为单因变量与多因变量的实验设计；从实验数据获取的特点来看，可分为横断研究设计与追踪研究设计。

对实验设计进行分类主要是为了叙述的方便,在某些情况下它们是互相重合的。例如:一个实验中有一个自变量,且只有两个水平,则既可将其看成是两组实验设计,也可将其看成是一个单因素实验设计。又如,一个被试内或被试间实验设计,既可能是单因素实验设计,也可能是多因素实验设计。再如,实验中有一个被试内变量,如果在其多个水平上是重复测量的,则是一个被试内实验设计,如果将其多个水平作为因变量,则是一个多因变量的实验设计。关于每种实验设计的特点与数据处理方法,将在本书后几章中详细介绍与讲解。

第4节 实验研究的程序

实验研究的程序就是实验的具体步骤,即实验者在实验的各个阶段应做的事情。概括地说,一般的实验研究需要经过以下六步:提出实验假设、确定实验设计的类型、选择被试、控制实验变量、收集与分析实验资料与撰写实验报告。

一、提出实验假设

实验假设是关于条件和结果之间(即自变量与因变量之间)关系的陈述。一般可有两种陈述形式:① 如果把对条件的叙述记为 x,把对行为表现的叙述记为 y,一般取如果 x 怎样,那么 y 就怎样的形式作为实验的假设。② 用函数关系来表示。如用函数 $y=f(x)$ 来表明自变量 x 与因变量 y 的函数关系,这个方程式就读作 y 为 x 的函数,或 y 数量地依存于 x。

如在"大麻对人的长时记忆影响"的实验中,研究者假设:大麻含量对人的长时记忆是有影响的,如果大麻含量增加,那么人的长时记忆能力就逐渐减退。或者假设:人的长时记忆能力与服用大麻量呈反比关系。

二、确定实验设计的类型

在研究问题明确,实验变量确定之后,就需要选择实验设计的类型。如以"大麻对人的长时记忆影响"实验为例,可采用单因素完全随机实验设计;如欲研究文章类型与有无标记对学习困难儿童阅读理解能力的影响,则可采用两因素完全随机实验设计,如要提高该实验的精度,则可采用两因素重复测量的实验设计。总之,要根据研究目的、研究的假设、实验的条件以及对实验精度的要求来选择适当的实验设计。

三、选择被试

在实验设计的类型确定以后,就需要考虑选择实验被试。一是要考虑需要多少被试,被试的数量与实验设计的类型有关。二是要考虑如何来选择被试,即选择符合实验要求的被试。一般而言,选择被试的方法有以下两种:① 随机抽样法。这是最基本的抽样方法,即被试是从对应总体中随机抽取出来的,每个被试从总体中被抽取的机会是均等的。② 分层抽样法。当总体是由不同大小的组或层次组成时,就必须从各层次中抽取一定数量的被试,这样得到的样本才能更好地代表总体。

四、控制实验变量

对于实验中的变量,研究者必须思考与回答以下问题:① 实验的自变量是什么?如何进行操纵?② 实验的因变量是什么?如何观察与测量?③ 实验中有哪些无关变量?如何控制?

五、收集与分析实验资料

1. 资料的类别

一般来讲,在实验研究中,资料主要分为以下三类:

(1) 分类资料:就是按个体的某一属性或某一反应类别进行分类的资料。如被试是男还是女,是高年级还是低年级,其回答是对还是错等。

(2) 等级资料:在实验的过程中,往往需要用各种心理量表来获取数据。有些量表则将被试心理或行为发生的程度赋予强、中、弱等等级,这类资料属于等级资料。

(3) 计量资料:就是用测量所得的数值大小来表示的资料,如被试者的年龄、体重、身高、脉搏、学科成绩等。

2. 数据分析

对实验数据进行分析主要包括两个方面:一是运用统计学知识对数据进行处理,如利用统计软件计算样本的相关统计量,并检验与推断相应的总体参数。在应用统计软件时,要正确选择相应的统计方法,如:对单因素完全随机实验设计,应采用 SPSS 统计软件中的单因素方差分析(ONE-WAY ANOVA)模块进行数据处理;二是运用有关的专业知识对数据背后所蕴涵的信息做出恰当与合理的解释。

六、撰写实验报告

实验结束后，就需要将实验的过程以及结果通过书面的形式反映出来，即撰写实验报告。一般来讲，一个完整的实验报告，通常包括以下内容：题目、摘要、关键词、引言（问题的提出）、实验方法（包括实验设计、被试选取、实验步骤、数据处理方法等）、结果、讨论、结论（小结）、参考文献及附录等。

1. 题目

题目要简洁明了。一般来说，题目中就可包含自变量与因变量。例如，"标记类型对学生句子阅读理解的影响"，从题目可以看出："标记类型"是自变量，"句子阅读理解"是因变量，该研究就是要验证：不同的"标记类型"是否会对学生句子阅读理解水平产生影响。

2. 摘要

正式发表的实验报告一般要求写摘要。摘要就是用最概括的文字归纳总结实验研究的问题、方法、结果等。一些杂志还要求附英文摘要。

3. 关键词

关键词是实验报告中出现频率较高或需要界定的词，一般3至5个。通常在研究题目中就包含关键词。如在"标记类型对听障学生句子阅读理解影响的实验研究"这一题目中，"标记类型"、"听障学生"、"句子阅读理解"就可作为关键词。

4. 引言

在引言或前言中，研究者大致要说明以下内容：① 研究的目的与意义，可包括理论意义与实际意义。② 研究背景，即阐述国内外对该问题研究的历史与现状，并在此基础上，提出拟研究的问题。③ 提出假设，即对实验研究的结果提出预期。④ 简要介绍本研究的框架。引言要力求文字简练，逻辑严密。

5. 实验方法

实验方法部分主要包括实验设计、被试选取、实验步骤、数据处理方法等内容。① 实验设计，主要是说明实验设计的类型，如"本实验采用2×3两因素完全随机实验设计"，则表明该实验中有两个因素，第一个因素有两个水平，第二个因素有三个水平。② 被试选取，则需说明选取被试的方式，被试的年龄、性别、来源、数量以及分组等情况。③ 实验步骤，即对实验实施的具体过程予以说明，具体可包括：实验环境、指导语、实验具体过程等。如果涉及有关量表，则需要介绍量表的名称、版本、修订日期、信度与效度等。如果是自编的问卷，则要说明问卷结构、评分标准；如果有多名评分者，则需要报告评分者的评分一致性信度。如果使用相关的仪器设备,则需注明仪器的型号、生产厂家等。另外,还需说明数据处理的方法或工具,如:"本研究采用 SPSS13.0 或 SAS 统计软件进行数据处理"。

6. 结果

报告实验结果主要包括统计图与统计表两种形式。对每一幅图、每一张表都应编号并配以文字说明。在此,仅对图与表中的内容进行客观的说明,不需做任何扩展性讨论。

7. 讨论

讨论部分大致包括以下内容:① 实验结果是否验证了原假设。② 当实验结果不能充分验证假设或各部分之间有矛盾时,就要进行分析,找出可能的原因。③ 如果实验结果与前人或别人的研究结果不一致时,应分析原因,进行讨论,提出自己的见解。④ 当得到意外的实验结果时,更应进行深入的分析与讨论。在结果讨论部分要注意,要围绕本实验研究展开,内容要紧扣主题,尤其需要注意的是,不可人为地扩大实验结果所适用的范围。

8. 结论

结论部分主要是用精练的文字对实验结果进行概括性地总结,即说明本实验得到了几条主要结论,每一结论的具体内容是什么。

9. 参考文献

在参考文献中,要将参考论文、书目的作者、题目、出版社、出版日期和参考页码等写明,以便读者查找。参考文献的排列顺序一般以其在文章中被引用的先后为序。

10. 附录

附录部分一般包括一些需向读者展示的实验原始资料,如:实验指导语、实验材料(题例)、测试材料(题例)等。

本章小结

1. 实验法是在人为严密控制的条件下,有计划地操纵实验变量,观测与这些实验变量相伴随的现象,探究实验因子与反应现象之间关系的一种方法。

2. 自变量是可以被实验者操纵、改变以影响被试行为的因素。因变量是指随自变量的变化而改变的量。无关变量是指在实验中,不是实验者所欲研究的变量,但会对因变量产生影响的变量。在实验中,要操纵自变量、测量因变量、控制无关变量。

3. 实验中的自变量也称为因素,因素的不同情况称为因素水平,因素水平的结合是指各因素水平结合的实验处理条件。

4. 被试间实验设计的基本特征是：在实验中每一个被试只接受一个水平或一个处理水平结合的实验处理。单因素及多因素完全随机实验设计就是被试间实验设计，被试间实验设计又称为非重复测量的实验设计，其中的自变量称为被试间变量。

5. 被试内实验设计的基本特征是：在实验中每一个被试接受所有处理水平或处理水平结合的实验处理，被试内实验设计又称为重复测量的实验设计，其中的自变量为被试内变量。单因素、多因素重复测量实验设计都是被试内设计。

6. 实验中一个因素的不同水平所引起的变异称为该因素的主效应。当一个因素的不同水平在另一个因素的不同水平上变化趋势不一致时，称这两个因素之间有交互效应。一个因素的水平在另一个因素的某个水平上的变异叫简单效应。

7. 实验研究的程序一般需要六个步骤，即：提出实验假设、确定实验设计的类型、选择被试、控制实验变量、收集与分析实验资料与撰写实验报告。

思考与练习

1. 有一项题为"儿童科学教育对儿童认知能力发展的实验研究"，请思考该研究中的因变量与自变量是什么？可能的无关变量有哪些？

2. 什么是被试内与被试间变量？被试间变量与被试变量的区别与联系是什么？

3. 请说明什么是交互效应与简单效应。两者之间有什么联系？

4. 大致有哪些实验设计类型？

第 2 章　单组与双组实验设计及数据处理

在心理与教育实验研究中,经常采用单组与双组实验设计。本章将对单组及双组实验设计的类型、数据处理的基本原理以及如何利用 SPSS 统计软件进行数据处理予以叙述与说明。

第 1 节　单组与双组实验设计及数据处理

一、单组实验设计

单组实验设计是以一组被试为实验研究对象,施加某种实验处理的实验设计。在单组实验设计中,又可分为单组后测实验设计和单组前后测实验设计。下面就对这两种设计模式的特点进行介绍。

(一)单组后测实验设计

单组后测实验设计的模式如下:

$$X—O$$

其中,X 代表实验处理,O 代表实验的后测。这种设计的特点是:既无前测也无对照组,实验处理(X)在前,对被试行为的观察记录或测验(O)在后。据了解,我国一些学校在进行单科单项教学改革或探索性教学实验尝试时,往往采用这种实验模式。应该说,这种实验有一定的实践意义,通过实验探索能改进原有的教育教学工作。但由于这种实验模式缺乏对无关变量的控制,缺少被试实验前后测量结果的对比,又由于没有对照组,难以排除被试自然成熟因素的影响等。因此,很难对研究的结果予以准确的定论。为了弥补这种实验设计的缺陷,在单组后测实验设计的基础上,在实验处理实施前,增加一次前测,将其演变成了单组前后测实验设计。

(二)单组前后测实验设计

单组前后测实验设计的模式如下:

$$O_1—X—O_2$$

其中,O_1 代表前测,通过前测可以获得被试在实验处理前某行为或属性的初始状况;X 为实验处理;O_2 为后测,即用与前测相同的评价方法或测验工具对被试进行测试。实验后,对 O_1 与 O_2 进行统计检验,如结果表明两者差异显著,则得出实验处理有效的结论。例如,为了研究口算练习对计算能力的影响,取一组有代表性的学生作为被试,先测量其计算水平(前测),然后进行一个月口算训练,即每日随堂练习10分钟。最后再用难度相等的另一套测验题目测量被试计算水平(后测)。如果统计检验表明该组学生后测平均成绩显著高于前测。则可得出口算练习对提高学生计算能力有显著作用的结论。与单组后测实验设计相比,单组前后测实验设计,由于增加了一次前测,提供了一个与后测结果进行比较的参照点,故其实验的内部效度在一定程度上有了提高。

单组前后测实验设计存在的主要问题是:此模式仍然难以排除被试自然成熟对因变量的影响。例如,在一项"儿童科学教育对其认知能力影响的实验研究"中,研究者采用单组前后测实验设计,被试为幼儿园中班儿童,并采用自编的工具对儿童认知能力进行前测与后测,整个研究过程为期一年(两学期)。前测与后测统计结果表明:儿童认知能力后测平均成绩显著高于前测。实验者因此得出结论:对中班儿童进行科学教育能有效提高其认知能力。然而这一结论难以成立。因为,中班儿童正处于认知能力发展的关键时期,后测成绩高于前测,是儿童自然成熟的影响?还是科学教育的作用?抑或兼而有之?显然,实验者是无法明确回答这些问题的。

综上,单组前后测实验设计的应用会受到一定程度的限制,只有当实验周期较短、环境较稳定、并能明确排除被试自然成熟的影响时才可采用。为了克服单组前后测实验设计的缺陷,在设立实验组的同时,再设立一个对照组,通过两组之间的对比来尽可能地排除诸如被试自然成熟等无关变量的影响。这就是下面将要介绍的双组实验设计。

二、双组实验设计

双组实验设计是心理与教育研究中经常采用的一种实验设计方法,它是通过设置一个对照组来平衡被试自然成熟等无关因素对实验结果所产生的影响,因而其结论更具说服力。如欲检验两种阅读策略训练方法对提高儿童阅读水平哪一种更有效,则可采用双组实验设计。双组实验设计有两种模式。

(一)双组前后测实验设计

双组前后测实验设计模式如下:

$$G_1: O_1 — X_1 — O_2$$
$$G_2: O_3 — X_2 — O_4$$

其中，G_1 代表组 1；G_2 代表组 2。O_1 与 O_2 分别表示组 1 的前测与后测；O_3 与 O_4 分别表示组 2 的前测与后测。X_1 与 X_2 表示不同的实验处理。该实验设计的逻辑是：在实验前对两组进行前测，并检验前测成绩的差异，在保证两组前测成绩没有显著性差异的基础上，两组被试分别接受不同的实验处理（X_1、X_2），实验后，对两组被试进行后测，并对两组后测成绩进行差异的显著性检验，如果后测成绩有显著性差异，那就说明，两组的差异是由于不同的实验处理造成的。

我们来看一个实际应用的例子：有研究者为了验证小学语文阅读教学中组织策略训练的效果，进行了这样一项实验研究。他们以四年级学生为实验对象，将其分为实验班和对照班。并设计了 A、B 两份阅读测验试卷（长度、难度一致）。实验前，随机选用 A 卷对两班学生进行前测。前测数据统计结果为：两班成绩无显著性差异，从而表明：两班在实验前阅读能力是相当的。实验开始后，实验班在阅读课上接受组织策略的训练，对照班则按常规教学计划上课，两班教师水平与作业量均相当。一学期后，用 B 卷对两班同时进行后测，测试程序与前测相同。后测数据统计结果表明：两班成绩有显著性差异，实验班的成绩远高于对照班。因此，研究者得出结论：两班阅读成绩的差异可以看成是实验处理造成的，即组织策略训练对提高学生语文阅读能力有明显的效果。通过上例可见：研究者通过设立对照组、设计平行试卷、进行前测、平衡教师水平与作业量等手段，较严格、有效地控制了无关变量。因此，该研究的结论是可信与可靠的。

（二）双组延时实验设计

双组延时实验设计模式如下：

$$G_1: O_1 - X_1 - O_2 - O_3$$
$$G_2: O_4 - X_2 - O_5 - O_6$$

与双组前后测实验设计相比，该模式增加了两次后测，即 O_3 和 O_6，即两组在经过第一次后测之后，经过一段时间又进行了第二次后测。该模式的主要功能在于验证实验处理是否具有延时效应。这里，可分三种情况进行讨论：① O_1 等于 O_4，O_2 不等于 O_5，O_3 等于 O_6。这表明：经过不同的实验处理，两组第一次后测成绩有差异，但第二次后测成绩已无差异，即不同的实验处理对两组被试成绩的影响只有即时效应，没有延时效应。② O_1 等于 O_4，O_2 等于 O_5，O_3 不等于 O_6。这表明：经过不同的实验处理，两组的第一次后测成绩无差异，而第二次后测成绩有差异，即实验处理没有即时效应，但有延时效应。③ O_1 等于 O_4，O_2 不等于 O_5，O_3 不等于 O_6，这表明：实验处理对两组被试成绩的影响既有即时效应，也有延时效应。

在上述小学语文阅读教学中组织策略训练效果的研究中,如果研究者想验证组织策略训练是否对提高学生阅读水平具有延时效应,也可采用双组延时实验设计。

三、双组均数差异显著性检验的基本思路

在对两组数据均数进行差异的显著性检验时,大致需经三个步骤:第一,判断数据是独立样本还是相关样本,如果是独立样本则需进行方差齐性检验。第二,判断数据是大样本还是小样本。第三,根据四种不同情况选择相应的公式计算统计量,并根据统计量进行统计推断。

(一) 独立样本与相关样本

1. 相关样本

如果两个样本内的个体之间存在着一一对应关系,这两个样本就称为相关样本。相关样本有两种情况:第一,用同一个测验对同一组被试在不同时间点(如实验前后)进行测验所得的数据是相关样本;第二,根据某些条件基本相同的原则,将被试一一配对,然后将每对被试随机地分配到两组,对两组被试实行不同的实验处理后,用同一个测验所获得的数据,也是相关样本。

2. 独立样本

两个样本内的个体是随机抽取的,它们之间不存在一一对应的关系,这样的样本称为独立样本。如某班级男、女学生数学考试成绩组成的两个样本就属于独立样本。另外,可以更简明地说,如果不是相关样本,那就是独立样本。

3. 方差齐性检验

一般来说,如果是独立样本,则需要对两样本进行方差齐性检验。因为,两样本均数差异显著性检验的一个基本前提条件是:各样本所来自的总体应具有同质性。方差齐性检验就是检验样本所对应的总体是否同质。如果两个样本的方差相差很大,超过统计学所规定的范围,我们就说,两样本方差不齐,即被试不同质;如果两样本方差的差异未超过统计学所规定的范围,我们就说,两样本方差齐性,即被试同质。一般来说,相关样本被认为是基本同质的样本,因此,我们只需要对独立样本进行方差齐性检验。方差齐性检验的公式如下:

$$F = \frac{n_1 \hat{\sigma}_{X1}^2 / (n_1 - 1)}{n_2 \hat{\sigma}_{X2}^2 / (n_2 - 1)}$$

上式中,$\hat{\sigma}_{X1}^2$ 和 $\hat{\sigma}_{X2}^2$ 分别表示两个样本的方差,n_1 和 n_2 分别表示两个样本的容量。

在检验时,将方差大的作为分子,方差小的作为分母。通过查 F 表得到 F 的临界值,将计算所得的 F 值与 F 表中的临界值进行比较,从而做出统计决断。F 检验统计决断规则如表 2-1-1 所示。

表 2-1-1　F 检验统计决断规则表

F 值与临界值的比较	P 值	误差分析	检验结果
$F < F(df_1, df_2)_{0.05}$	$P > 0.05$	抽样误差大,本质误差小	无显著差异
$F(df_1, df_2)_{0.05} \leq F < F(df_1, df_2)_{0.01}$	$0.01 < P \leq 0.05$	抽样误差较小,本质误差较大	有显著差异
$F \geq F(df_1, df_2)_{0.01}$	$P \leq 0.01$	抽样误差极小,本质误差极大	有极显著差异

例 2-1-1

对某小学四年级两个班的学生进行阅读理解测验。甲班 10 人,测验成绩的方差是 6.640;乙班 9 人,成绩的方差为 7.272,问:两组方差是否齐性?

$$F = \frac{n_1 \sigma_{X1}^2 / (n_1 - 1)}{n_2 \sigma_{X2}^2 / (n_2 - 1)}$$

$$= \frac{9 \times 7.272/(9-1)}{10 \times 6.460/(10-1)}$$

$$= 1.14$$

其中,分子自由度 $= 9 - 1 = 8$,分母自由度 $= 10 - 1 = 9$,经查表,临界值 $F(8,9)_{0.05} = 3.23$,$F = 1.14 < 3.23$,所以,$P > 0.05$。因此,抽样误差的可能性较大,本质误差的可能性较小,故在 0.05 显著性水平上认为两样本方差是齐的。如果两样本方差不齐,可选用两均值比较的校正公式进行统计检验(具体方法可参见有关统计教材)。

(二)大样本与小样本

1. 大样本

两个样本的容量 n_1、n_2 都大于或等于 30 的样本称为大样本。

2. 小样本

两个样本容量 n_1、n_2 均小于 30,或其中一个小于 30 的样本称为小样本。

(三)计算统计量,进行统计推断

1. 两样本均数差异显著性检验公式

通过对样本类型与大小的判断,可产生对应的四种情况,即:相关大样本、相关小样本、独立大样本和独立小样本,其对应统计量及自由度的计算公式如表 2-1-2 所示。

表 2-1-2 两样本均数差异检验统计公式表

样本类型		统计量	自由度
相关样本	大样本	$Z = \dfrac{\overline{X}_1 - \overline{X}_2}{\sqrt{\dfrac{\sigma_{X1}^2 + \sigma_{X2}^2 - 2r\sigma_{X1}\sigma_{X2}}{n-1}}}$	
	小样本	$t = \dfrac{\overline{X}_1 - \overline{X}_2}{\sqrt{\dfrac{\sigma_{X1}^2 + \sigma_{X2}^2 - 2r\sigma_{X1}\sigma_{X2}}{n-1}}}$	$n-1$
独立样本	大样本	$Z = \dfrac{\overline{X}_1 - \overline{X}_2}{\sqrt{\dfrac{\sigma_{X1}^2}{n_1} + \dfrac{\sigma_{X2}^2}{n_2}}}$	
	小样本	$t = \dfrac{\overline{X}_1 - \overline{X}_2}{\sqrt{\dfrac{n_1\sigma_{X1}^2 + n_2\sigma_{X2}^2}{n_1+n_2-2} \times \dfrac{n_1+n_2}{n_1 n_2}}}$	$n_1 + n_2 - 2$

2. 计算统计量,进行统计推断

(1) Z 统计量

从表 2-1-2 中可见,无论是相关还是独立样本,只要是大样本,就用 Z 统计量。Z 检验统计决断规则如表 2-1-3 所示。

表 2-1-3 Z 检验统计决断规则表

计算出 Z 与临界值比较	P 值	误差分析	检验结果
$Z < 1.96$	$P > 0.05$	抽样误差大,本质误差小	两样本均数无显著差异
$2.58 > Z \geqslant 1.96$	$0.01 < P \leqslant 0.05$	抽样误差较小,本质误差较大	两样本均数有显著差异
$Z \geqslant 2.58$	$P \leqslant 0.01$	抽样误差极小,本质误差极大	两样本均数有极显著差异

此表可转化为检验统计决断图,如图 2-1-1 所示。

(2) t 统计量

从表 2-1-2 中可见,无论是相关还是独立样本,只要是小样本,就用 t 统计量。t 检验统计决断规则如表 2-1-4 所示。

表 2-1-4 t 检验统计决断规则表

计算出 t 与临界值比较	P 值	误差分析	检验结果
$|t| < t(df)_{0.05}$	$P > 0.05$	抽样误差大,本质误差小	两样本均数无显著差异
$t(df)_{0.05} \leqslant |t| < t(df)_{0.01}$	$0.01 < P \leqslant 0.05$	抽样误差较小,本质误差较大	两样本均数有显著差异
$|t| \geqslant t(df)_{0.01}$	$P \leqslant 0.01$	抽样误差极小,本质误差极大	两样本均数有极显著差异

说明:df 为自由度,根据显著性水平与相应的自由度查 t 值临界表。

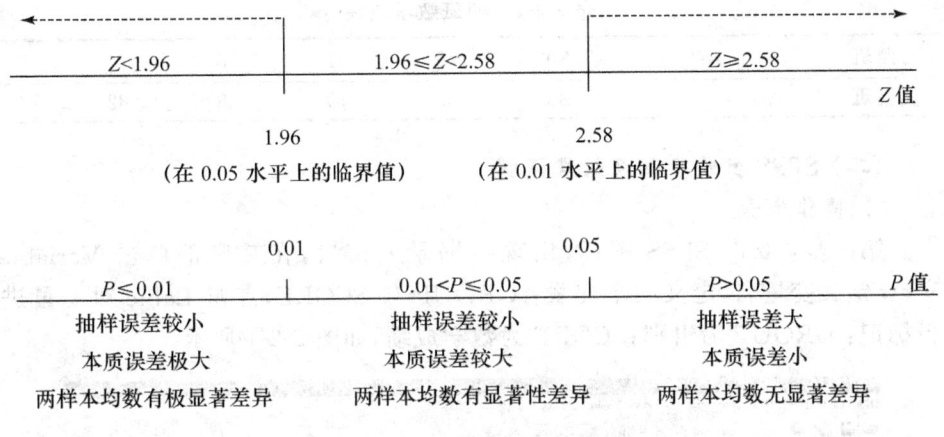

图 2-1-1　Z 检验统计决断图

以上介绍了单组与双组实验设计的类型及两组数据均数差异显著性检验的基本思路。其中,正确判断两组数据是独立样本还是相关样本尤为重要,因为在相应的 SPSS 操作中,独立样本 t 检验对应的统计模块是(Independent-Samples T Test...);相关样本 t 检验对应的统计模块是(Paired-Samples T Test...),两者不能混淆。结合上述单组与双组实验设计的类型,可总结如下:单组前后测实验设计的数据是相关样本;而双组前后测实验设计的数据有两种可能,如果是被试配对实验,则相应的数据是相关样本,否则,就是独立样本。

第 2 节　用 SPSS 统计软件对两样本均数进行数据处理

本节将对如何利用 SPSS 统计软件对独立样本与相关样本进行差异的显著性检验进行叙述与说明。

一、独立样本的 SPSS 数据处理

(一)例题

例 2-2-1

从某校初一年级随机抽取 15 名学生,对照班 7 人,实验班 8 人。对实验班进行一学期的数学教学改革实验,两班后测数学成绩见表 2-2-1,问两组成绩是否有显著差异?

表 2-2-1　两班数学成绩

| 对照班 | 76 | 77 | 80 | 78 | 81 | 78 | 74 | |
| 实验班 | 83 | 80 | 85 | 86 | 79 | 88 | 82 | 77 |

（二）SPSS 操作步骤及结果说明

1. 操作步骤

第一步：双击 SPSS 图标，出现数据录入窗口，在其底部单击 Variable View 定义变量名，定义两个变量：GROUP 与 SCORE，点击 Lable 对变量进行标记：GROUP 为组别；SCORE 为数学成绩，如图 2-2-1 所示。

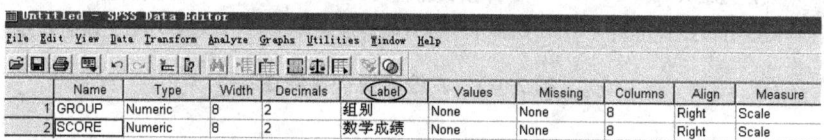

图 2-2-1　定义变量及变量标记

对组别变量赋值并标记，设定：1 为对照班，2 为实验班，分别点击 Add 完成操作，如图 2-2-2 所示。

点击 OK 返回数据录入窗口，在数据录入窗口底部单击 Data View，输入原始数据，如图 2-2-3 所示。

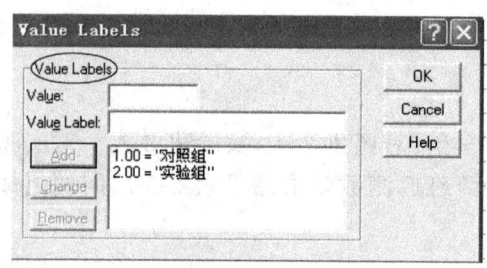

图 2-2-2　变量组别赋值

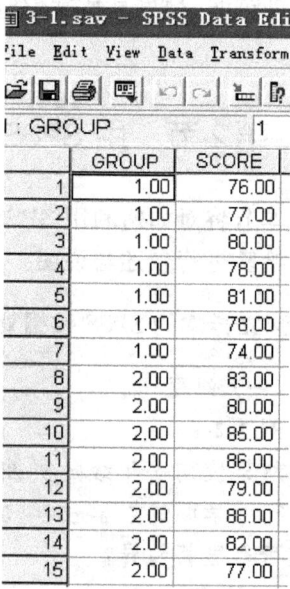

图 2-2-3　原始数据

第二步：选择菜单 Analyze(统计分析)\Compare Means(均数比较)\Independent-Sample T test(独立样本 t 检验)进行检验，如图 2-2-4 所示。

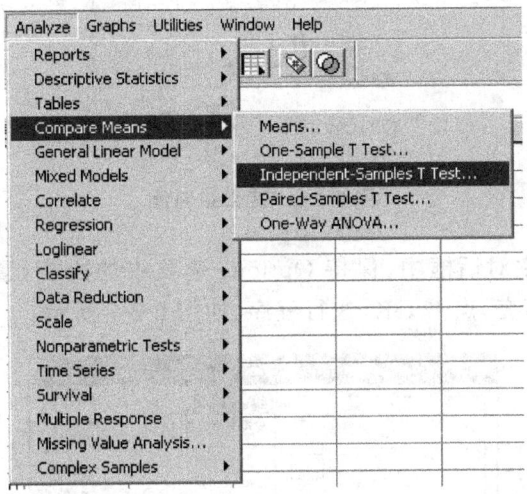

图 2-2-4　两独立样本均数差异检验菜单图

第三步：将数学成绩[SCORE]键入测试变量 Test Variable[s]:框中；将 GROUP 键入组别变量(Grouping Variable:)框中，如图 2-2-5 所示。

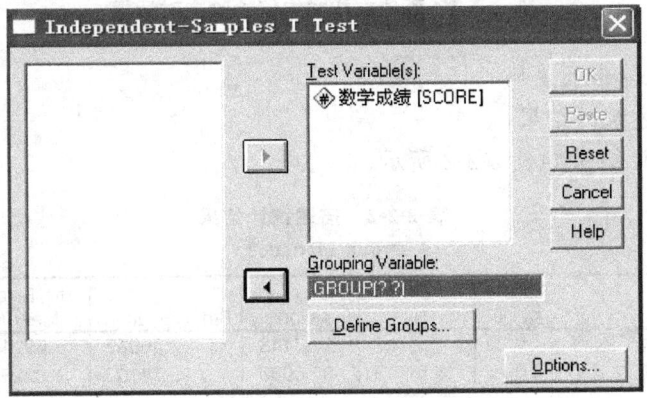

图 2-2-5　变量框

在图 2-2-5 中的 Grouping Variable:下出现 GROUP[？？]，括号中的第一个问号要求输入组别中的最小标号值；第二个问号要求输入组别中的最大标号值。点击 Define Groups...按钮赋值：第一组标号值为 1；第二组标号值为 2，如图 2-2-6 所示。完成后，点击 Continue 按钮，返回主对话框。

23

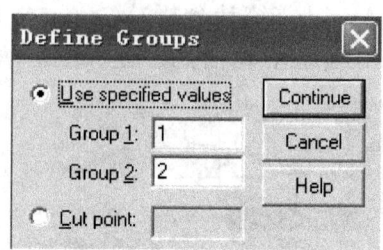

图 2-2-6 定义组别值

第四步:在主对话框中,保持 Options 选项中的内容(置信区间 95%,删除单个缺省值)不变,点击 OK,执行程序,如图 2-2-7 所示。

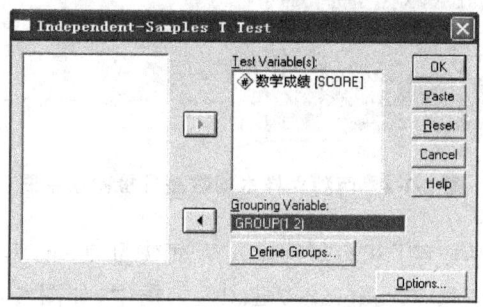

图 2-2-7 两独立样本均值检验主对话框

2. 结果输出及说明

(1) 描述统计结果

描述统计结果如表 2-2-2 所示。

表 2-2-2 描述统计结果

Group Statistics

	组别	N	Mean	Std. Deviation	Std. Error Mean
数学成绩	1.00	7	77.7143	2.36039	.89214
	2.00	8	82.5000	3.74166	1.32288

表中列出了组别及标记、两组被试数(N)、平均数(Mean)、标准差(S.D)、均数标准误(Std. Error Mean)。

(2) 独立样本 t 检验结果

检验结果如表 2-2-3 所示。

表 2-2-3　t 检验结果表

Independent Samples Test

		Levene's Test for Equality of Variances		t-test for Equality of Means					95% Confidence Interval of the Difference	
		F	Sig.	t	df	Sig. (2-tailed)	Mean Difference	Std. Error Difference	Lower	Upper
数学成绩	Equal variance assumed	1.986	.182	-2.908	13	.012	-4.78571	1.64560	-8.34082	-1.23061
	Equal variance not assumed			-2.999	11.935	.011	-4.78571	1.59559	-8.26431	-1.30712

说明：

(1) Levene's Test for Equality of Variances 是两样本方差齐性检验，检验结果：$F=1.986$，$P(\text{Sig})=0.182>0.05$，说明两样本方差齐性。

(2) 当方差齐时，参照第一行 Equal variances assumed 的统计结果；当方差不齐时，参照第二行 Equal variances not assumed 的统计结果。

(3) t-test for Equality of Means 是对两样本的均值进行 t 检验，由于两样本方差齐性，故参照 Equal variances assumed 的检验结果，结果显示：$t=-2.908$，P 值（双侧）$=0.012$，$0.01<P<0.05$，说明实验班与对照班数学成绩有显著性差异，另从两样本均值差（Mean Difference $=-4.78571$）可知，实验班的数学成绩显著高于对照班。

二、相关样本的 SPSS 数据处理

(一) 例题

例 2-2-1

对 10 名脑瘫儿童施以运动训练，测定其举起哑铃的次数，前后测数据见表 2-2-4，问该训练是否有效？

表 2-2-4　10 名脑瘫儿童训练前后结果表

编号	1	2	3	4	5	6	7	8	9	10
训练前	13	14	13	15	6	7	11	7	12	13
训练后	23	16	12	26	10	15	14	14	15	16

(二) SPSS 操作步骤及结果说明

1. 操作步骤

第一步：定义变量并录入数据。定义两个变量，分别为：训练前和训练后，如图 2-2-8 所示。

	pretest	postest
1	13.00	23.00
2	14.00	16.00
3	13.00	12.00
4	15.00	26.00
5	6.00	10.00
6	7.00	15.00
7	11.00	14.00
8	7.00	14.00
9	12.00	15.00
10	13.00	16.00

图 2-2-8　10名脑瘫儿童训练前后数据表

第二步：选择菜单：Analyze（统计分析）\Compare Means（均数比较）\Paired-Samples T test（相关样本 t 检验），如图 2-2-9 所示。

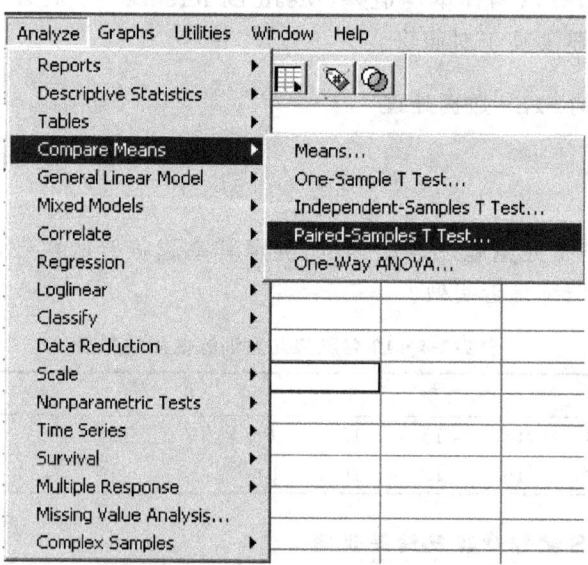

图 2-2-9　相关样本均数检验菜单图

第三步：将两变量移至相关变量（Paired Variable:）框中，如图 2-2-10 所示。

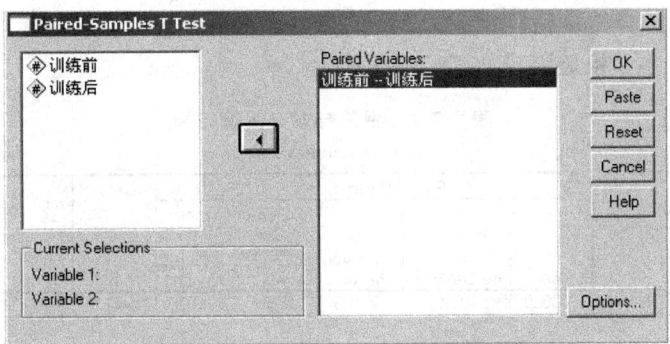

图 2-2-10　相关样本均数检验主对话框

第四步：点击 OK，执行程序。

2. 结果输出及说明

（1）描述统计结果

如表 2-2-5 所示。

表 2-2-5　描述统计结果表

Paired Samples Statistics

		Mean	N	Std. Deviation	Std. Error Mean
Pair 1	训练前	11.1000	10	3.24722	1.02686
	训练后	16.1000	10	4.84080	1.53080

说明：表 2-2-5 中列出的是训练前后的平均数（Mean）、被试数（N）、标准差（S.D）以及均数标准误（Std. Error Mean）。

（2）相关系数及其显著性检验结果

如表 2-2-6 所示。

表 2-2-6　相关系数表

Paired Samples Correlations

	N	Correlation	Sig.
Pair 1　训练前 & 训练后	10	.614	.059

说明：

① 训练前后成绩的相关系数（Correlation）为 0.614。

② 相关系数双侧显著性检验结果为：训练前后成绩相关系数不显著（$P=0.059>0.05$）。在相关样本 t 检验中，SPSS 不进行 Levene's Test 方差齐性检验，而是进行前后数据的相关检验，研究者希望前后数据满足相互独立的假设。

(3) 相关样本 t 检验结果

相关样本 t 检验结果如表 2-2-7 所示。

表 2-2-7 相关样本 t 检验结果

Paired Samples Test

	Paired Differences							
				95% Confidence Interval of the Difference				
	Mean	Std. Deviation	Std. Error Mean	Lower	Upper	t	df	Sig. (2-tailed)
Pair 1 训练前 - 训练后	-5.00000	3.82971	1.21106	-7.73961	-2.26039	-4.129	9	.003

表 2-2-7 中，Mean 表示训练前后成绩的平均差值、S.D 为差值的标准差、Std. Error Mean 为差值均数标准误、95% Confidence Interval of the Difference 为前后成绩差值的置信区间，即在 95% 的可靠性上，该区间的下限为 -7.73961，上限为 -2.26039。$t = -4.129$，自由度为 9，$P = 0.003 < 0.01$，说明训练前后成绩有极显著差异，从均值看，训练后成绩明显优于训练前。

三、两样本均数差异显著性检验流程图

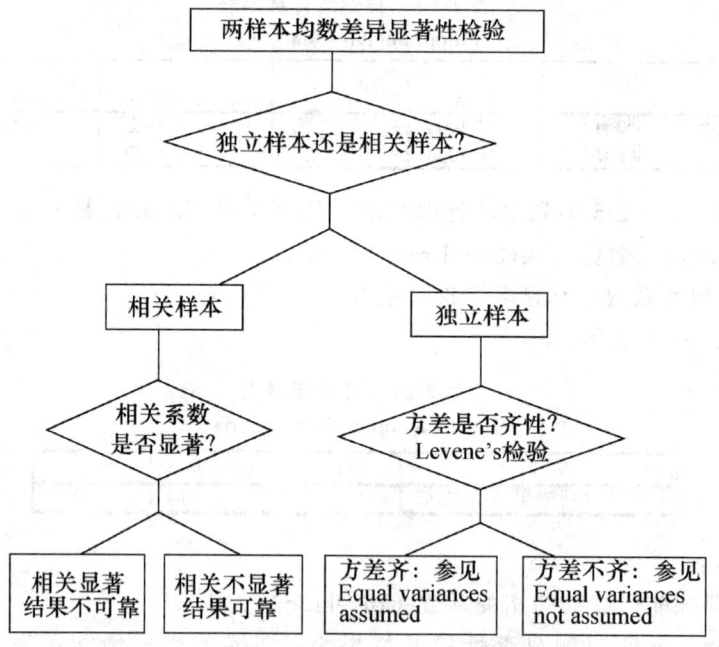

图 2-2-11 两样本均数差异显著性检验流程图

本章小结

1. 单组实验设计是以一组被试为实验研究对象,施加某种实验处理的实验设计。单组实验设计的主要问题是难以排除被试自然成熟对因变量的影响;双组实验设计是通过设置一个对照组来平衡被试自然成熟等无关因素对实验结果所产生的影响,因而其结论更具说服力。

2．相关样本

如果两个样本内的个体之间存在着一一对应关系,这两个样本就称为相关样本。相关样本有两种情况:第一,用同一个测验对同一组被试在实验前后进行两次测验所得的数据是相关样本;第二,根据某些条件基本相同的原则,将被试一一配对,然后将每对被试随机地分配到两组,对两组被试实行不同的实验处理后,用同一个测验所获得的数据,也是相关样本。

3．独立样本

两个样本内的个体是随机抽取的,它们之间不存在一一对应的关系,这样的样本称为独立样本。另外,可以更简明地说,如果不是相关样本,那就是独立样本。

4．独立样本与相关样本统计分析的比较

设计类型	步骤	SPSS 统计模块	SPSS 数据结构	备注
独立样本	1. 需进行方差齐性检验。 2. 方差齐或不齐时,需参照不同的统计比较方法。	Analyze \ Compare Means\ Independent-Samples T test...	A B 1 × 1 × 2 × 2 ×	A 是分组变量,B 是因变量。
相关样本	进行两组数据相关系数显著性检验。相关系数不显著,说明两组数据相互独立,满足统计假设条件。	Analyze \ Compare Means\Paired-Samples T test...	A B × × × × × × × ×	A 是前测数据,B 是后测数据。

思考与练习

1. 单组实验设计与双组实验设计各有什么优缺点?

2. 请举例说明独立样本与相关样本。

3. 两组实验设计:

$G_1: O_1 - X_1 - O_2 - O_3$

$G_2: O_4 - X_2 - O_5 - O_6$

问：

(1) 当 $O_1 = O_4$, O_2 不等于 O_5, $O_3 = O_6$ 时, 说明什么？

(2) 当 $O_1 = O_4$, $O_2 = O_5$, O_3 不等于 O_6 时, 说明什么？（请举例说明）

4. 为了研究两种识字教学法是否有显著差异，根据学生的智力水平、努力程度、识字量等条件基本相同的原则，将学生配成 10 对，然后将每对学生随机地分入实验组和对照组。实验组以分散识字教学为主，对照组以集中识字教学为主，后期统一测验结果如下表，请检验两种识字教学法的效果有无显著性差异？

组别	1	2	3	4	5	6	7	8	9	10
实验组	93	72	91	65	81	77	89	84	73	70
对照组	76	74	80	52	63	62	82	85	64	72

5. 对两样本均值进行比较，SPSS 统计结果如下，请对下表进行解释：

表 1

		N	Mean	S.D
性别	男	7	77.7143	2.3604
	女	8	82.5000	3.7417

表 2

	Levene's Test for Equality of Variances		t-test for Equality of Means		
	F	Sig.	t	df	Sig
Equal variances assumed	1.986	.012	-2.908	13	.012
Equal variances not assumed			-2.999	11.935	.06

第3章 单因素实验设计及数据处理

如前所述,单因素实验设计是指实验中只有一个自变量的实验设计。根据被试接受实验处理方式的不同,单因素实验设计又分为:单因素完全随机实验设计、单因素随机区组实验设计、单因素重复测量实验设计和单因素拉丁方实验设计。本章将介绍单因素完全随机实验、单因素随机区组实验与单因素重复测量实验设计。

第1节 单因素完全随机实验设计与数据处理

本节将对单因素完全随机实验设计的模式与特点、方差分析的基本原理与步骤,以及如何利用SPSS统计软件对单因素完全随机实验结果进行数据处理等问题进行叙述与说明。

一、单因素完全随机实验设计的模式与特点

(一)实验设计及被试分配模式

例如:有一项"不同阅读策略训练方法对学生阅读理解水平影响的实验研究"。该研究的因变量为阅读理解成绩,自变量 A 是阅读策略训练方法,分3个水平,a_1 为标记策略训练;a_2 为概括策略训练;a_3 为组织策略训练。随机选取 N 名被试,并随机分配到3个实验组,如每组被试4人,则总被试量 N 为12人,其实验设计及被试分配模式如表3-1-1。

表3-1-1 单因素完全随机实验设计及被试分配模式

a_1	a_2	a_3
S_1	S_2	S_3
S_4	S_5	S_6
S_7	S_8	S_9
S_{10}	S_{11}	S_{12}

说明：表 3-1-1 第一行中的中 a_1,a_2,a_3 分别表示自变量 A 的三个水平。S(Subject)表示被试，其下标的阿拉伯数字表示被试的编号。如 S_6 表示编号为 6 的被试在 a_3 因素水平上的阅读理解成绩。

（二）单因素完全随机实验设计的基本特点

（1）实验中只有一个自变量（被试间变量），一般有两个以上水平。

（2）如自变量有 p 个水平，实验就有 p 组。如果每组被试为 n 名，则总被试量 N 为 $n \times p$。随机抽取 N 名被试，并随机分配到 p 个实验组，每名被试只接受一种水平的实验处理。

（3）一般来说，有两种情况可用单因素完全随机实验设计：一是随机选择 N 个同质的被试，并随机分配到 p 个不同水平的实验处理中，每组被试人数可相同，也可不同。二是有 p 组不同质的被试接受同一种实验处理，每组被试人数可相同，也可不同。

（4）单因素完全随机实验设计的优点是：每个被试只需接受一次处理，没有疲劳与练习效应。缺点是：由于被试间的个体差异无法控制，实验的精度较低。

（三）单因素完全随机实验设计方差分析的前提条件

（1）正态分布。因变量在每个实验单元内都呈正态分布。

（2）方差齐性。因变量在所有实验单元内的方差齐性。

（3）独立性。被试必须从总体中随机抽取，因变量在各个单元内的数据相互独立。

（4）连续性。因变量应为连续型变量。

在采用单因素随机实验设计与数据处理时，应注意以下问题：① 如果自变量有两个水平，即实验中有两组被试，则 F 检验与两组 Z 或 t 检验等效。换句话说，两个独立样本差异的显著性检验可看成是单因素完全随机实验设计的特例；② 如果自变量有两个以上水平，即实验中有多组被试，则不能用 Z 或 t 检验去进行所有两组之间差异的显著性检验。以三组为例，如果对三组数据进行两两比较，则需做 3 次 Z 或 t 检验，若每次都在 95% 可靠度上检验，那么，依概率乘法定理，3 次检验的可靠度仅为 85.7%，即，如果各组均数实际上并没有显著性差异，而统计决断为有显著性差异（α 错误）的可能性就由 5% 增大到了 14.3%；③ 如果 F 检验结果显著，则表明各组均数中至少有两组均数的差异是显著的，但并不知道哪几组均数差异显著，所以还需进一步做各组均数的多重比较。

二、单因素完全随机实验方差分析的原理与步骤

(一) 单因素完全随机实验方差分析的基本原理

例 3-1-1

有 A、B、C 三种不同的阅读策略训练方法,从 5 年级学生中随机挑选 12 名学生参加训练,将其随机分为 3 组,每组 4 名学生,每组接受一种训练方法。一学期结束后,对 12 名学生进行阅读理解能力测验,测验结果如表 3-1-2 所示。

表 3-1-2 阅读理解能力测验结果

A 训练法	B 训练法	C 训练法
2	10	9
3	7	11
3	9	10
4	6	10

将上例中的数据绘制成图 3-1-1。

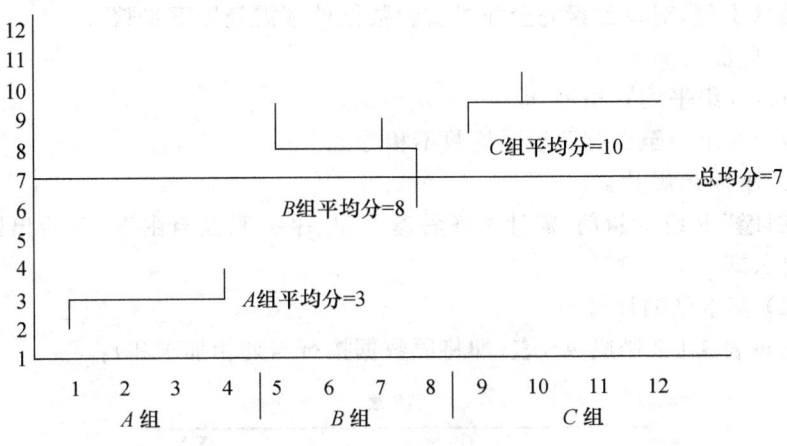

图 3-1-1 三组阅读理解成绩均值图

从图 3-1-1 可见,12 名被试的总平均分为 7 分。A 组平均为 3 分;B 组平均分为 8 分;C 组平均分为 10 分。首先,从各组均数来看,A 组低于总平均分,B 与 C 组高于总平均分。显然各组间产生了差异,我们把各组平均数之间的差异称为组间变异(差异)。由于已经假定被试是同质的,所以,组间变异显然是由于不同实验处理(3 种不同的训练方法)造成的。第二,从各组内部来

看,各被试的测试成绩并不一定等于该组平均数,我们把这种组内差异称为组内变异(差异),组内变异主要是由个体间差异及实验误差造成的。因此,在单因素完全随机实验设计中,可以将总变异分解为组间变异和组内变异,即:总变异=组间变异+组内变异。

总变异即总平方和,包括实验处理效应与各种无关变异。组间变异即组间平方和,指所有由实验处理引起的变异。组内变异即组内平方和,包括所有不能用实验处理解释的变异,如个体差异及实验误差。在总平方和中减去组间平方和就是组内平方和。

如果规定 F 值等于组间变异与组内变异之比,则分两种情况进行讨论:① 如果 F 值等于或接近1,则说明组间变异与组内变异相等或接近,不同实验处理所造成的差异等于或接近被试间的个体差异,那么就可以确定各实验处理无差异。② 如果 F 值远大于1,即组间变异远大于组内变异,即不同实验处理所造成的差异远大于被试间的个体差异,那么就可以确定实验处理之间有差异。通过对组间变异与组内变异比值大小的分析,来推断各组平均数差异的显著性,这就是方差分析的基本逻辑。

(二) 单因素完全随机实验方差分析的计算步骤

结合上例,对单因素完全随机实验数据处理需经以下步骤。

1. 提出假设

H_0:3组平均数相等,即:$u_1 = u_2 = u_3$。

H_1:3组中至少有两组平均数不相等。

2. 计算 F 统计量

在计算 F 统计量前,需计算各种基本量、平方和及自由度,现给出以下相关计算公式:

(1) 基本量的计算

先将表 3-1-2 制成 AS 表(即将原数据按行与列相加求和):

AS 表

	a_1	a_2	a_3	$\sum$
	2	10	9	21
	3	7	11	21
	3	9	10	22
	4	6	10	20
$\sum$	12	32	40	84

根据 AS 表中的数据计算基本量:

所有数据之和：$\sum_{i=1}^{n}\sum_{j=1}^{p}Y_{ij} = 2+3+3+\cdots+10 = 84$

所有数据和之平方的均数：$\dfrac{(\sum_{i=1}^{n}\sum_{j=1}^{p}Y_{ij})^2}{np} = [Y] = \dfrac{(84)^2}{(4)(3)} = 588$

所有数据平方和：$\sum_{i=1}^{n}\sum_{j=1}^{p}Y_{ij}^2 = [AS] = (2)^2+(3)^2+(3)^2+\cdots+(10)^2 = 706$

$\sum_{j=1}^{p}\dfrac{(\sum_{i=1}^{n}Y_{ij})^2}{n} = [A] = \dfrac{(12)^2}{4}+\dfrac{(32)^2}{4}+\dfrac{(40)^2}{4} = 692$

(2) 根据基本量计算各平方和

总平方和分解：$SS_{总变异} = SS_{组间} + SS_{组内}$

平方和计算：$SS_{总变异} = [AS] - [Y] = 706 - 588 = 118$

$SS_{组间} = [A] - [Y] = 692 - 588 = 104$

$SS_{组内} = SS_{总变异} - SS_{组间} = 118 - 104 = 14$

(3) 平方和的分解与自由度的计算

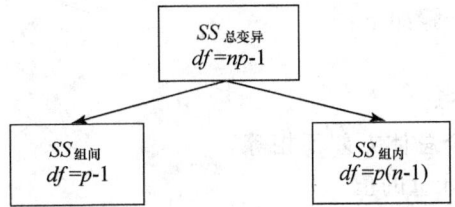

本例各自由度计算如下：

总变异自由度：$df_{总变异} = np - 1 = 4\times 3 - 1 = 11$

组间自由度：$df_b = p - 1 = 3 - 1 = 2$

组内自由度：$df_w = p(n-1) = 3(4-1) = 9$

(当各组容量不相等时：组内自由度＝各组容量之和减去组数。)

(4) 计算 F 统计量：

$$F = \dfrac{MS_b}{MS_w} = \dfrac{SS_b/df_b}{SS_w/df_w} = \dfrac{104/2}{14/9} = 33.43$$

说明：

MS_b 为组间均方差（代表组间变异），SS_b 为组间平方和，df_b 为组间自由度。

MS_w 为组内均方差（代表组内变异），SS_w 为组内平方和，df_w 为组内自由度。

F 检验值的统计推断：

本例是要检验 3 组平均数差异是否显著，则可根据组间自由度(2)和组内自由度(9)查 F 值表，得 $F(2,9)_{0.05}=4.26$，$F(2,9)_{0.01}=8.02$。因为实际计算出的 $F=33.43>8.02$，$P<0.01$，表明 3 组均数有极显著的差异，即说明 3 种不同训练方法对学生阅读理解成绩有极显著的影响。由于 F 检验结果显著，还需做多重比较，具体方法见随后 SPSS 统计软件操作部分。

(5) 方差齐性检验

与两样本方差齐性检验一样，单因素方差分析要进行多组方差齐性检验。如果齐性检验结果表明各组方差齐性，则说明 F 检验适当，可维持对检验结果的解释。如果各组内方差不齐，则说明违反了被试间同质性的原则，即原来所得的结论是有误差的。多组方差的齐性检验可用最大 F 值检验法进行，其统计量为：

$$F_{\max} = \frac{S_{\max}^2}{S_{\min}^2}$$

这里，$S_{\max}^2$ 表示各组中的最大方差，$S_{\min}^2$ 表示各组中的最小方差。计算后，查 $F_{\max}$ 临界值表，将计算结果与 $F_{\max}$ 临界值相比较，最后做出各组方差是否齐性的判断。查 $F_{\max}$ 临界值表，需根据三个条件：组数 K、自由度 $df=n-1$、显著性水平。其检验步骤如下：

1) 提出假设

$H_0: S_A^2 = S_B^2 = S_C^2$。

H_1：至少有两个总体方差不相等。

2) 计算检验统计量的值

现利用例题 3-1-1 中的数据，计算各组方差的总体估计值。

① A 组方差的估计值：

$$S_A^2 = \frac{\sum X_A^2 - (\sum X_A)^2/n}{n-1}$$

$$= \frac{(2^2+3^2+3^2+4^2)-(2+3+3+4)^2/4}{4-1}$$

$$= \frac{38-36}{3}$$

$$= 0.67$$

② B 组方差的估计值：

$$S_B^2 = \frac{\sum X_B^2 - (\sum X_B)^2/n}{n-1}$$

$$= \frac{(10^2+7^2+9^2+6^2)-(10+7+9+6)^2/4}{4-1}$$

$$= \frac{266 - 256}{3}$$
$$= 3.33$$

③ C 组方差的估计值：

$$S_C^2 = \frac{\sum X_C^2 - (\sum X_C)^2/n}{n-1}$$

$$= \frac{(9^2 + 11^2 + 10^2 + 10^2) - (9+11+10+10)^2/4}{4-1}$$

$$= \frac{402 - 400}{3}$$

$$= 0.67$$

本例中，三组的方差分别为：$0.67, 3.33, 0.67$，因此，$\sigma_{max}^2 = 3.33, \sigma_{min}^2 = 0.67$，所以：

$$F_{max} = \frac{\sigma_{max}^2}{\sigma_{min}^2} = \frac{3.33}{0.67} = 4.97$$

3) 统计决断

表 3-1-3　F_{max} 检验统计决断的规则表

F_{max} 与临界值的比较	P 值	显著性
$F < F_{max0.05}$	$P > 0.05$	不显著
$F_{max0.05} \leqslant F < F_{max0.01}$	$0.01 < P \leqslant 0.05$	显著
$F \geqslant F_{max0.01}$	$P \leqslant 0.01$	极其显著

根据本例，$k=3, df=4-1=3$，查 F_{max} 临界值表，寻找相应的临界值。表中 df 是从 4 开始的，如果按 $df=4, k=3$，其 $F_{max0.05} = 15.5$。计算得到的 $F_{max} = 4.79 < 15.5$。因此，$P > 0.05$，即各组方差是齐的。

三、用 SPSS 统计软件对单因素完全随机实验进行数据处理

下面用例 3-1-1 的数据，说明如何用 SPSS 统计软件对单因素完全随机实验设计进行数据处理。

（一）例题分析

这是一个多组均数差异显著性检验的问题。可用单因素方差分析来处理。首先作 F 检验，其目的在于：检验三组均数之间是否有差异。结果有两种可能：一是 F 检验结果不显著，那就说明三组中任何两组均数之间均无显著差异，检验就此结束。二是 F 检验结果有显著性差异，则说明三组间至少有二组均数之间有差异，但不能判断究竟是哪两组或哪几组之间有差异。因此

还需进行各组均数之间的多重比较。

（二）SPSS 数据处理操作步骤及结果说明

1. 基本步骤

第一步：定义两个变量，即训练方法(a)与阅读成绩(ydcj)。输入数据，建立数据文件。数据结构如图 3-1-2 所示。

	a	ydcj
1	1.00	2.00
2	1.00	3.00
3	1.00	3.00
4	1.00	4.00
5	2.00	10.00
6	2.00	7.00
7	2.00	9.00
8	2.00	6.00
9	3.00	9.00
10	3.00	11.00
11	3.00	10.00
12	3.00	10.00

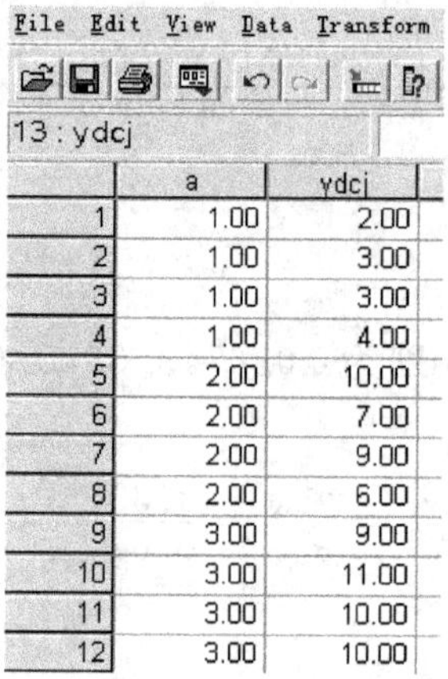

图 3-1-2　单因素完全随机实验数据结构

说明：图 3-1-2 中 a 下的数字 1、2、3 表示组别，ydcj 表示阅读成绩。例如，第 6 名被试分在第二组，其阅读成绩为 7 分，其余类同。

第二步：选用统计分析模块：Analyze(统计分析)\Compare means(均数比较)\One-Way ANOVA(单因素方差分析)，如图 3-1-3 所示。

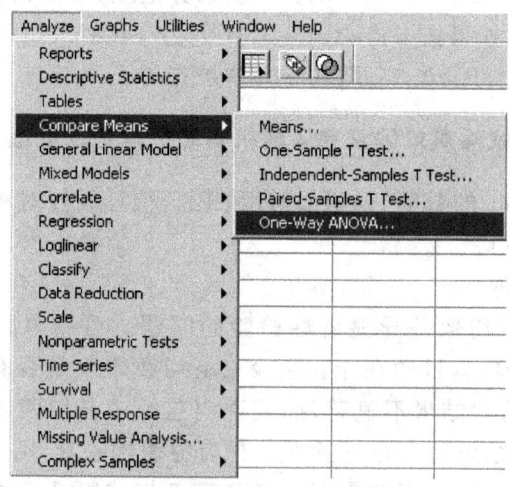

图 3-1-3　单因素完全随机实验方差分析菜单

第三步：将阅读成绩[ydcj]选入因变量列表框（Dependent List：）中；将训练方法[a]选入因素变量框（Factor：）中，如图3-1-4所示。

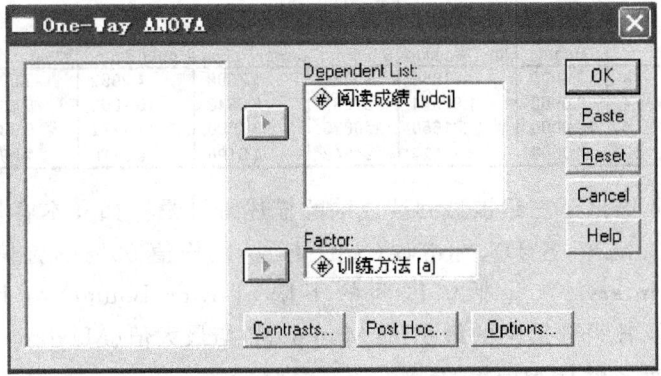

图 3-1-4　单因素方差分析主对话框

第四步：在主对话框中，点击选项（Options）。① 选择（Descriptive），对三组数据进行描述性统计；② 选择（Homogeneity of variance test）对数据进行方差齐性检验；③ 选择（Means plot）绘制均值图，如图3-1-5所示。

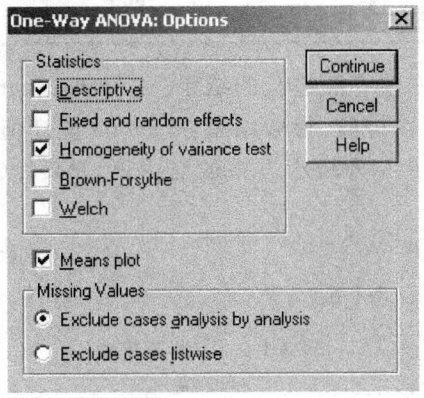

图 3-1-5　Options 对话框

第五步：点击 OK，执行程序。

2．输出结果

（1）描述统计结果

描述统计结果如表3-1-4所示。

表 3-1-4 描述统计结果
Descriptives

阅读成绩

	N	Mean	Std. Deviation	Std. Error	95% Confidence Interval for Mean		Minimum	Maximum
					Lower Bound	Upper Bound		
1.00	4	3.0000	.81650	.40825	1.7008	4.2992	2.00	4.00
2.00	4	8.0000	1.82574	.91287	5.0948	10.9052	6.00	10.00
3.00	4	10.0000	.81650	.40825	8.7008	11.2992	9.00	11.00
Total	12	7.0000	3.27525	.94548	4.9190	9.0810	2.00	11.00

表 3-1-4 给出了三组被试阅读成绩的描述统计量。如样本容量（N）、平均值（Mean）、标准差（S. D）、标准误（Std. Error）、均值 95％ 的置信区间（95％ Confidence Interval），包括该区间的下限（Lower Bound）与上限（Upper Bound），以及各组数据中的最小值（Minimum）与最大值（Maximum）。

（2）方差齐性检验结果

方差齐性检验结果如表 3-1-5 所示。

表 3-1-5 方差齐性检验结果
Test of Homogeneity of Variances

阅读成绩

Levene Statistic	df1	df2	Sig.
4.000	2	9	.057

表 3-1-5 给出了方差齐性检验的结果。Levene Statistic 是表示用莱文尼统计方法进行方差齐性检验，检验结果：Levene 统计值＝4.00, df_1＝2 为较大方差的自由度；df_2＝9 为较小方差的自由度，P＝0.057，P＞0.05，说明各组数据方差齐性。

（3）方差分析结果

方差分析结果见表 3-1-6。

表 3-1-6 方差分析表
ANOVA

阅读成绩

	Sum of Squares	df	Mean Square	F	Sig.
Between Groups	104.000	2	52.000	33.429	.000
Within Groups	14.000	9	1.556		
Total	118.000	11			

说明：表 3-1-6 中，第一列为方差来源，Between Groups 为组间，Within Groups 为组内，Total 为总方差；第二列 Sum of Squares 为方差平方和；第三

列 df 为自由度;第四列 Mean Square 为均方差,其值等于平方和除以对应的自由度;第五列为 F 检验值;第六列 Sig 即为 P 值。

本例方差分析结果为:$F=33.429, P=0.000, P<0.01$。结果表明各组均值有极显著性差异。由于 F 检验差异显著,故需继续进行各组均数的多重比较。

(4) 均值图

均值图如图 3-1-6 所示。

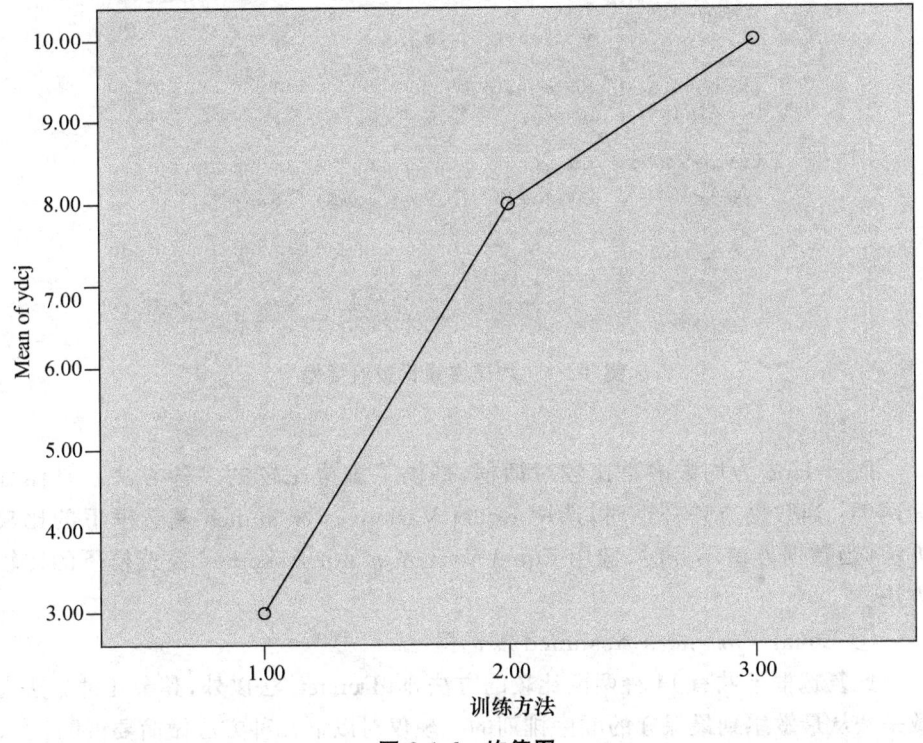

图 3-1-6　均值图

图 3-1-6 以训练方法(三个水平)为横轴,以学生的阅读理解成绩为纵轴,绘制三组均值图。从图中可以直观地看到:训练方法 3 优于训练方法 1;训练方法 3 优于训练方法 2;训练方法 2 优于训练方法 1。需要注意的是:均值图仅提供了一个大致的判断依据,两点之间是否有显著性差异,还需依据数据统计的结论。

3. 多重比较

(1) 选择多重比较的方法

返回主对话框,点击(Post Hoc…)进行多重比较。如果方差齐性(Equal Variances Assumed),则选择常用的 Least-significant difference (LSD)方法进

行多重比较；如果方差不齐（Equal Variances not Assumed），则选择如 Tamhane's T2 等方法进行多重比较。这里，分别选用 LSD 法和 Tamhane's T2 进行多重比较，如图 3-1-7 所示。

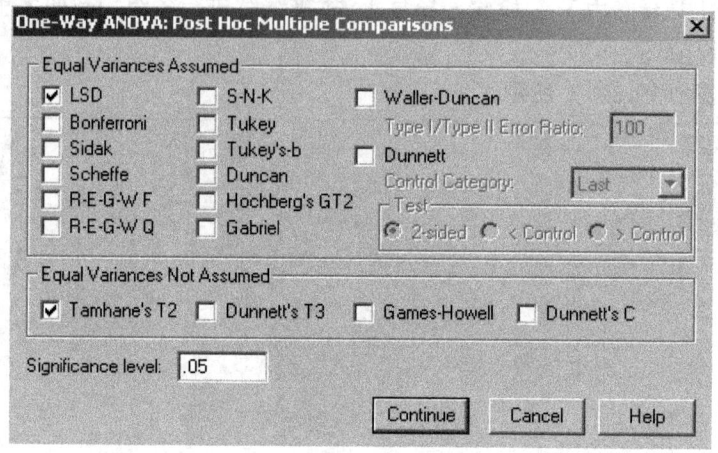

图 3-1-7　均值多重比较对话框

说明：

Post Hoc 为均数多重比较对话框，提供了多重比较的多种方法。具体分为两类：当数据方差齐性时，选用 Equal Variances Assumed 复选框下的比较方法；当数据方差不齐时，选用 Equal Variances not Assumed 复选框下的比较方法。

① Equal Variances Assumed 复选框

此复选框下共有 14 种两两比较的方法，除 Dunnett 法以外，其余几种方法大致是按从最敏感到最保守的顺序排列的。现仅对以下几种方法做简要说明：

LSD：该方法拒绝无差异的可能性最大，也就是说，要是 LSD 法都没有检验出差异，那恐怕是真的没有差异。当然，LSD 法犯 I 型错误的概率也最大。

Bonferroni：对 LSD 法进行修正，通过设置每个检验的显著性水平，来控制总的显著性水平，其检验敏感度介于 LSD 法与 Scheffe 法之间。

Sidak：与 Bonferroni 法非常相似，但较 Bonferroni 法保守。

Scheffe：当各组人数明显不等时可用该法。但该法相对保守，有时方差分析 F 检验有显著差异，但用该法进行两两比较时却找不出差异来。

S-N-K：该法在 T 分布的基础上，进行所有各组均数之间的两两比较。该法较合理地设置了总的显著性水平，控制了犯 I 型错误的概率，因此较为常用。但有研究显示，当两两比较次数较多时，该法的假阳性非常高。

Tukey：统计方法与 S-N-K 法相似，但不同的是，它控制的是所有比较中最大的Ⅰ型错误概率值不超过显著性水平值。

Dunnett：该法将所有处理组平均数分别与指定的对照组平均数进行比较，并控制所有比较中最大的Ⅰ型错误概率值不超过显著性水平值。选定此方法后，会启动下面的 Control Category 框，用于设置对照组与单双侧检验。

② Equal Variances not Assumed 复选框

该复选框下提供了四种方法，哪种方法最好，统计学界尚无定论。有专家建议，在方差不齐时，可直接采用非参数统计方法。

（2）多重比较结果

多重比较结果见表 3-1-7 所示。

表 3-1-7　多重比较结果

Multiple Comparisons

Dependent Variable: 阅读成绩

	(I) 训练方法	(J) 训练方法	Mean Difference (I-J)	Std. Error	Sig.	95% Confidence Interval	
						Lower Bound	Upper Bound
LSD	1.00	2.00	-5.00000*	.88192	.000	-6.9950	-3.0050
		3.00	-7.00000*	.88192	.000	-8.9950	-5.0050
	2.00	1.00	5.00000*	.88192	.000	3.0050	6.9950
		3.00	-2.00000*	.88192	.050	-3.9950	-.0050
	3.00	1.00	7.00000*	.88192	.000	5.0050	8.9950
		2.00	2.00000*	.88192	.050	.0050	3.9950
Tamhane	1.00	2.00	-5.00000*	1.00000	.020	-8.8568	-1.1432
		3.00	-7.00000*	.57735	.000	-8.8902	-5.1098
	2.00	1.00	5.00000*	1.00000	.020	1.1432	8.8568
		3.00	-2.00000	1.00000	.303	-5.8568	1.8568
	3.00	1.00	7.00000*	.57735	.000	5.1098	8.8902
		2.00	2.00000	1.00000	.303	-1.8568	5.8568

*. The mean difference is significant at the .05 level.

表 3-1-7 给出了运用 LSD 和 Tamhane 法输出的多重比较结果。(I)与(J)列中的"1"，"2"，"3"分别表示 A、B、C 三种不同的阅读策略训练方法。因方差齐性，所以只看 LSD 法的检验结果，结果显示：B 训练法极显著优于 A 训练法（$P=0.000, P<0.01$）；C 训练法极显著优于 A 训练法（$P=0.000, P<0.01$）；C 训练法显著优于 B 训练法（$P=0.050, P=0.05$）。

四、被试分析与项目分析

（一）被试分析与项目分析的意义

在一些实验研究中，研究者往往会对同一批数据进行被试分析与项目分析。例如，有人研究不同类型的汉字对被试识别反应时与错误率的影响。实验材料为三类汉字,每类5个,共15个汉字。随机选择15名被试,分为3组,每组5人,分别识别三种不同类型的汉字,记录被试的识别反应时与错误率。实验完成后,对数据进行被试分析与项目分析。那么,为什么要对相同的数据进行两种分析呢?两种分析所代表的意义有什么不同呢?

首先,被试分析的零假设是:被试对三种不同类型汉字的识别反应时与错误率没有显著差异;项目分析的零假设是:三种不同类型的汉字对被试的识别反应时与错误率没有显著影响,其实,这两种假设就是一个意思的两种说法。因此,对同一组数据进行两种分析,就是要从被试与项目两个维度来同时验证实验假设,在大多数情况下,两种分析的结果是一致的,如果差异很大,就需要考虑实验设计是否合理,无关变量的控制是否严格等。

其次,推断统计的基本思想是从样本统计量推断样本所对应的总体参数。在被试分析中,15名被试所代表的总体是整个人群。而在项目分析中,三类汉字所代表的总体分别是属于该类型的所有汉字。因此,两种分析是对两种不同性质的总体进行检验,不能互相替代。

(二) 被试分析与项目分析的数据处理

在进行被试分析与项目分析的数据处理时,关键是要弄清楚两种分析各自的数据结构。以下以表格的形式列出两种分析的数据结构,如表3-1-8和表3-1-9所示。

表3-1-8 用于被试分析的数据结构

汉字类型1(5个汉字)	汉字类型2(5个汉字)	汉字类型3(5个汉字)
被试$_1$	被试$_6$	被试$_{11}$
被试$_2$	被试$_7$	被试$_{12}$
被试$_3$	被试$_8$	被试$_{13}$
被试$_4$	被试$_9$	被试$_{14}$
被试$_5$	被试$_{10}$	被试$_{15}$

说明:表中被试$_1$代表第1组被试中第1名被试对汉字类型1中5个汉字的平均识别反应时或错误率(如该被试在5个汉字中有2个识别错误,错误率即为:2/5),其余类同。

表3-1-9 用于项目分析的数据结构

第1组被试(5人)	第2组被试(5人)	第3组被试(5人)
汉字$_1$	汉字$_6$	汉字$_{11}$
汉字$_2$	汉字$_7$	汉字$_{12}$

续表

第1组被试(5人)	第2组被试(5人)	第3组被试(5人)
汉字$_3$	汉字$_8$	汉字$_{13}$
汉字$_4$	汉字$_9$	汉字$_{14}$
汉字$_5$	汉字$_{10}$	汉字$_{15}$

说明：表中汉字$_1$代表第1组被试中5名被试对汉字类型1中的第1个汉字的平均识别反应时或错误率(如在5名被试中有2名识别错误,错误率即为：2/5),其余类同。

对上述原始数据进行整理后,建立 SPSS 数据文件,操作步骤与结果解释与本节所述单因素完全随机方差分析相同。

五、单因素完全随机实验设计方差分析流程图

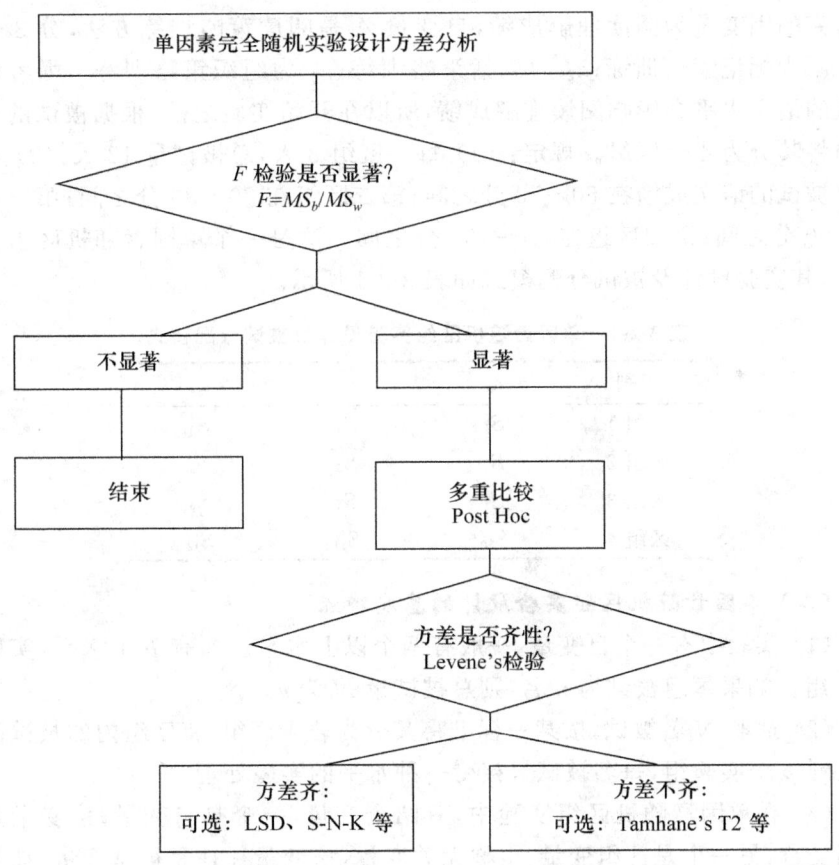

图 3-1-8　单因素完全随机实验设计方差分析流程图

第2节　单因素随机区组实验设计与数据处理

本节将对单因素随机区组实验设计的特点与模式、方差分析的原理与步骤，以及如何利用 SPSS 统计软件对单因素随机区组实验结果进行数据处理等问题进行叙述与说明。

一、单因素随机区组实验设计的基本特点

（一）实验设计及被试分配模式

例 3-2-1

有一项"不同阅读策略训练方法对提高学生阅读理解水平的实验研究"。该研究的因变量为阅读理解成绩，自变量 A 是阅读策略训练方法，分 3 个水平：a_1 为标记策略训练；a_2 为概括策略训练；a_3 为组织策略训练。因考虑到被试的语文水平会影响阅读理解成绩，所以在开始实验之前，根据被试的语文成绩将其分为 4 个区组。规定：(1) 每一区组 3 人，总被试量 12 人；(2) 第一区组被试的语文成绩在 60～70 分之间；第二区组在 70～80 分之间；第三区组 80～90 分之间；第四区组在 90～100 分之间。这是一个单因素随机区组实验设计，其实验设计及被试分配模式如表 3-2-1 所示。

表 3-2-1　单因素随机区组实验设计及被试分配模式

组别	a_1	a_2	a_3
区组 1	S_1	S_2	S_3
区组 2	S_4	S_5	S_6
区组 3	S_7	S_8	S_9
区组 4	S_{10}	S_{11}	S_{12}

（二）单因素随机区组实验设计的基本特点

(1) 实验中有一个自变量，一般有两个以上水平。如有 p 个水平，实验就有 p 组。如果每组被试为 n 名，则总被试量 N 为 $n \times p$。

(2) 抽取 N 名被试，按某一标准将其分为若干区组，将区组内的被试随机分配到 p 个实验组，每名被试只接受一种水平的实验处理。

(3) 在单因素随机区组实验中，有两个变量，一个是自变量，该变量是被试间变量，另一个是区组变量，也称无关变量，该变量往往是被试变量，如被试的智力、学习成绩、品行等。实验者更关注的是自变量，而欲控制的是无关变量。实验的前提假设是，自变量与无关变量之间没有交互作用。

(4) 从纵向看表 3-2-1：每一实验组的被试均来自不同的区组，因而对各组来说，被试是基本同质的，即各组间被试的个体差异很小，各组间的差异主要是由不同实验处理造成的。从横向看，各区组间的差异包括不同区组造成的差异与残差，残差主要是由实验的随机误差造成的。在方差分析中，不同区组所造成的差异可以从总变异中分离出去，而只保留残差。因此，单因素随机区组实验设计的精度要优于单因素完全随机实验设计。

(三) 单因素随机区组实验设计方差分析的前提条件

(1) 独立性。被试必须从总体中随机抽取，因变量在各个单元内的数据相互独立。

(2) 连续性。因变量应为连续型变量。

一般来说，进行方差分析的数据要满足正态分布与方差齐性的前提条件，但这都是对实验单元内的数据而言的。在单因素随机区组实验设计中，各实验单元中只有一个数据，故不考虑正态分布与方差齐性的前提条件。

二、单因素随机区组实验设计方差分析的原理与步骤

(一) 单因素随机区组实验设计方差分析的基本原理

在单因素随机区组实验中，将总平方和分解为处理间和处理内平方和。处理间平方和是指不同实验处理引起的变异。处理内平方和又进一步分解为区组平方和与残差平方和，区组平方和代表了不同区组引起的变异；残差平方和代表了实验中不能被实验处理与区组效应解释的变异。在方差分析中，用残差的均方作为实验处理效应与区组效应检验的误差项。

(二) 单因素随机区组实验方差分析的计算步骤

以上述实验为例，实验中因变量为阅读理解成绩，自变量 A 为阅读策略训练方法，有三个水平，a_1 = 训练方法 a、a_2 = 训练方法 b、a_3 = 训练方法 c，从 5 年级学生中随机挑选 12 名学生参加训练，先按语文成绩将其分为 4 个区组，将每一区组的 3 名被试随机分配到 3 个实验组，每一被试接受一种训练方法。一学期结束后，对 12 名学生进行阅读理解能力测验，测验结果如表 3-2-2 所示。

表 3-2-2 阅读理解能力测验结果

组别	训练法 a	训练法 b	训练法 c	$\sum$
区组 1	2	10	9	21
区组 2	3	7	11	21
区组 3	3	9	10	22
区组 4	4	6	10	20

单因素随机区组实验设计的方差分析大致分以下步骤：

1. 提出假设

这里，定性地提出以下零假设：

(1) 三种阅读策略训练方法对提高学生阅读理解成绩没有显著差异。

(2) 各区组之间没有显著性差异。

2. 计算 F 统计量

在计算 F 统计量前，需计算各种基本量、平方和及自由度，现给出以下相关计算公式：

(1) 基本量的计算

所有数据之和：$\sum\limits_{i=1}^{n}\sum\limits_{j=1}^{p}Y_{ij}$

所有数据和之平方的均数：$\dfrac{(\sum\limits_{i=1}^{n}\sum\limits_{j=1}^{p}Y_{ij})^2}{np}=[Y]$

所有数据平方和：$\sum\limits_{i=1}^{n}\sum\limits_{j=1}^{p}Y_{ij}^2=[AS]$

$\sum\limits_{j=1}^{p}\dfrac{(\sum\limits_{i=1}^{n}Y_{ij})^2}{n}=[A]$

$\sum\limits_{i=1}^{n}\dfrac{(\sum\limits_{j=1}^{p}Y_{ij})^2}{p}=[S]$

(2) 根据基本量计算各平方和

总平方和分解：$SS_{总变异}=SS_{处理间}+SS_{处理内}=SSA+(SS_{区组}+SS_{残差})$

平方和计算：$SS_{总变异}=[AS]-[Y]$

$SSA=[A]-[Y]$

$SS_{处理内}=SS_{总变异}-SS_{处理间}$

$SS_{区组}=[S]-[Y]$

$SS_{残差}=SS_{总变异}-SSA-SS_{区组}$

（3）平方和的分解与自由度的计算

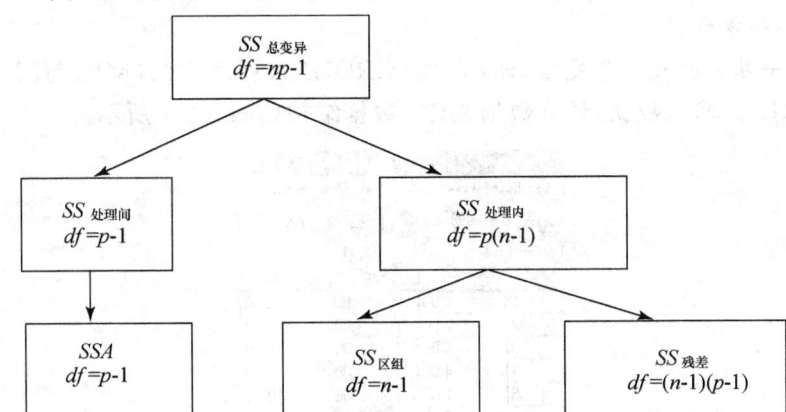

（4）计算 F 统计量：

$$F = \frac{MS_A}{MS_{残差}} = \frac{SS_A/df_A}{SS_{残差}/df_{残差}}$$

$$F = \frac{MS_{区组}}{MS_{残差}} = \frac{SS_{区组}/df_{区组}}{SS_{残差}/df_{残差}}$$

3. 统计推断

这里，需要进行两个 F 检验，一是检验自变量 3 个水平的均数是否有差异，二是检验区组效应是否显著，算出 F 值后，可根据相应自由度，查 F 值表，如果实际计算出的 F 值大于临界值，则表明有显著差异。如果自变量 3 个水平的均数有差异，还需做多重比较，具体方法见 SPSS 统计软件操作部分。

三、用 SPSS 统计软件对单因素随机区组实验设计进行数据处理

下面用例 3-2-1 的数据，说明如何用 SPSS 统计软件对单因素随机区组实验设计进行数据处理。

（一）例题分析

这是一个单因素随机区组的实验设计，要进行两个 F 检验：① 检验处理间效应是否有显著性差异。如果处理间效应不显著，则说明三种阅读策略训练方法对提高学生阅读成绩没有差异。如果显著，那就说明三种阅读策略训练方法对提高学生阅读成绩有差异，还需进行各组均数之间的多重比较；② 检验区组间效应是否有差异，如果区组效应不显著，则说明分组对学生阅读成绩没有显著影响，或者说，没有必要对学生按语文成绩进行分组，如果显著，那就说明分组对学生的阅读成绩有影响，或者说，区组变量确实是一个无关变量，有必要按此无关变量对学生进行分组。

(二) SPSS 数据处理操作步骤及结果说明

1. 基本步骤

第一步：定义三个变量，即：区组（GROUP）、训练方法（ME）与阅读成绩（SCORE）。输入数据，建立数据文件。数据结构如图 3-2-1 所示。

	GROUP	ME	SCORE
1	1.00	1.00	2.00
2	2.00	1.00	3.00
3	3.00	1.00	3.00
4	4.00	1.00	4.00
5	1.00	2.00	10.00
6	2.00	2.00	7.00
7	3.00	2.00	9.00
8	4.00	2.00	6.00
9	1.00	3.00	9.00
10	2.00	3.00	11.00
11	3.00	3.00	10.00
12	4.00	3.00	10.00

图 3-2-1 单因素随机区组实验 SPSS 数据结构

说明：图 3-2-1 中 GROUP 下的数字 1,2,3,4 表示区组编号；ME 表示训练方法，其下的数字 1,2,3 表示三种不同的训练方法；SCORE 表示阅读理解成绩。例如，第 7 名被试分在第三区组，接受的是第二种训练方法，其阅读成绩为 9 分，其余类同。

第二步：选用方差分析模块：Analyze（统计分析）\General Linear Model\（一般线性模型）\Univariate...（单因变量方差分析），如图 3-2-2 所示。

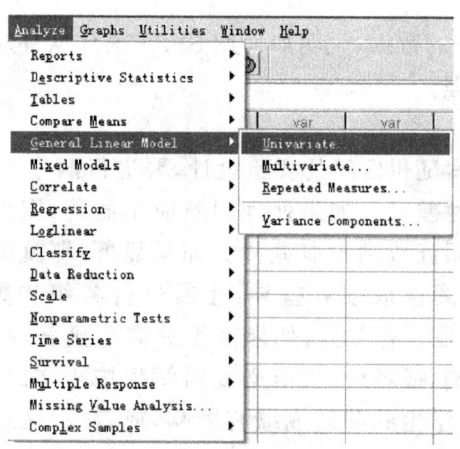

图 3-2-2 单因变量方差分析菜单

第三步:将阅读成绩(SCORE)选入因变量框(Dependent Variable:)中;将训练方法(ME)与区组(GROUP)变量选入固定因素变量框(Fixed Factor[s]:)中,如图 3-2-3 所示。

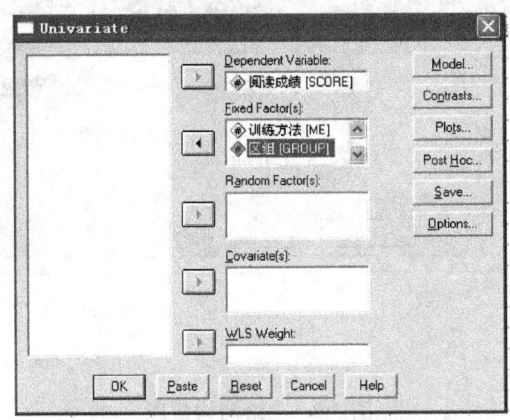

图 3-2-3　单因变量方差分析主对话框

第四步:在 Model 对话框中,Specify Model 为模型定义,有两个选项:Full factorial 为全模型,Custom 为选模型。如果选择全模型,则计算所有因素的主效应和交互效应;如果选择选模型,则可以根据需要来计算某些因素的主效应和交互效应。在 Build Term[s]下有一下拉菜单,其中:Interaction 是全模型时的默认值;Main effects 计算主效应;All 2-way 计算 2 阶交互效应;All 3-way 计算 3 阶交互效应;All 4-way 计算 4 阶交互效应。本例题有一个自变量(ME)与一个区组变量(GROUP),且假设两变量之间没有交互作用,故选用选模型,只计算两变量的主效应(Main effects),将 Factors & Covariates:下的 ME[F] 与 GROUP[F]选入 Model:方框中,如图 3-2-4 所示。

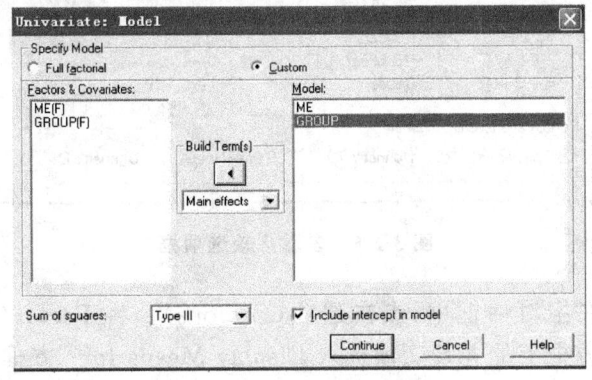

图 3-2-4　Model 对话框

51

第五步：绘制均值图。将训练方法（ME）选入横轴框（Horizontal Axis：）中，点击 Add 按钮完成操作，如图 3-2-5 所示。

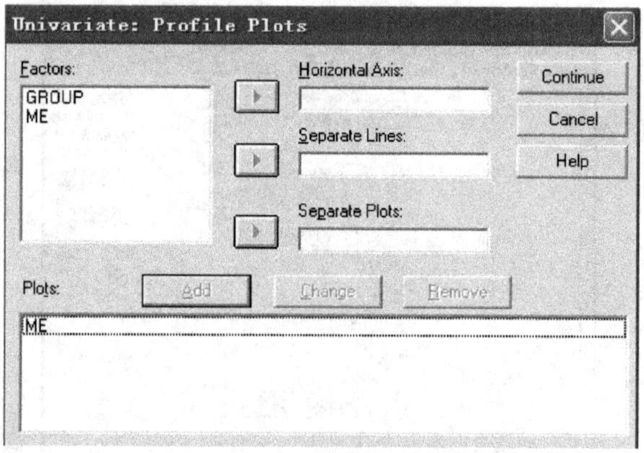

图 3-2-5　绘制均值图

第六步：如果自变量（ME）主效应显著，则需进行多重比较。将 Factor[s]：下的 ME 选入 Post Hoc Tests for：下的方框中，并选用 S-N-K 法进行多重比较。点击 Continue 按钮，返回主对话框，如图 3-2-6 所示。

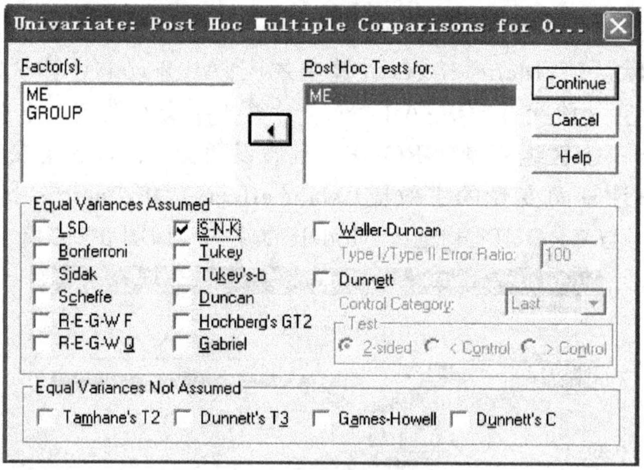

图 3-2-6　多重比较选项框

第七步：在主对话框中，点击选项（Options）。将 Factor(s) and Factor Interactions：方框下的 ME 变量选入 Display Means for：方框中进行描述性统计，点击 Continue 按钮，返回主对话框，如图 3-2-7 所示。

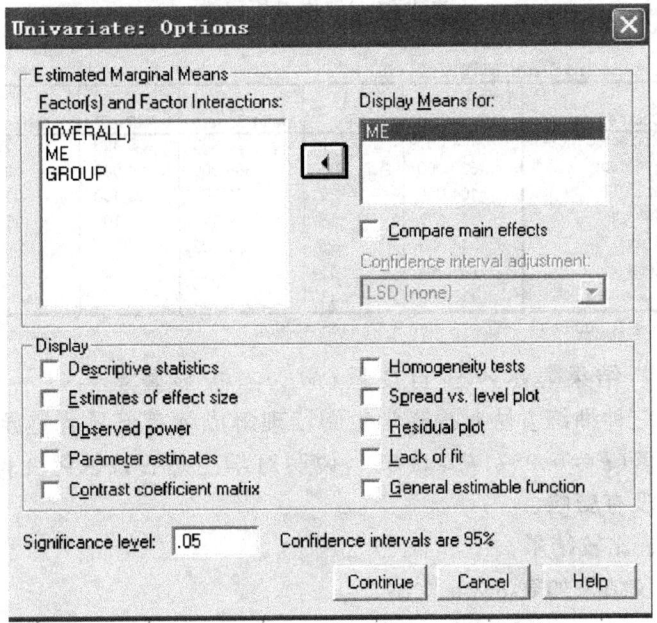

图 3-2-7 Options 选项框

第八步：点击 OK，执行程序。

2. 输出结果

（1）描述统计结果

描述统计结果如表 3-2-3 所示。

表 3-2-3 描述统计结果

训练方法

Dependent Variable: 阅读成绩

训练方法	Mean	Std. Error	95% Confidence Interval	
			Lower Bound	Upper Bound
训练方法A	3.000	.745	1.176	4.824
训练方法B	8.000	.745	6.176	9.824
训练方法C	10.000	.745	8.176	11.824

（2）方差分析结果

方差分析结果如表 3-2-4 所示。

表 3-2-4　方差分析结果

Tests of Between-Subjects Effects

Dependent Variable: 阅读成绩

Source	Type III Sum of Squares	df	Mean Square	F	Sig.
Corrected Model	104.667[a]	5	20.933	9.420	.008
Intercept	588.000	1	588.000	264.600	.000
ME	104.000	2	52.000	23.400	.001
GROUP	.667	3	.222	.100	.957
Error	13.333	6	2.222		
Total	706.000	12			
Corrected Total	118.000	11			

a. R Squared = .887 (Adjusted R Squared = .793)

方差分析结果显示：① 自变量（ME）有极显著差异（$P=0.001$，$P<0.01$），说明三种训练方法对提高学生阅读理解成绩有极显著差异；② 区组变量差异不显著（$P=0.957$，$P>0.05$），说明对学生是否按区组变量分组，对阅读理解成绩没有影响。

（3）多重比较结果

多重比较结果如表 3-2-5 所示。

表 3-2-5　多重比较结果

阅读成绩

Student-Newman-Keuls[a,b]

训练方法	N	Subset 1	Subset 2
训练方法A	4	3.0000	
训练方法B	4		8.0000
训练方法C	4		10.0000
Sig.		1.000	.107

Means for groups in homogeneous subsets are displayed.
Based on Type III Sum of Squares
The error term is Mean Square(Error) = 2.222.
 a. Uses Harmonic Mean Sample Size = 4.000.
 b. Alpha = .05.

说明：表 3-2-5 共有三列，第一列为自变量及其水平；第二列为每一水平下的被试数；第三列（Subset）显示了三组的平均数以及多重比较的结果，当均数之间有显著性差异时，分在不同的组；当没有显著性差异时，分在同一组。如第一组（Subset1）：训练方法 A 与其自身均数差异检验的结果为 100% 没有差异，故 $P=1.000$；而与训练方法 B、C 有显著性差异。训练方法 B 与 C 在第二组（Subset2），表示两组差异不显著（$P=0.107$，$P>0.05$）。

（4）显示均值图

均值图如图 3-2-8 所示。

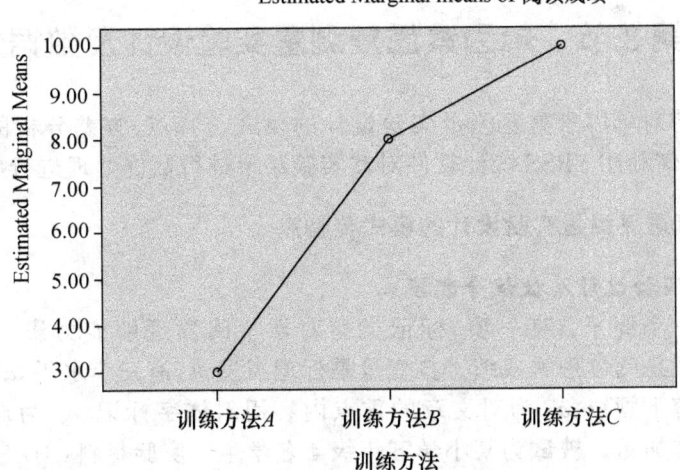

图 3-2-8　不同训练方法条件下阅读理解成绩的均值图

图 3-2-8 更为直观地显示了实验结果,读者可将其与表 3-2-5 多重比较结果结合起来看,并用括号将图中有差异的两点连接起来。

四、单因素随机区组实验设计方差分析流程图

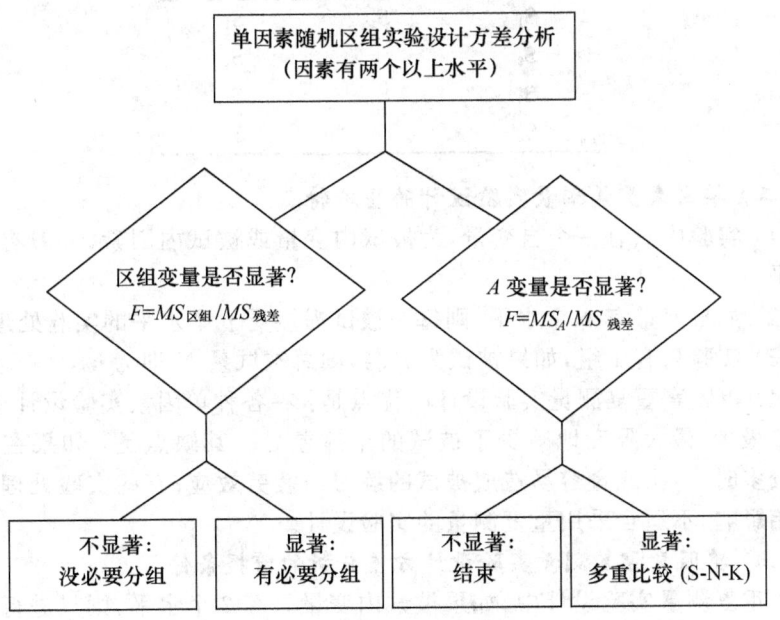

图 3-2-9　单因素随机区组实验设计方差分析流程图

55

第3节 单因素重复测量实验设计及数据处理

本节将对单因素重复测量实验设计的模式与特点、方差分析的原理与步骤,以及如何利用 SPSS 统计软件对其实验结果进行数据处理进行叙述。

一、单因素重复测量实验设计的模式与特点

(一)实验设计及被试分配模式

先看一个例子:有一项"标记类型对学生阅读理解能力影响的实验研究",因变量是阅读理解成绩。自变量是标记类型 A,有三个水平,a_1 为在文章的重点内容下画线、a_2 为对文章的重点内容用斜体字标记、a_3 为对文章的重点内容字体加粗。被试为某小学五年级 4 名学生。实验材料:① 三篇长度与难度相仿的文章,三篇文章各用一种标记类型;② 每篇文章均附有相同数量的阅读理解测验题。学生每读完一篇文章后,立即进行阅读理解测验。该实验设计及被试分配模式如表 3-3-1 所示。

表 3-3-1 单因素重复测量实验设计模式

a_1	a_2	a_3
S_1	S_1	S_1
S_2	S_2	S_2
S_3	S_3	S_3
S_4	S_4	S_4

(二)单因素重复测量实验设计的基本特点

(1)实验中只有一个自变量,为被试内变量或被试内因素,一般有两个以上水平。

(2)如自变量有 p 个水平,则每一被试需接受 p 个水平的实验处理。

(3)实验只有 1 组,如果被试为 n 名,则总被试量 N 即为 n。

(4)单因素重复测量实验设计的优点是:在各种单因素实验设计中,所用被试量最少;最大限度地减少了被试的个体差异。其缺点是:如果在自变量水平较多时,多次测量容易造成被试的练习与疲劳效应;有些实验处理水平之间互相影响,不适合采用重复测量的实验设计。

(三)单因素重复测量实验设计方差分析的前提条件

在重复测量实验设计中,如果被试内变量只有 2 个水平,则只进行标准的一元方差分析,如超过 2 个以上水平,则执行三种检验,即标准一元方差分析,备选一元方差分析与多元方差分析。

当被试内变量超过 2 个水平时，SPSS 是通过球形假设（Sephericity Assumption）进行方差齐性检验的。球形检验是假设因变量在因素任意两个水平间的差值的方差相等，而在单因素完全随机实验中，方差齐性检验是假设不同组的方差相等。当球形假设满足时，可参照标准一元方差分析的结果；当球形假设不满足时，可参照备选一元方差分析的结果；多元方差分析不受球形假设是否满足的限制。

备选一元方差分析与标准一元方差分析所计算出的 F 值相同，但备选一元方差分析根据数据偏离球形假设的程度计算出一个 Epsilon 统计量，并用它乘以标准 F 检验中的分子自由度与分母自由度，因而其得到的 p 值与标准一元方差分析有所不同。

多元方差分析是计算因变量在因素各水平上分数之差。如当被试内因素有三个水平时，先计算第一水平与第二水平因变量分数之差，第二水平与第三水平因变量分数之差，然后检验这两组差值的均值是否为零，同时还会自动检验第一水平与第三水平的差值的均值是否为零，以及这些差值的线性组合是否为零。因此，多元方差分析使用的变量是原始分数的差值，其前提假设是针对差值而言的，差值变量的数目等于被试内变量的水平数减 1。

1．标准一元方差分析假设前提

（1）正态性。因变量在各个实验单元内呈正态分布。若每个单元的样本量达到 15 人或以上则可不受正态分布的条件限制。

（2）方差齐性。因变量在因素任意两个水平间的差值的方差相等。备选一元方差分析和多元方差分析不受方差齐性条件的限制。

（3）独立性与随机性。样本必须是从总体中随机抽取，被试间相互独立。

2．多元方差分析的假设前提

（1）多元正态性。每个差值变量都呈正态分布，大样本不受限制。

（2）随机性与独立性。样本从总体中随机抽取，各差值之间相互独立。

二、单因素重复测量实验方差分析的原理与计算步骤

（一）单因素重复测量实验方差分析的基本原理

在单因素重复测量实验设计中，将总变异分解为被试间变异和被试内变异。被试间变异，即总变异中所有由被试个体差异引起的变异。被试内变异包括同一被试在接受不同实验处理时产生的变异（实验处理效应）以及由偶然因素引起的误差（残差），即：被试内变异＝实验处理变异（实验处理效应）＋误差（残差）。据此，总变异＝被试间变异＋被试内变异＝被试间变异＋实验处理变异＋残差。

在单因素完全随机实验设计中，F 检验的含义是：组间变异与组内变异之比，组内变异既包括个体差异，也包括实验误差。而在单因素重复测量实验设计中，F 检验的含义是：实验处理变异（被试内变异）与残差之比，由于已从总变异中分离出被试间变异，所以残差很小。因此，与单因素完全随机实验设计相比，单因素重复测量实验设计 F 统计量的分母大为减小，F 值增大，因此更容易显示出差异；与单因素随机区组实验设计相比，单因素重复测量实验中各实验处理水平下的被试同质性更高。所以，单因素重复测量实验设计在三种单因素实验设计中的检验效率更高更敏感。

（二）单因素重复测量实验的计算步骤

例 3-3-1

为了研究不同阅读方法对学生阅读成绩的影响，进行以下实验。实验的因变量是阅读理解成绩。自变量 A 是阅读策略，设定 a_1 为无策略阅读、a_2 为划出中心句、a_3 为填充组织结构图。实验材料为三篇长度与难度相当的短文，每篇短文后附有阅读理解练习题，阅读后，收回短文，要求学生完成相应的练习题。选择某校 8 名学生进行实验，其阅读理解成绩如表 3-3-2。问：三种阅读策略对短文理解成绩有无显著差异？

表 3-3-2　阅读测试结果表

	a_1	a_2	a_3	$\sum$
S_1	44	50	55	149
S_2	42	52	58	152
S_3	39	57	52	148
S_4	41	45	49	135
S_5	47	43	57	147
S_6	45	49	56	150
S_7	43	53	58	154
S_8	44	51	54	149
$\sum$	345	400	439	1184

利用表 3-3-2 中的数据，对单因素重复测量实验设计进行数据处理。

1. 提出假设

这里，定性地提出零假设：三种阅读策略对阅读理解成绩没有显著差异。

2. 计算 F 统计量

（1）计算各种基本量

所有数据之和：$\sum_{i=1}^{n}\sum_{j=1}^{p}Y_{ij}$

所有数据和之平方的均数：$\dfrac{(\sum\limits_{i=1}^{n}\sum\limits_{j=1}^{p}Y_{ij})^2}{np}=[Y]$

所有数据平方和：$\sum\limits_{i=1}^{n}\sum\limits_{j=1}^{p}Y_{ij}^2=[AS]$

$\sum\limits_{j=1}^{p}\dfrac{(\sum\limits_{i=1}^{n}Y_{ij})^2}{n}=[A]$

$\sum\limits_{i=1}^{n}\dfrac{(\sum\limits_{j=1}^{p}Y_{ij})^2}{p}=[S]$

（2）根据基本量计算各平方和

总平方和的分解：

$SS_{总变异}=SS_{被试间}+SS_{被试内}=SS_{被试间}+(SSA+SS_{残差})$

平方和的计算：

$SS_{总变异}=[AS]-[Y]$

$SS_{被试间}=[S]-[Y]$

$SS_{被试内}=SS_{总变异}-SS_{被试间}$

$SSA=[A]-[Y]$

$SS_{残差}=SS_{总变异}-SS_{被试间}-SSA$

（3）平方和的分解与自由度的计算

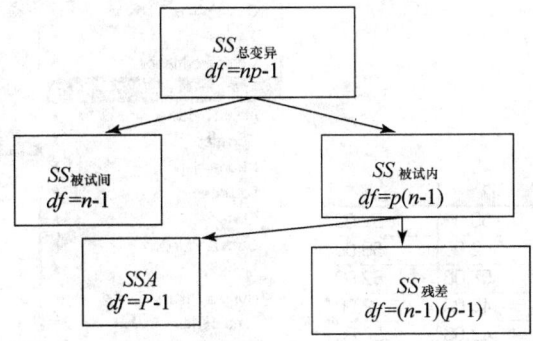

（4）计算 F 统计量

$$F=\dfrac{MS_A}{MS_{残差}}=\dfrac{SS_A/df_A}{SS_{残差}/df_{残差}}$$

统计推断：

本例是要检验三组均数差异是否显著，根据自由度，查 F 值表，如实际计算出的 F 值大于规定的临界值，则表明各组均数有显著差异；如小于规定的临界值，即说明各组均数之间没有显著差异。

三、用 SPSS 统计软件对单因素重复测量实验进行数据处理

下面结合上例来说明如何运用 SPSS 统计软件对单因素重复测量实验进行数据处理。

（一）例题分析

该研究采用单因素重复测量实验设计，可用重复测量的方差分析来处理。首先，作 F 检验，检验三组均数之间是否有差异？如果有差异，则说明三组间至少有二组均数之间有差异，但不能判断究竟是哪几组之间有差异，因此，还必须进行多重比较。

（二）SPSS 操作步骤及结果说明

1. 操作步骤

第一步：分别定义 a_1（阅读方法 1）、a_2（阅读方法 2）和 a_3（阅读方法 3）三个变量水平。输入数据，建立数据文件，如图 3-3-1 所示。

第二步：选用重复测量的方差分析模块 Analyze\General Linear Model\Repeated Measures，如图 3-3-2 所示。

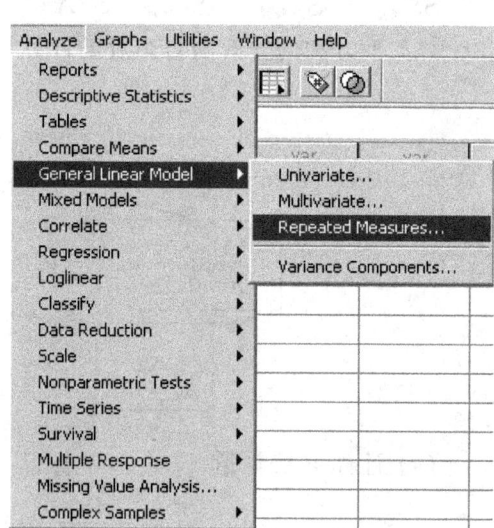

	a1	a2	a3
1	44.00	50.00	55.00
2	42.00	52.00	58.00
3	39.00	57.00	52.00
4	41.00	45.00	49.00
5	47.00	43.00	57.00
6	45.00	49.00	56.00
7	43.00	53.00	58.00
8	44.00	51.00	54.00

图 3-3-1　学生阅读测试结果数据结构　　图 3-3-2　重复测量方差分析菜单图

第三步：在定义被试内变量名（Within-Subject Factor Name）的框中，设置被试内变量 a，在定义水平数（Number of Level）的框内，输入 3，并按（Add）按钮，完成操作，如图 3-3-3 所示。

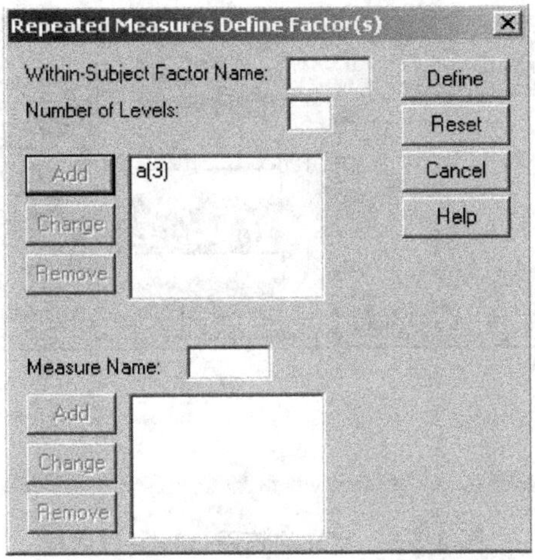

图 3-3-3　重复测量方差分析变量定义对话框

第四步：按定义键（Define），进入重复测量方差分析主对话框。将定义的三个变量（水平）键入被试内变量（Within-Subjects Variables）框中，如图 3-3-4 所示。

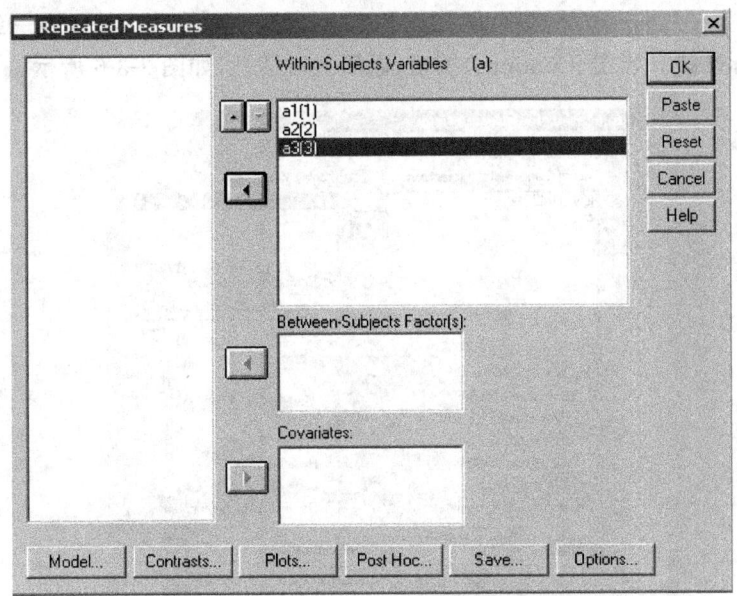

图 3-3-4　重复测量方差分析主对话框

第五步：在主对话框中，选择 Plots，绘制均值图。将 a 键入横轴（Horizontal Axis），点击（Add）按钮，完成操作，点击（Continue）按钮，返回主对话框，如图 3-3-5 所示。

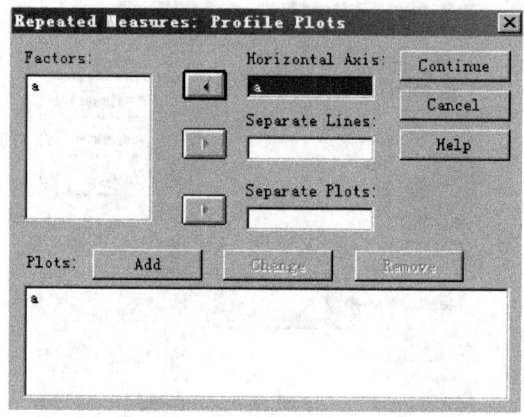

图 3-3-5　定义均值图（Plots）对话框

第六步：在主对话框中，点击选项（Options）按钮，进行如下操作：① 将变量 a 键入到右边 Display Means for：下的方框中，采用 LSD（none）法对变量 a 的三个水平进行多重比较，Post Hoc 法仅用于被试间变量各水平（>2）均值之间的多重比较；② 在 Display 下选择描述统计（Descriptive statistics）以得到三组数据的均值和标准差。点击（Continue）按钮，返回主对话框，如图 3-3-6 所示。

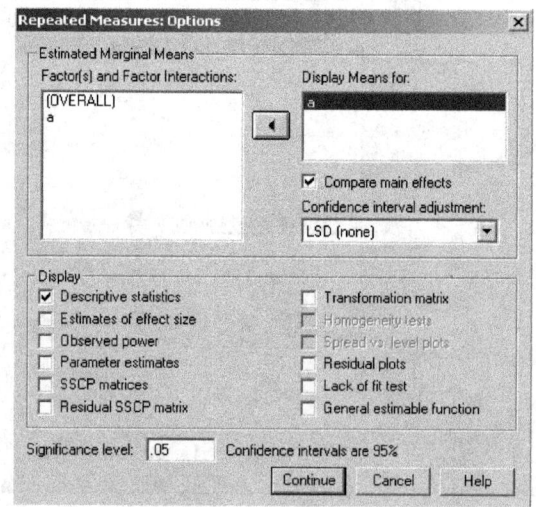

图 3-3-6　重复测量方差分析选项对话框

说明：

SPSS 对被试内变量的方差齐性检验（球形检验）是系统默认的，故不需要对方差齐性检验再行选择。

第七步：在主对话框中，点击 OK，执行程序。

2. 输出结果

（1）描述统计结果

表 3-3-3　描述统计结果表

Descriptive Statistics

	Mean	Std. Deviation	N
不用策略	43.1250	2.47487	8
划中心句	50.0000	4.44008	8
填结构图	54.8750	3.13676	8

表 3-3-3 列出了三种阅读方法的均值、标准差以及样本量。

（2）多元方差分析结果

多元方差分析结果如表 3-3-4 所示。

表 3-3-4　多元方差分析结果表

Multivariate Tests[b]

Effect		Value	F	Hypothesis df	Error df	Sig.
a	Pillai's Trace	.962	74.973[a]	2.000	6.000	.000
	Wilks' Lambda	.038	74.973[a]	2.000	6.000	.000
	Hotelling's Trace	24.991	74.973[a]	2.000	6.000	.000
	Roy's Largest Root	24.991	74.973[a]	2.000	6.000	.000

a. Exact statistic

b. Design: Intercept
   Within Subjects Design: a

表 3-3-4 列出了多元方差分析结果。重复测量的数据处理可采用一元方差分析，也可以采用多元方差分析，多元方差分析不受球形假设检验结果的限制。多元方差分析是将被试内变量的不同水平之间的差值作为因变量，表中 Pillai's Trace、Wilks' Lambda、Hotelling's Trace、Roy's Largest Root 是四种不同的多元方差分析方法。从表 3-3-4 中可见：四种检验方法的 P 值均小于 0.01，说明：从整体上讲，三种阅读方法对学生课文理解的影响有极显著的差异。

（3）球形检验结果

表 3-3-5　球形检验结果表

Mauchly's Test of Sphericity[b]

Measure: MEASURE_1

Within Subjects Effect	Mauchly's W	Approx. Chi-Square	df	Sig.	Epsilon[a]		
					Greenhouse-Geisser	Huynh-Feldt	Lower-bound
a	.419	5.213	2	.074	.633	.708	.500

Tests the null hypothesis that the error covariance matrix of the orthonormalized transformed dependent variables is proportional to an identity matrix.

a. May be used to adjust the degrees of freedom for the averaged tests of significance. Corrected tests are displayed in the Tests of Within-Subjects Effects table.

b.
Design: Intercept
Within Subjects Design: a

表 3-3-5 给出了球形假设（Mauchly's Test of Sphericity）的检验结果。球形假设的零假设是：因变量误差协方差矩阵（已标准化与正交化）近似单位矩阵。球形假设检验实际上是对同一个体的多次测量之间是否存在相关性进行检验。当被试内变量超过 2 个水平时，采用球形假设检验。本例球形假设检验结果为：$P=0.074>0.05$，数据满足球形假设。

（4）一元方差分析结果

一元方差分析结果如表 3-3-6 所示。

表 3-3-6　被试内变量主效应检验结果表

Tests of Within-Subjects Effects

Measure: MEASURE_1

Source		Type III Sum of Squares	df	Mean Square	F	Sig.
a	Sphericity Assumed	557.583	2	278.792	22.464	.000
	Greenhouse-Geisser	557.583	1.265	440.645	22.464	.001
	Huynh-Feldt	557.583	1.416	393.638	22.464	.000
	Lower-bound	557.583	1.000	557.583	22.464	.002
Error(a)	Sphericity Assumed	173.750	14	12.411		
	Greenhouse-Geisser	173.750	8.858	19.616		
	Huynh-Feldt	173.750	9.915	17.523		
	Lower-bound	173.750	7.000	24.821		

表 3-3-6 是一元方差分析的结果。第一行中的 Source 为方差来源、Type III Sum of Squares 为平方和的计算方法。方差来源下的 a 是被试内变量；Error(a)是残差。这里给出了被试内变量主效应检验的四种方法，即：Sphericity Assumed、Greenhouse-Geisser、Huynh-Feldt、Lower-bound。第一种方法（Sphericity Assumed）是标准一元方差分析，在球形假设满足的条件下参见此统计结果；后三种方法是备选方差分析，在球形假设不满足的条件下，通常参见 Greenhouse-Geisser 的统计结果。

本例数据满足球形假设。因此,参见标准一元方差分析(Sphericity Assumed)结果:$F=22.464, P=0.000<0.01$,表明三组均值有极显著性差异。至于具体是哪两组之间存在差异,还需参见多重比较结果。

(5) 多重比较结果

表 3-3-7 多重比较结果表

Pairwise Comparisons

Measure: MEASURE_1

(I) a	(J) a	Mean Difference (I-J)	Std. Error	Sig.[a]	95% Confidence Interval for Difference[a]	
					Lower Bound	Upper Bound
1	2	-6.875*	2.232	.018	-12.152	-1.598
	3	-11.750*	.959	.000	-14.018	-9.482
2	1	6.875*	2.232	.018	1.598	12.152
	3	-4.875*	1.846	.033	-9.241	-.509
3	1	11.750*	.959	.000	9.482	14.018
	2	4.875*	1.846	.033	.509	9.241

Based on estimated marginal means

*. The mean difference is significant at the .05 level.

a. Adjustment for multiple comparisons: Least Significant Difference (equivalent to no adjustments).

表 3-3-7 给出三种不同阅读方法两两比较的结果。表中(I)与(J)列下的 1,2,3 表示三种阅读方法。结果表明:阅读策略 1 与 2 有显著差异($P=0.018<0.05$);阅读策略 1 与 3 有极显著差异($P=0.000<0.01$);阅读策略 2 与 3 有显著差异($P=0.033<0.05$)。

(6) 均值图

图 3-3-7 是以阅读策略为横坐标,以阅读成绩为纵坐标绘成的均值图,均值图更为直观地显示出:策略 3 显著优于策略 1 和策略 2,策略 2 优于策略 1。

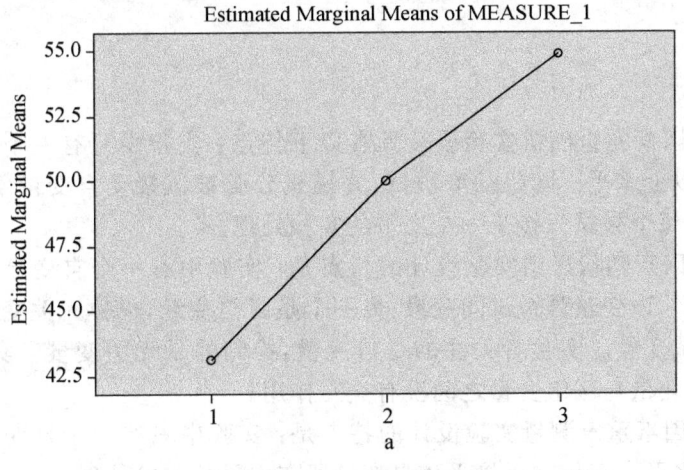

图 3-3-7 均值图

四、单因素重复测量实验设计方差分析流程图

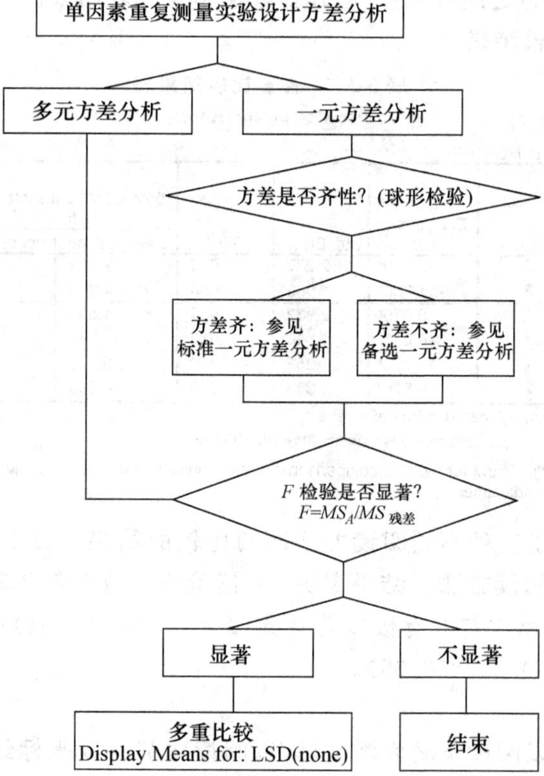

图 3-3-8　单因素重复测量实验设计方差分析流程图

本章小结

1. 单因素完全随机实验设计具有以下特点：实验中只有一个自变量，一般有两个以上水平。随机抽取被试，并随机分配被试接受自变量不同水平的实验处理、每个被试只接受一个水平的实验处理。

2. 单因素随机区组实验设计的特点是：实验中有一个自变量，一般有两个以上水平，该变量是被试间变量；另一个是区组变量，也称无关变量，该变量往往是被试变量。实验者关注的是自变量，控制的是无关变量。实验的前提假设是，自变量与区组变量之间没有交互作用。

3. 单因素重复测量实验设计的特点是：实验中只有一个自变量，一般有两个以上水平。每位被试接受该自变量所有水平的实验处理。

4. 单因素实验设计的比较

单因素三类实验设计比较表

	SPSS 数据结构	统计模块	平方和的分解	F 检验	方差齐性检验	多重比较	检验精度
完全	组别、因变量	One-Way-ANOVA	$SS_{总变异} = SS_{组间} + SS_{组内}$	$F = MS_{组间} / MS_{组内}$	Levene's	LSD、Tamhane's	低
区组	区组、被试间变量、因变量	Univariate 只计算主效应	$SS_{总变异} = SS_{处理间} + SS_{处理内}(SS_{区组} + SS_{残差})$	$F_1 = MS_A / MS_{残差}$ $F_2 = MS_{区组} / MS_{残差}$	不需检验	S-N-K 假设方差齐	中
重复	被试内变量水平数	Repeated Measures	$SS_{总变异} = SS_{被试间} + SS_{被试内}(SS_A + SS_{残差})$	$F = MS_A / MS_{残差}$	球形检验 Sphecity	Options Display Meansfor: LSD(none)	高

思考与练习

1. 试述单因素完全随机实验设计与重复测量实验设计各有什么优缺点？

2. 某校三个平行班进行数学测试，某教师为了比较不同班级数学成绩的差异，分别对三个班进行了三次 t 检验，得到了三个班级之间数学成绩存在差异的结论。问：这种分析方法是否正确？为什么？如不正确，应如何分析？

3. 有一项探讨学生文章组织能力对文章阅读理解成绩影响的实验研究。通过文章组织能力测试将学生分为组织能力低(A)、组织能力中(B)和组织能力高(C)三组。分别对三组学生进行阅读能力的测验，三组学生的阅读成绩如下，问：三组学生的阅读理解能力是否有显著差异？如果有差异，是在哪几组之间有差异？

A	B	C
13	14	19
16	16	18
14	18	17
15	15	20
13	13	22
	17	21
	14	23

4. 有一项探索生字密度对儿童阅读理解能力影响的实验研究。因变量是阅读理解成绩，自变量 A 为生字密度，有四个水平，即：a_1 为 5∶1（平均 5 个字中有一个生字），a_2 为 10∶1，a_3 为 15∶1，a_4 为 20∶1。选取 8 名被试，每人接受四种实验处理。原始数据如下表。问：不同生字密度是否会对学生的阅读理解成绩造成显著差异？如果有差异，是在哪几组之间有差异？

a_1	a_2	a_3	a_4
13	14	18	19
16	16	19	18
14	14	18	18
13	12	17	17
15	14	15	22
17	15	16	23
15	13	17	22
12	13	16	21

5. 在上述实验中，实验者考虑到智力可能影响阅读理解成绩。因此在实验前实验者按学生智力水平的高低将其分为 8 个区组，同一区组的 4 位学生智力水平相当，共有 32 名被试。实验数据如题 4。问：(1) 不同生字密度是否会对学生的阅读理解成绩造成显著差异？如果有差异，是在哪几组之间有差异？(2) 学生的智力水平是否会影响其阅读理解成绩？

第 4 章 两因素实验设计及数据处理

在实验研究中,如果有多个自变量,就称为多因素实验设计。多因素实验设计不仅可以探讨各个自变量的作用,而且还可探讨它们之间的交互作用。因此,与单因素实验设计相比,多因素实验设计可以获得更多的信息,实验效率也更高。

两因素实验设计是多因素实验设计的一种常用设计。根据被试接受的实验处理不同,两因素实验设计又可分为:两因素完全随机实验设计、两因素重复测量的实验设计和两因素混合实验设计等。

第 1 节 两因素完全随机实验设计与数据处理

本节将对两因素完全随机实验设计的特点与模式、两因素完全随机实验方差分析的原理与步骤,以及如何利用 SPSS 统计软件对两因素完全随机实验结果进行数据处理等问题进行解释与说明。

一、两因素完全随机实验设计的基本特点

(一) 实验设计及被试分配模式

先看一个例子,有一项"两种教学方法对不同学习能力学生学习成绩影响"的教学实验研究。其中,因变量为学习成绩,自变量是学习能力 A 与教学方法 B。A 有两个水平,a_1 为学习能力强,a_2 为学习能力低;B 有两个水平,b_1 为教学方法 1,b_2 为教学方法 2。实验为两因素完全随机实验设计,共有四个实验组,即四种实验处理水平的结合(a_1b_1、a_1b_2、a_2b_1、a_2b_2)。如每组被试为 4 人,总被试量 N 为 16 人,随机选取 16 名被试,并随机分到四个实验组,每名被试只接受一种实验处理水平的结合,其实验设计及被试分配模式如表 4-1-1 所示。

表 4-1-1　两因素完全随机实验设计及被试分配模式

	b_1	b_2
a_1	S_1 S_3 S_5 S_7	S_2 S_4 S_6 S_8
a_2	S_9 S_{11} S_{13} S_{15}	S_{10} S_{12} S_{14} S_{16}

（二）实验设计的基本特点

两因素完全随机实验设计具有以下特点：

（1）有两个自变量，每个自变量有两个或两个以上水平。

（2）如果一个自变量有 p 个水平，另一个自变量有 q 个水平。那么，该实验就有 $p \times q$ 个实验组（实验单元），即 $p \times q$ 个实验处理水平的结合。

（3）如果每组被试为 n 人，总被试量 N 为 $n \times p \times q$ 人，随机抽取 N 名被试，并随机分配到 $p \times q$ 个实验组，每名被试只接受一种实验处理水平的结合。

（三）两因素完全随机实验设计方差分析的前提条件

（1）正态分布。因变量在每个实验单元内都呈正态分布。如果正态分布的条件不满足，使用大样本（>15 人）可以提高方差分析结果的可信度。

（2）方差齐性。因变量在所有实验单元内的方差齐性。如果各组方差不齐，且各单元的样本量不等，则方差分析结果不可信。

（3）独立性。被试必须从总体中随机抽取，因变量在各实验单元内相互独立，如果不独立，方差分析的结果不可信。

（4）连续性。因变量应为连续型变量。

二、两因素完全随机实验设计方差分析的基本原理与计算步骤

（一）方差分析的基本原理

在两因素完全随机实验方差分析中，将总变异分解为处理间变异和处理内变异，即总变异＝处理间变异＋处理内变异。总变异指所有由实验处理、实验误差、无关变量以及个体差异等引起的变异。处理间变异指所有由实验处理引起的变异，包括 A 因素、B 因素及 AB 的交互效应引起的变异。处理内变异指所有不能由实验处理解释的变异，包括个体差异、实验误差、无关变量等

引起的变异。两因素完全随机实验设计的方差分析是通过 F 值的大小,即各因素变异与误差变异比值的大小来判断各因素主效应及其交互效应是否显著的。

(二) 方差分析的计算步骤

例题 4-1-1

有一项"文章标记类型与句子长度对学生阅读理解能力影响的实验研究"。其中,因变量是阅读理解成绩。两个自变量是标记类型(A)与句子长度(B),标记类型有两个水平,a_1 为无标记,a_2 为有标记;句子长度有三个水平,b_1 为短句,b_2 为中句,b_3 为长句。实验有 6 组,每组 4 人,随机抽取 24 名被试,并随机分配到各实验组。实验数据如表 4-1-2 所示。

表 4-1-2 实验数据表

$N=24$	b_1	b_2	b_3
a_1	6	5	2
	7	6	4
	6	7	5
	6	6	4
a_2	5	9	7
	8	8	8
	6	8	6
	7	9	7

两因素完全随机实验方差分析的步骤大致为:

1. 提出假设

由于实验设计中涉及两个因素的主效应及交互作用效应,因此,提出以下三个零假设:

① 标记类型(A)对阅读成绩没有影响。
② 句子长度(B)对阅读成绩没有影响。
③ 标记类型与句子长度对阅读成绩没有交互效应。

2. 计算 F 统计量

在计算 F 统计量前,需计算各种基本量、平方和及自由度。

(1) 基本量的计算

为方便起见,可先将表 4-1-2 中的数据汇总为 AB 表,如表 4-1-3 所示。

表 4-1-3 AB 表

$n=4$	b_1	b_2	b_3	总和
a_1	25	24	15	64
a_2	26	34	28	88
总和	51	58	43	152

然后按如下公式计算各基本量：

① 所有数据之和：$\sum_{i=1}^{n}\sum_{j=1}^{p}\sum_{k=1}^{q} Y_{ijk}$

② 所有数据和之平方的均数：$\dfrac{(\sum_{i=1}^{n}\sum_{j=1}^{p}\sum_{k=1}^{q} Y_{ijk})^2}{npq} = [Y]$

③ 所有数据平方和：$\sum_{i=1}^{n}\sum_{j=1}^{p}\sum_{k=1}^{q} Y_{ijk}^2 = [ABS]$

④ $\sum_{j=1}^{p} \dfrac{(\sum_{i=1}^{n}\sum_{k=1}^{q} Y_{ijk})^2}{nq} = [A]$

⑤ $\sum_{k=1}^{q} \dfrac{(\sum_{i=1}^{n}\sum_{j=1}^{p} Y_{ijk})^2}{np} = [B]$

⑥ $\sum_{j=1}^{p}\sum_{k=1}^{q} \dfrac{(\sum_{i=1}^{n} Y_{ijk})^2}{n} = [AB]$

（2）根据基本量计算各平方和

平方和的分解：$SS_{总变异} = SS_{处理间} + SS_{处理内} = (SSA + SSB + SSAB) + SS_{单元内误差}$

$SSA = [A] - [Y]$，A 因素平方和，代表 A 因素的处理效应。

$SSB = [B] - [Y]$，B 因素平方和，代表 B 因素的处理效应。

$SSAB = [AB] - [Y] - SSA - SSB$，$A$ 因素与 B 因素共同作用而产生的平方和，代表 A 因素与 B 因素的交互效应。

$SS_{单元内误差} = SS_{总变异} - SSA - SSB - SSAB$，单元内误差，以下简称误差，即所有由实验变量无法解释的变异，其均方作为 A 主效应、B 主效应、A 与 B 交互效应 F 检验的误差项。

（3）平方和的分解与自由度的计算

平方和的分解与自由度的计算公式如图 4-1-1 所示。

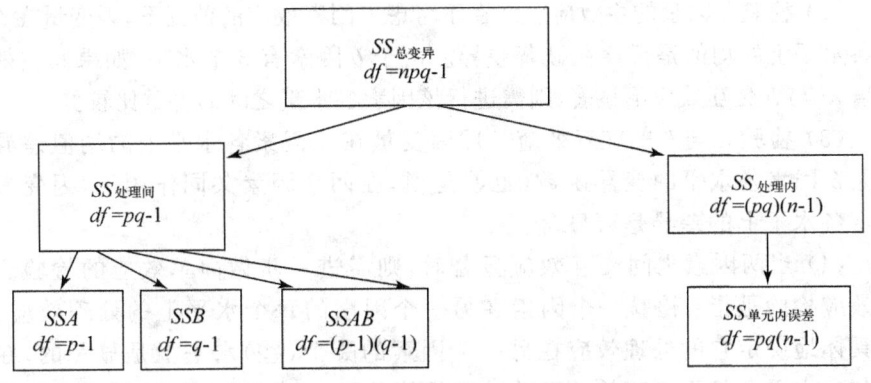

图 4-1-1　平方和的分解与自由度的计算

(4) 计算 F 统计量

各效应 F 统计量的计算公式如下：

$$F_A = \frac{MS_A}{MS_{误差}} = \frac{SS_A/df_A}{SS_{误差}/df_{误差}}$$

$$F_B = \frac{MS_B}{MS_{误差}} = \frac{SS_B/df_B}{SS_{误差}/df_{误差}}$$

$$F_{AB} = \frac{MS_{AB}}{MS_{误差}} = \frac{SS_{AB}/df_{AB}}{SS_{误差}/df_{误差}}$$

3. 统计推断

① A 因素的主效应。经计算：$F = 27.871, P = 0.000 < 0.01$，表明 A 的主效应极显著，说明有标记和无标记对被试阅读成绩有极显著的影响。

② B 因素的主效应。$F = 8.177, P = 0.003 < 0.01$，表明 B 的主效应极显著，说明不同长度的句子对被试阅读成绩有极显著的影响。

③ A * B 交互效应。$F = 5.661, P = 0.012, 0.01 < P < 0.05$，表明 A、B 的交互效应显著，即说明标记类型和句子长短对被试阅读成绩的交互效应显著。

三、用 SPSS 统计软件对两因素完全随机实验进行数据处理

利用例题 4-1-1 中的实验数据，说明如何利用 SPSS 统计软件对两因素完全随机实验进行数据处理。

(一) 例题分析

上例中，a 与 b 是两个被试间变量。因此，是一个两因素完全随机实验设计，对其进行方差分析的思路为：

(1) 检验 a 因素的主效应。即在不考虑 b 因素效应的前提下，因变量在 a 因素各水平上的均值是否存在显著差异。

(2) 检验 b 因素的主效应。即在不考虑 a 因素效应的前提下,因变量在 b 因素各水平上的均值是否存在显著差异。由于 b 因素有 3 个水平,如果其主效应显著,a 与 b 交互效应不显著,则需进行该因素各水平之间的多重比较。

(3) 检验 a 与 b 的交互效应。即因变量在 a 因素各水平上的均值差异是否是 b 因素各水平的变异函数,也就是说,在两个因素共同作用下,因变量在因素各水平上的差异是否显著。

(4) 当两因素之间交互效应显著时,则需进一步做简单效应的检验。简单效应检验是指:检验一个因素在另一个因素的每个水平上的处理效应,以便具体地确定它的处理效应在另一个因素的哪个(些)水平上是显著的,在哪个(些)水平上是不显著的。简单效应的检验可通过在 SPSS 语句窗中填写相应语句来方便地实现。

(二) SPSS 操作步骤及结果说明

1. 基本步骤

第一步,在数据表格区域下方,点击 Variable View,分别定义 a(标记类型)、b(句子长短)、score(阅读分数)三个变量,对 a(标记类型)赋值时,分别设定:1="无标记",2="有标记";对 b(句子长短)赋值时,分别设定:1="短句子",2="中句子",3="长句子"。点击表格区域下方的 Data View,在数据输入窗口输入原始数据,建立数据文件,如图 4-1-2 所示。

说明:a、b 下的数字可看成因变量(阅读成绩)的下标。例如:第 14 名被试(用框标出)在阅读有标记、短句子文章的条件下,其阅读成绩为 8 分,其余类同。图 4-1-2 显示了两因素完全随机实验设计的 SPSS 数据结构。

第二步,选用单因变量方差分析模块:即 Analyze(统计分析)\

	a	b	score
1	1.00	1.00	6.00
2	1.00	1.00	7.00
3	1.00	1.00	6.00
4	1.00	1.00	6.00
5	1.00	2.00	5.00
6	1.00	2.00	6.00
7	1.00	2.00	7.00
8	1.00	2.00	6.00
9	1.00	3.00	2.00
10	1.00	3.00	4.00
11	1.00	3.00	5.00
12	1.00	3.00	4.00
13	2.00	1.00	5.00
14	2.00	1.00	8.00
15	2.00	1.00	6.00
16	2.00	1.00	7.00
17	2.00	2.00	9.00
18	2.00	2.00	8.00
19	2.00	2.00	8.00
20	2.00	2.00	9.00
21	2.00	3.00	7.00
22	2.00	3.00	8.00
23	2.00	3.00	6.00
24	2.00	3.00	7.00

图 4-1-2 SPSS 数据结构

General Linear Model(一般线性模型)\Unvariate(单因变量方差分析),如图 4-1-3 所示。

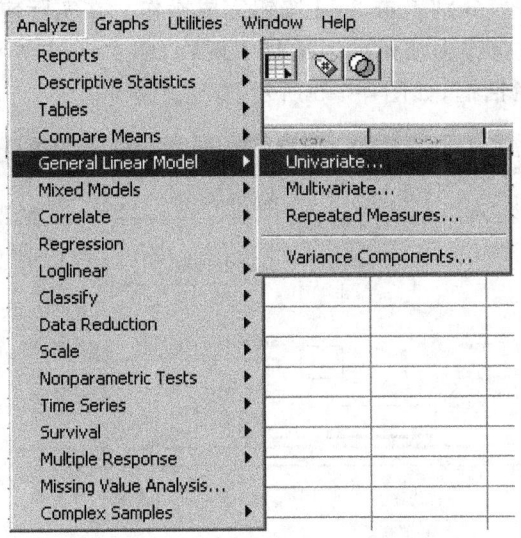

图 4-1-3 单因变量方差分析菜单图

第三步,在主对话框中,将 score 键入因变量(Dependent Variable:)方框中,将 a、b 变量键入固定变量[Fixed Factor(s):]方框中,如图 4-1-4 所示。

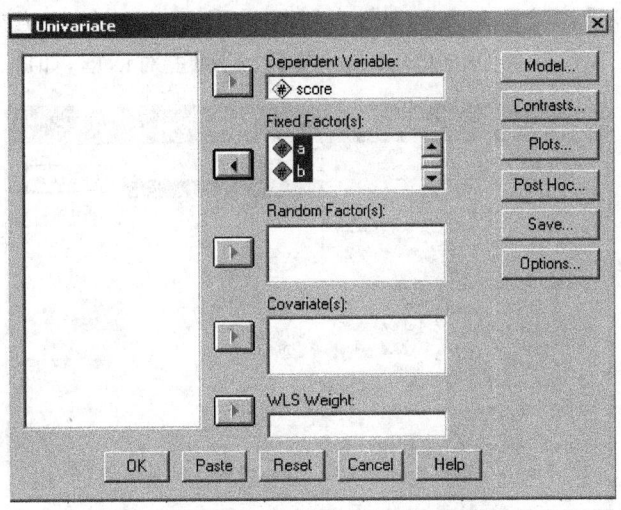

图 4-1-4 单因变量方差分析主对话框

第四步，在主对话框中，点击 Plots 按钮绘制均值图。选定 a 为横坐标（Horizontal Axis），选定 b 为独立拆线（Sperate Lines），或者选定 b 为横坐标，选定 a 为独立拆线，分别单击 Add 按钮完成操作。在实际应用中，可根据需要选择一种即可，这里作为演示同时选择了两种，即 a∗b 与 b∗a。点击 Continue 按钮，返回主对话框，如图 4-1-5 所示。

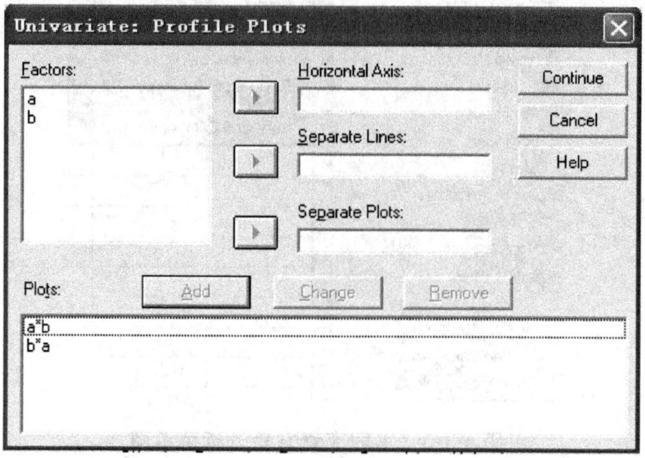

图 4-1-5　定义均值图(Plots)对话框

第五步，在主对话框中点击 Post Hoc 按钮，对 b 因素（被试间变量）的三个水平进行多重比较。在方差齐性条件下选用 Tukey 法；在方差不齐条件下选用 Dunnett's C 法。点击 Continue 按钮，返回主对话框，如图 4-1-6 所示。

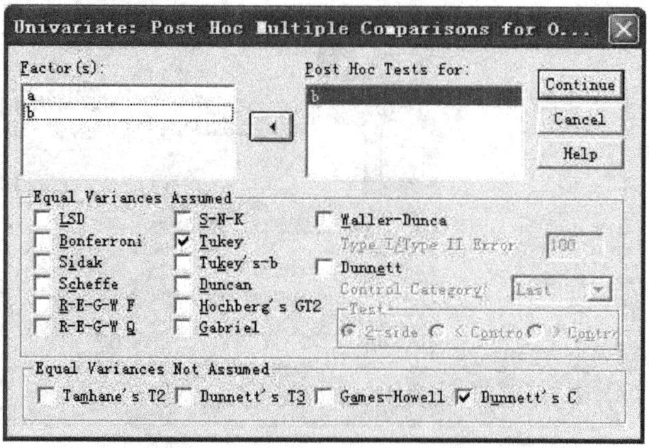

图 4-1-6　多重比较(Post Hoc)对话框

说明：在多因素方差分析中，如果某因素（>2水平）主效应显著，而其他交互效应不显著时，应进行各因素水平之间均数的多重比较。而当交互效应显著时，则进行简单效应检验，而不需进行多重比较。这里为演示起见，仍进行多重比较。

第六步，在主对话框中，点击选项（Options）按钮，选择（Descriptive statistics）进行描述性统计、选择（Estimates of effect size）进行效应度检验、选择（Observed power）进行统计检验力检验、选择（Homogeneity tests）进行方差齐性检验。点击 Continue 按钮，返回主对话框，如图 4-1-7 所示。

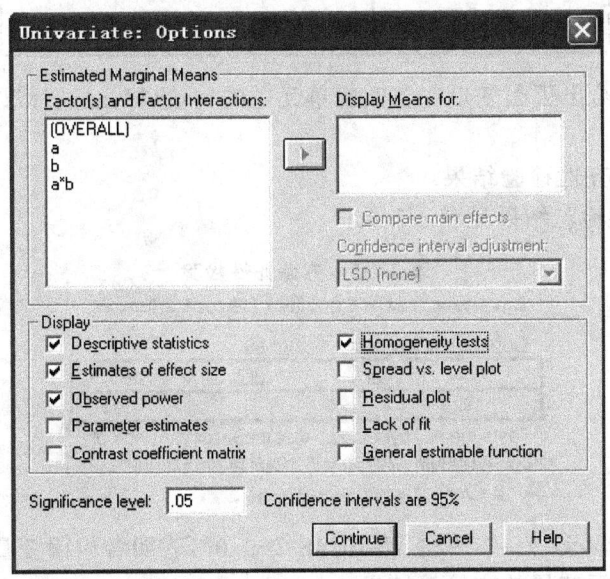

图 4-1-7　Options 选项对话框

第七步，在主对话框中，点击 OK，执行程序。

在多因素方差分析中，一般来说，可分两步执行程序：第一步，先计算初步结果，如各因素之间存在交互效应，则进行第二步，即进行简单效应检验（存在二阶交互效应）或简单简单效应检验（存在三阶交互效应）。

2. 输出初步结果

（1）描述统计结果

描述统计结果见表 4-1-4。

表 4-1-4 描述统计结果表
Descriptive Statistics

Dependent Variable: 阅读成绩

有无标记	句子长短	Mean	Std. Deviation	N
无标记	1.00	6.2500	.50000	4
	2.00	6.0000	.81650	4
	3.00	3.7500	1.25831	4
	Total	5.3333	1.43548	12
有标记	1.00	6.5000	1.29099	4
	2.00	8.5000	.57735	4
	3.00	7.0000	.81650	4
	Total	7.3333	1.23091	12
Total	1.00	6.3750	.91613	8
	2.00	7.2500	1.48805	8
	3.00	5.3750	1.99553	8
	Total	6.3333	1.65940	24

表 4-1-4 给出了因变量在各实验单元中的均值(Mean)、标准差(S.D)及被试数(N)。

(2) 方差齐性检验结果

方差齐性检验结果见表 4-1-5。

表 4-1-5 方差齐性检验
Levene's Test of Equality of Error Variances

Dependent Variable: 阅读成绩

F	df1	df2	Sig.
.923	5	18	.489

Tests the null hypothesis that the error variance of the dependent variable is equal across groups.

a. Design: Intercept+a+b+a*b

表 4-1-5 显示：$F=0.923$，$P=0.489>0.05$，表明各组因变量方差齐性。

(3) 被试间变量效应检验结果

被试间效应检验结果如表 4-1-6 所示。

表 4-1-6 被试间效应检验结果
Tests of Between-Subjects Effects

Dependent Variable: 阅读成绩

Source	Type III Sum of Squares	df	Mean Square	F	Sig.	Partial Eta Squared	Noncent. Parameter	Observed Power[a]
Corrected Model	47.833[b]	5	9.567	11.110	.000	.755	55.548	1.000
Intercept	962.667	1	962.667	1117.935	.000	.984	1117.935	1.000
a	24.000	1	24.000	27.871	.000	.608	27.871	.999
b	14.083	2	7.042	8.177	.003	.476	16.355	.923
a*b	9.750	2	4.875	5.661	.012	.386	11.323	.796
Error	15.500	18	.861					
Total	1026.000	24						
Corrected Total	63.333	23						

a. Computed using alpha = .05
b. R Squared = .755 (Adjusted R Squared = .687)

对表 4-1-6 中相关内容的说明：

① Corrected Model：校正模型，其平方和为 a 因素平方和、b 因素平方和、a*b 交互效应平方和之总和。

② Intercept(截距)：检验因变量的总均值是否为零，本例 $P=0.000<0.01$，表明因变量的总均值极显著地不为零。

③ a 因素主效应极显著($P=0.000<0.01$)，说明文章中有无标记对阅读成绩有极显著影响；其效应度(Estimates of effect size)为 0.608；统计检验力(Observed power)为 0.999。

④ b 因素主效应极显著($P=0.003<0.01$)，说明不同长度的句子对阅读成绩有极显著影响；其效应度(Estimates of effect size)为 0.476；统计检验力(Observed power)为 0.923。

⑤ a 与 b 交互效应显著($P=0.012<0.05$)，说明有无标记与句子长度对阅读成绩有显著的交互影响。其效应度(Estimates of effect size)为 0.386；统计检验力(Observed power)为 0.796。

⑥ Total：代表总平方和，具体为 Intercept 平方和(962.667)＋Corrected Total 平方和(63.333)＝1026。

⑦ Corrected Total：代表模型所解释的变异与误差变异的总和，其平方和＝a 因素平方和(24)＋b 因素平方和(14.083)＋a*b 交互效应平方和(9.750)＋误差平方和(15.5)＝63.333。

⑧ Partial Eta Squared 是效应度(Estimates of effect size)检验结果，其值＝因素平方和/(因素平方和＋误差平方和)，如 a*b 的效应度＝9.750/(9.750＋15.5)＝0.386。

⑨ 统计检验力(Observed power)为正确拒绝零假设的概率，如 a*b 的统计检验力为 0.796，这表明正确拒绝 a*b 交互效应不显著的零假设的概率为 79.6%。

⑩ 非中心分布参数(Noncent. Parameter)是计算统计检验力过程中产生的中间值，在此一并输出。

⑪ 表 4-1-6 下 Computed using alpha＝.05 表示上述检验的置信水平为 5%；R Squared 为 R 平方，表示上述模型解释了因变量总变异的 77.5%，Adjusted R Squared 为调整的 R 平方，表示总体 R 平方的估计值为 68.7。

(4) 多重比较结果

多重比较结果见表 4-1-7。

表 4-1-7　多重比较结果表

Multiple Comparisons

Dependent Variable: 阅读成绩

	(I)句子长短	(J)句子长短	Mean Difference (I-J)	Std. Error	Sig.	95% Confidence Interval Lower Bound	95% Confidence Interval Upper Bound
Tukey HSD	1.00	2.00	-.8750	.46398	.171	-2.0592	.3092
		3.00	-1.0000	.46398	.107	-2.1842	.1842
	2.00	1.00	.8750	.46398	.171	-.3092	2.0592
		3.00	-1.8750*	.46398	.002	-3.0592	-.6908
	3.00	1.00	1.0000	.46398	.107	-.1842	2.1842
		2.00	1.8750*	.46398	.002	.6908	3.0592
Dunnett C	1.00	2.00	-.8750	.61782		-2.6945	.9445
		3.00	-1.0000	.77632		-3.2863	1.2863
	2.00	1.00	.8750	.61782		-.9445	2.6945
		3.00	-1.8750	.88009		-4.4669	.7169
	3.00	1.00	1.0000	.77632		-1.2863	3.2863
		2.00	-1.8750	.88009		-4.4669	.7169

Based on observed means.

*. The mean difference is significant at the .05 level.

表 4-1-7 中的(I)与(J)列中的"1"表示短句子,"2"表示中句子,"3"表示长句子。由于本例方差齐性,因此在进行多重比较时,应参见 Tukey 法进行多重比较的结果。比较结果表明:短句子与中句子差异不显著($P=0.171>0.05$),短句子与长句子差异不显著($P=0.107>0.05$),而中句子与长句子差异极显著($P=0.002<0.01$)。

(5)均值显示图

① $a*b$ 均值图如 4-1-8 所示。

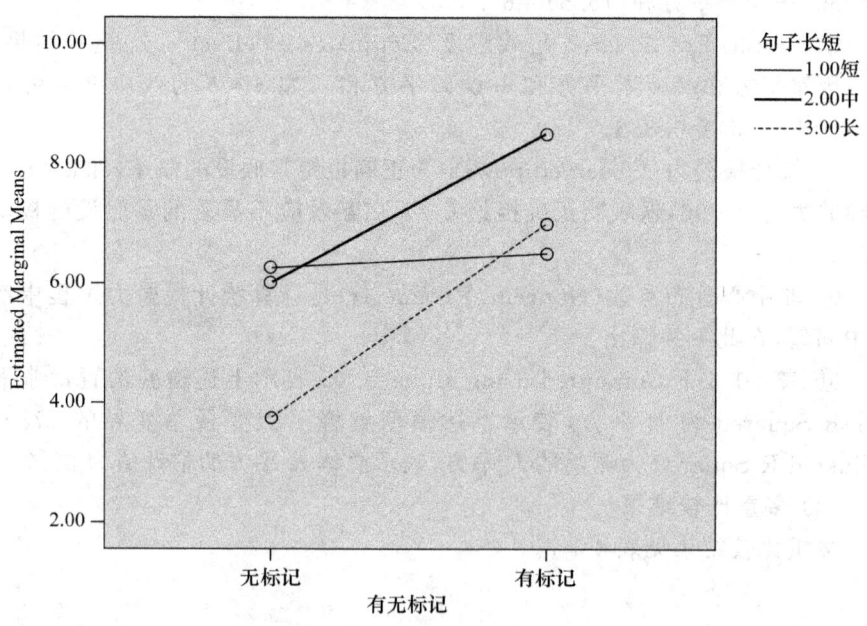

图 4-1-8　$a*b$ 均值显示图

从图 4-1-8 可见:代表中句和长句的两条直线大体平行,而代表短句的直线与两条直线交叉。因此,大致可以判断两个因素之间存在交互效应。

② $b*a$ 均值如图 4-1-9 所示。

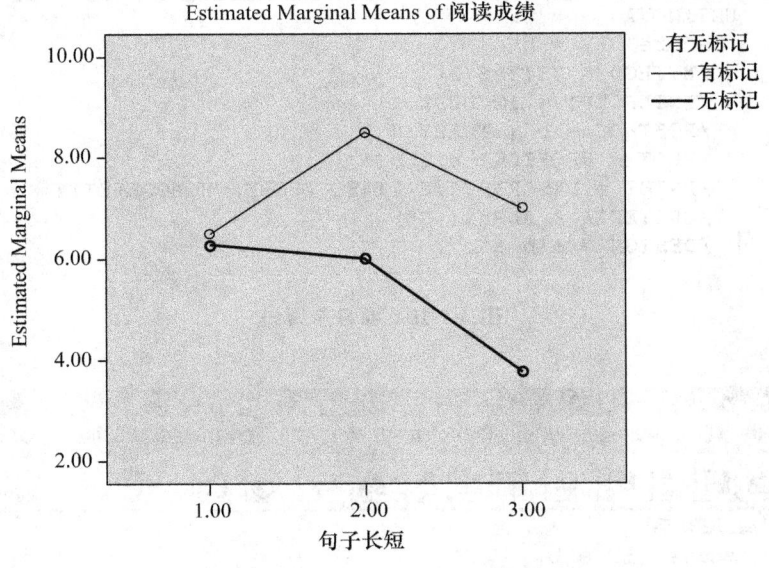

图 4-1-9　$b*a$ 均值显示图

从图 4-1-9 可见:在短句与中句之间代表有标记与无标记的两条直线交叉。因此,大致可以判断两个因素之间存在交互效应。

3. 简单效应检验

由于本例 a 与 b 存在交互效应,故需进行简单效应(Simple effect)检验。

(1)操作步骤:

第一步　改写程序语句

① SPSS 没有提供进行简单效应检验的菜单,必须通过改写程序语句来实现。回到主对话框,原先设置不变,单击 Paste 按钮,SPSS 会把原先的全部操作转换成语句并粘贴到新打开的程序语句窗口中,如图 4-1-10 所示。

② 在原程序语句中,保留前二行和后两行语句,加入 EMMEANS 引导的语句,如图 4-1-11 所示。

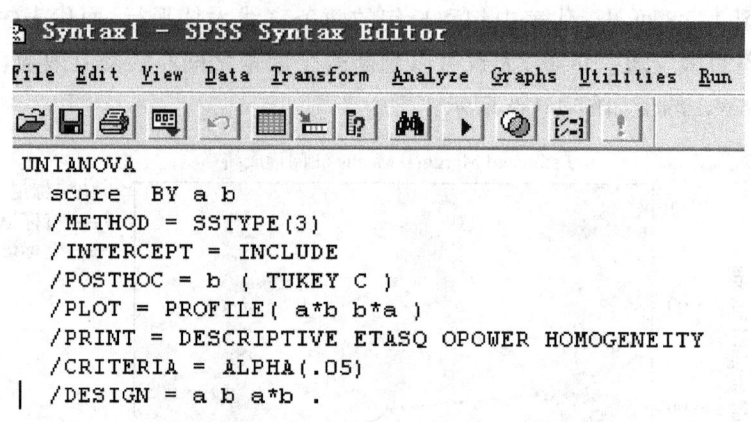

图 4-1-10　原程序语句

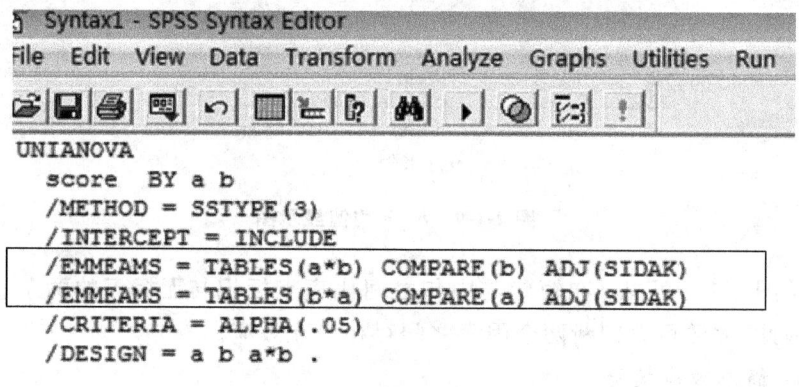

图 4-1-11　经修改的程序语句

说明：

第一，/EMMEANS=TABLES(a * b) COMPARE (b) ADJ(SIDAK)

该语句的功能在于：在 a 的各水平上，检验 b 变量不同水平差异的显著性。如，在 a_1 上看，b_1，b_2 与 b_3 之间的差异是否显著。

第二，/EMMEANS=TABLES(b * a) COMPARE (a) ADJ(SIDAK)

该语句的功能在于：在 b 的各水平上，检验 a 变量不同水平差异的显著性。如，在 b_1 上看，a_1 与 a_2 差异是否显著。

第三，上述两个语句是从两个纬度来进行检验的。在实际应用中，可根据研究的需要，选择其中的一个语句。为了演示，这里仍同时执行上述两条语句。

第二步 执行程序

在程序语句窗中,单击菜单 Run-All 运行程序。

(2) 输出简单效应检验结果

① 在 a 上看,b_1、b_2 与 b_3 之间的差异。

第一,描述性统计结果如表 4-1-8 所示。

表 4-1-8 描述性统计结果
Estimates

Dependent Variable: 阅读成绩

有无标记	句子长短	Mean	Std. Error	95% Confidence Interval	
				Lower Bound	Upper Bound
无标记	1.00	6.250	.464	5.275	7.225
	2.00	6.000	.464	5.025	6.975
	3.00	3.750	.464	2.775	4.725
有标记	1.00	6.500	.464	5.525	7.475
	2.00	8.500	.464	7.525	9.475
	3.00	7.000	.464	6.025	7.975

第二,$a * b$ 简单效应检验结果如表 4-1-9 所示。

表 4-1-9 $a * b$ 简单效应检验结果
Pairwise Comparisons

Dependent Variable: 阅读成绩

有无标记	(I) 句子长短	(J) 句子长短	Mean Difference (I-J)	Std. Error	Sig.[a]	95% Confidence Interval for Difference[a]	
						Lower Bound	Upper Bound
无标记	1.00	2.00	.250	.656	.975	-1.476	1.976
		3.00	2.500*	.656	.004	.774	4.226
	2.00	1.00	-.250	.656	.975	-1.976	1.476
		3.00	2.250*	.656	.009	.524	3.976
	3.00	1.00	-2.500*	.656	.004	-4.226	-.774
		2.00	-2.250*	.656	.009	-3.976	-.524
有标记	1.00	2.00	-2.000*	.656	.021	-3.726	-.274
		3.00	-.500	.656	.839	-2.226	1.226
	2.00	1.00	2.000*	.656	.021	.274	3.726
		3.00	1.500	.656	.100	-.226	3.226
	3.00	1.00	.500	.656	.839	-1.226	2.226
		2.00	-1.500	.656	.100	-3.226	.226

Based on estimated marginal means

*. The mean difference is significant at the .05 level.

a. Adjustment for multiple comparisons: Sidak.

表 4-1-9 显示:

第一,在无标记(a_1)情况下,短句子与中句子之间无显著差异($P=0.975>0.05$);短句子与长句子之间有极显著性差异($P=0.004<0.01$);中句子与长句子之间有极显著性差异($P=0.009<0.01$)。

第二,在有标记(a_2)的情况下,短句子与中句子之间有显著差异($P=0.021<0.05$);短句子与长句子之间无显著差异($P=0.839>0.05$);中句子与长句子之间无显著差异($P=0.100>0.05$)。

② 在 b 上看,a_1 与 a_2 之间的差异

第一,描述性统计结果如表 4-1-10 所示。

表 4-1-10　描述性统计结果

Estimates

Dependent Variable: 阅读成绩

句子长短	有无标记	Mean	Std. Error	95% Confidence Interval	
				Lower Bound	Upper Bound
1.00	无标记	6.250	.464	5.275	7.225
	有标记	6.500	.464	5.525	7.475
2.00	无标记	6.000	.464	5.025	6.975
	有标记	8.500	.464	7.525	9.475
3.00	无标记	3.750	.464	2.775	4.725
	有标记	7.000	.464	6.025	7.975

第二,$b*a$ 简单效应检验结果如表 4-1-11 所示。

表 4-1-11　$b*a$ 简单效应检验结果

Pairwise Comparisons

Dependent Variable: 阅读成绩

句子长短	(I)有无标记	(J)有无标记	Mean Difference (I-J)	Std. Error	Sig.ᵃ	95% Confidence Interval for Differenceᵃ	
						Lower Bound	Upper Bound
1.00	无标记	有标记	-.250	.656	.708	-1.629	1.129
	有标记	无标记	.250	.656	.708	-1.129	1.629
2.00	无标记	有标记	-2.500*	.656	.001	-3.879	-1.121
	有标记	无标记	2.500*	.656	.001	1.121	3.879
3.00	无标记	有标记	-3.250*	.656	.000	-4.629	-1.871
	有标记	无标记	3.250*	.656	.000	1.871	4.629

Based on estimated marginal means

*. The mean difference is significant at the .05 level.

a. Adjustment for multiple comparisons: Sidak.

表 4-1-11 显示:

第一,在短句(b_1)条件下,有无标记对阅读成绩不存在显著性差异($P=0.708>0.05$)。

第二,在中句(b_2)条件下,有标记和无标记对阅读成绩有极显著差异($P=0.001<0.01$)。

第三,在长句(b_3)条件下,有标记和无标记对阅读成绩有极显著差异($P=0.000<0.01$)。

四、两因素完全随机实验设计方差分析流程图

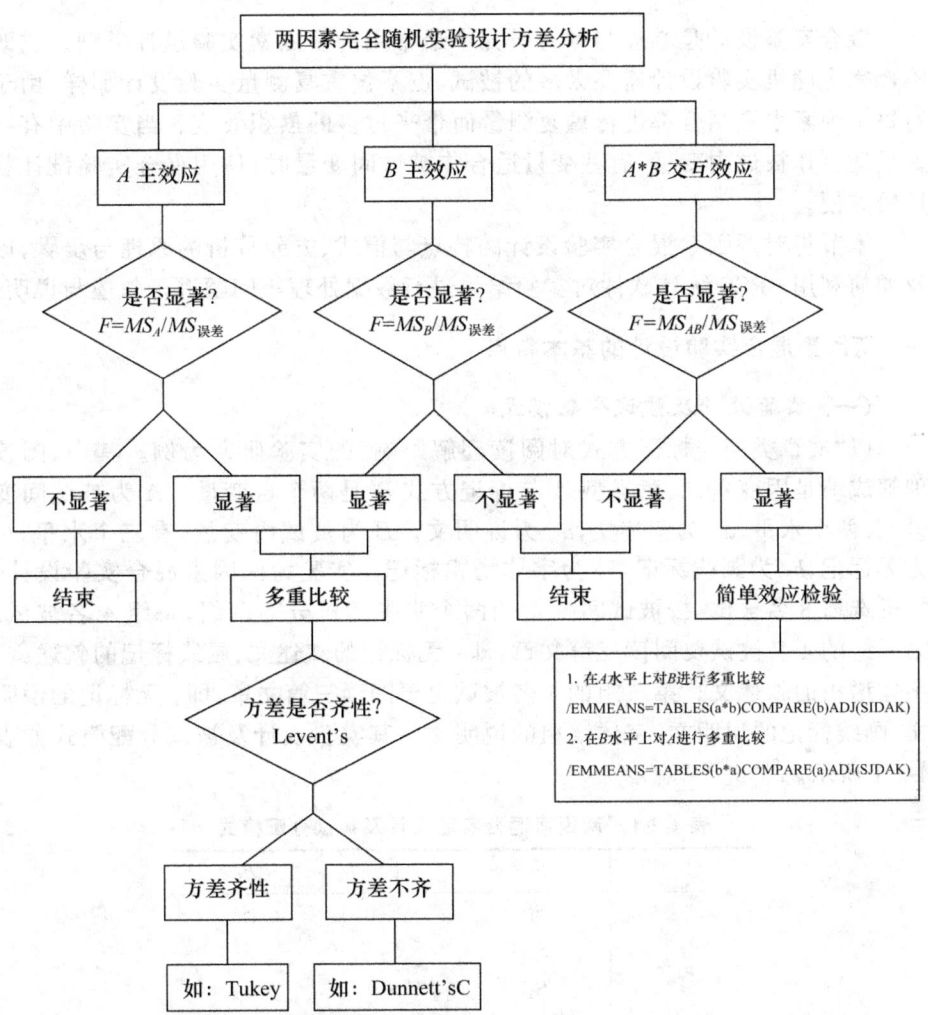

图 4-1-12 两因素完全随机实验设计方差分析流程图

第 2 节　两因素混合实验设计及数据处理

混合实验设计是心理与教育研究中最常用的多因素实验设计类型。它既不像完全随机实验设计需要太多的被试,也不像重复测量实验设计那样,由于对每个因素水平结合都进行重复测量而带来过多的累积效应。当实验中有些变量适合作被试内变量,有些变量适合作被试间变量时,使用混合实验设计就比较方便。

本节将对两因素混合实验设计的特点与模式、方差分析的原理与步骤,以及如何利用 SPSS 统计软件对实验结果进行数据处理等问题进行叙述与说明。

一、两因素混合实验设计的基本特点

(一)实验设计及被试分配模式

以"文章类型与标记方式对阅读理解影响"的实验研究为例。其中,阅读理解成绩是因变量;文章类型 A 与标记方式 B 是两个自变量。A 为被试间变量,有两个水平,a_1 为叙述文,a_2 为说明文。B 为被试内变量,有三个水平,b_1 为无标记,b_2 为画线标记,b_3 为字体增粗标记。实验为两因素混合实验设计。随机选取 8 名被试,按被试间变量的两个水平随机分为两组,每组 4 名被试。第一组的 4 名被试要阅读三篇文章,即:无标记的叙述文、画线标记的叙述文、字体增粗的叙述文。第二组的 4 名被试也要阅读三篇文章,即:无标记的说明文、画线标记的说明文、字体增粗的说明文。其实验设计及被试分配模式如表 4-2-1 所示。

表 4-2-1　两因素混合实验设计及被试分配模式

	b_1	b_2	b_3
a_1	S_1	S_1	S_1
	S_2	S_2	S_2
	S_3	S_3	S_3
	S_4	S_4	S_4
a_2	S_5	S_5	S_5
	S_6	S_6	S_6
	S_7	S_7	S_7
	S_8	S_8	S_8

(二)基本特点

(1)实验中有两个自变量,每个自变量有两个或两个以上水平。

(2) 在两个自变量中,一个是被试内变量,另一个是被试间变量。

(3) 相对于被试间因素的处理效应,实验者更关注被试内因素的处理效应及其与被试间因素之间的交互效应。

(4) 被试间变量有几个水平就有几个实验组,随机选取 N 名被试,并随机分配到各实验组。

(三) 两因素混合实验设计方差分析的前提条件

两因素混合实验设计的方差分析执行三种检验:即标准一元方差分析、备选一元方差分析和多元方差分析。

1. 一元方差分析的假设前提

(1) 正态性。因变量在各个实验单元内呈正态分布。若每个单元的样本量达到 15 或以上则可不受正态分布的条件限制。

(2) 方差齐性。因变量在因素任意两个水平间的差值变异(方差)相等。备选方差分析和多元方差分析不受方差齐性条件的限制。

(3) 独立性与随机性。样本必须从总体中随机抽取获得,被试间相互独立。

2. 多元方差分析的假设前提

(1) 多元正态性。每个差值变量都呈正态分布,大样本不受限制。

(2) 随机性与独立性。样本从总体中随机抽取,各差值之间相互独立。

二、两因素混合实验设计方差分析的原理与计算步骤

(一) 两因素混合实验方差分析的基本原理

在两因素混合实验方差分析中,将总变异分解为被试间变异和被试内变异,即:总变异=被试间变异+被试内变异。被试间变异包括被试间因素 A 引起的变异以及与其有关的误差变异,其误差变异的均方用作 A 因素的 F 检验的误差项。被试内变异包括被试内因素 B 的处理效应、被试内与被试间因素的交互效应,以及与被试内因素有关的误差变异,其误差变异的均方用作 B 因素及 A * B 交互效应 F 检验的误差项。

(二) 两因素混合实验方差分析的计算步骤

例 4-2-1

有一项题为"有无标记与句子长短对阅读成绩影响的实验研究"。其中,因变量是阅读理解成绩。标记类型 A 和句子长短 B 是自变量。A 为被试间变量,有两个水平:a_1 为无标记,a_2 为有标记。B 为被试内变量,有三个水平:b_1 为长句子、b_2 为中句子、b_3 为短句子。实验采用两因素混合实验设计。随机选择 16 名被试,按被试间变量水平数分为两组,每组 8 人,每名被试接受被试内变量 3 个水平的实验处理。实验结果如表 4-2-2 所示。

表 4-2-2 实验数据

		b_1	b_2	b_3
a_1	S_1	5	5	6
	S_2	4	6	5
	S_3	5	7	7
	S_4	4	5	6
	S_5	6	6	7
	S_6	5	5	8
	S_7	6	7	6
	S_8	4	6	5
a_2	S_9	6	9	8
	S_{10}	5	8	8
	S_{11}	4	7	9
	S_{12}	5	6	10
	S_{13}	7	8	9
	S_{14}	4	6	8
	S_{15}	6	9	9
	S_{16}	5	8	8

两因素混合实验设计方差分析大致分为以下三个步骤。

1. 提出假设

由于涉及两个变量的主效应及其交互效应。因此,定性地提出以下三个零假设:

(1) 标记类型对阅读成绩没有影响。

(2) 句子长短对阅读成绩没有影响。

(3) 标记类型与句子长短对阅读成绩没有交互影响。

2. 计算 F 统计量

(1) 基本量的计算

在平方和的计算中需要用到各种基本量,先将表 4-2-2 中的数据汇总为 AB 表,如:

AB 表

$n=4$	b_1	b_2	b_3	总和
a_1	39	47	50	136
a_2	42	61	69	172
总和	81	108	119	308

然后按如下公式计算各基本量：

所有数据之和：$\sum_{i=1}^{n}\sum_{j=1}^{p}\sum_{k=1}^{q}Y_{ijk}$

所有数据和之平方的均数：$\dfrac{(\sum_{i=1}^{n}\sum_{j=1}^{p}\sum_{k=1}^{q}Y_{ijk})^2}{npq}=[Y]$

所有数据平方和：$\sum_{i=1}^{n}\sum_{j=1}^{p}\sum_{k=1}^{q}Y_{ijk}^2=[ABS]$

$\sum_{i=1}^{n}\sum_{j=1}^{p}\dfrac{(\sum_{k=1}^{q}Y_{ijk})^2}{q}=[AS]$

$\sum_{j=1}^{p}\dfrac{\sum_{i=1}^{n}(\sum_{k=1}^{q}Y_{ijk})^2}{nq}=[A]$

$\sum_{k=1}^{q}\dfrac{(\sum_{i=1}^{n}\sum_{j=1}^{p}Y_{ijk})^2}{np}=[B]$

$\sum_{j=1}^{p}\sum_{k=1}^{q}\dfrac{(\sum_{i=1}^{n}Y_{ijk})^2}{n}=[AB]$

（2）根据基本量计算各平方和

① 平方和的分解：

$SS_{总变异}=SS_{被试间}+SS_{被试内}=(SSA+SS_{被试(A)})+(SSB+SSAB+SS_{B\times 被试(A)})$

② 平方和的计算：

$SS_{总变异}=[ABS]-[Y]$

$SS_{被试间}=[AS]-[Y]$

$SSA=[A]-[Y]$

A 因素平方和，即被试间因素 A 的处理效应。

$SS_{被试(A)}=SS_{被试间}-SSA$

与被试间因素 A 有关的误差变异，其均方作为 A 因素处理效应 F 检验的误差项。

$SS_{被试内}=SS_{总变异}-SS_{被试间}$

被试内因素平方和，包括被试内因素的处理效应、被试内与被试间因素的交互效应，以及与被试内因素有关的误差变异。

$SSB=[B]-[Y]$

B 因素平方和,即被试内因素 B 的处理效应。

$$SSAB=[AB]-[Y]-SSA-SSB$$

A 因素与 B 因素共同作用而产生的平方和,代表 A 因素与 B 因素的交互效应。

$$SS_{B\times 被试(A)}=[ABS]-[Y]-SS_{被试间}-SSB-SSAB$$

与被试内因素 B 有关的误差变异,其均方作为 B 因素的处理效应和 AB 交互效应 F 检验的误差项。

(3) 平方和的分解与自由度的计算

平方和的分解与自由度的计算如图 4-2-1。

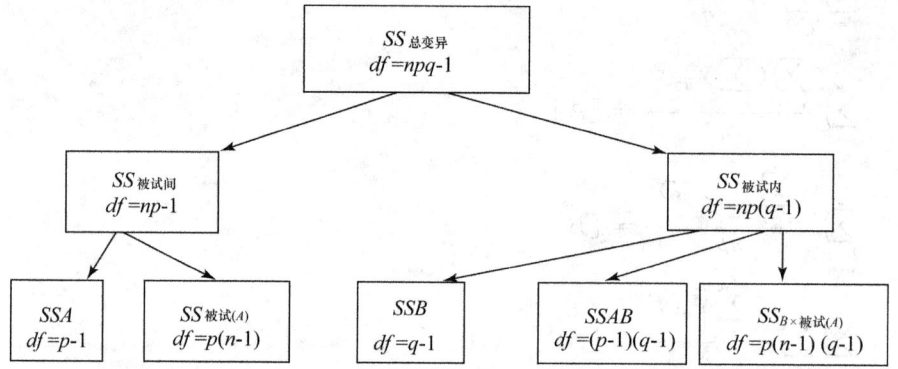

图 4-2-1 平方和的分解与自由度的计算

(4) 计算 F 统计量

各效应 F 统计量的计算公式如下:

① 与被试间变量有关的 F 检验值:

$$F_A=\frac{MS_A}{MS_{被试(A)}}=\frac{SS_A/df_A}{SS_{被试(A)}/df_{被试(A)}}$$

② 与被试内变量有关的 F 检验值:

$$F_B=\frac{MS_B}{MS_{B\times 被试(A)}}=\frac{SS_B/df_B}{SS_{B\times 被试(A)}/df_{B\times 被试(A)}}$$

$$F_{AB}=\frac{MS_{AB}}{MS_{B\times 被试(A)}}=\frac{SS_{AB}/df_{AB}}{SS_{B\times 被试(A)}/df_{B\times 被试(A)}}$$

3. F 检验的统计推断

① A 被试间变量主效应检验

经计算:$F=20.250, P=0.000<0.01$,表明:A 的主效应极显著,说明有无标记对阅读理解成绩有极显著影响。

② B 被试内变量主效应检验

经计算：$F=33.735$，$P=0.000<0.01$，表明：B 的主效应极显著，说明不同长短的句子对阅读理解成绩有极显著影响。

③ $A*B$ 变量交互效应检验

经计算：$F=5.912$，$P=0.016$，$0.01<P<0.05$，表明：A 与 B 之间交互效应显著。说明有无标记与句子长短对阅读理解成绩有显著的交互效应。

三、用 SPSS 统计软件对两因素混合实验进行数据处理

下面用例 4-2-1 中的数据，说明如何利用 SPSS 统计软件对两因素混合实验数据进行数据处理。

（一）例题分析

(1) 检验被试内变量 b（句子长短）的主效应，如其主效应显著，而 $a*b$ 交互效应不显著，则应进行多重比较（因为 b 有 3 个水平）。

(2) 检验被试间变量 a（标记类型）的主效应，如其主效应显著，则不需进行多重比较（因为 a 只有 2 个水平）。

(3) 检验 a 与 b 的交互效应，如果交互效应显著，则应进行简单效应检验。

（二）SPSS 数据处理操作步骤及结果说明

1. 基本步骤

第一步，在数据窗口中，点击 Variable View，定义变量名及对应标记。定义四个变量名，即：a，b_1，b_2，b_3。其中，a 标记为标记类型，对 a 赋值时，分别设定：1="无标记"，2="有标记"。对 b 标记时，分别设定：b_1 为长句子，b_2 为中句子，b_3 为短句子，如图 4-2-2 所示。

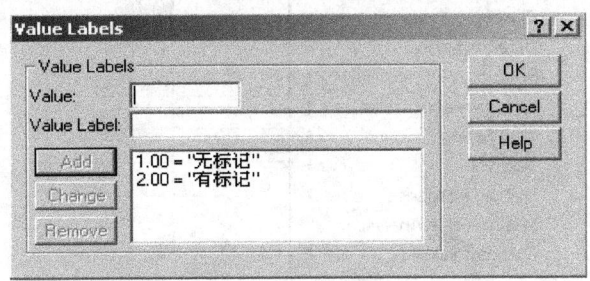

图 4-2-2　定义变量名及标记

第二步,完成上述操作后,点击 OK 按钮,返回数据窗口。输入数据,如图表 4-2-3 所示。

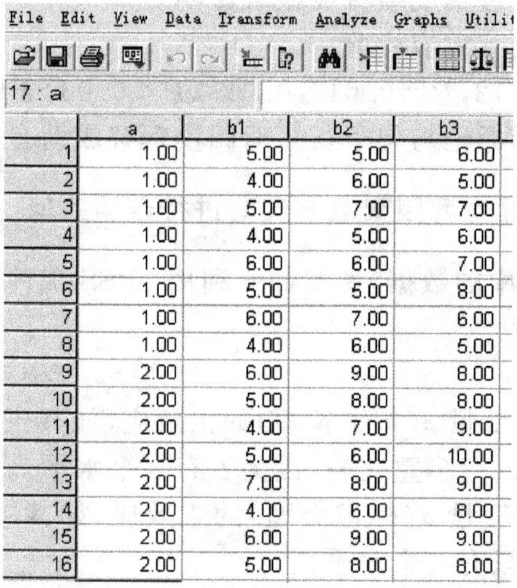

	a	b1	b2	b3
1	1.00	5.00	5.00	6.00
2	1.00	4.00	6.00	5.00
3	1.00	5.00	7.00	7.00
4	1.00	4.00	5.00	6.00
5	1.00	6.00	5.00	7.00
6	1.00	5.00	5.00	8.00
7	1.00	6.00	7.00	6.00
8	1.00	4.00	6.00	5.00
9	2.00	6.00	9.00	8.00
10	2.00	5.00	8.00	8.00
11	2.00	4.00	7.00	9.00
12	2.00	5.00	6.00	10.00
13	2.00	7.00	8.00	9.00
14	2.00	4.00	6.00	8.00
15	2.00	6.00	9.00	9.00
16	2.00	5.00	8.00	8.00

图 4-2-3　两因素混合实验数据结构

第三步,选用重复测量的方差分析模块:Analyze(统计分析)\General Linear Model(一般线性模型)\Repeated Measures(重复测量),如图 4-2-4 所示。

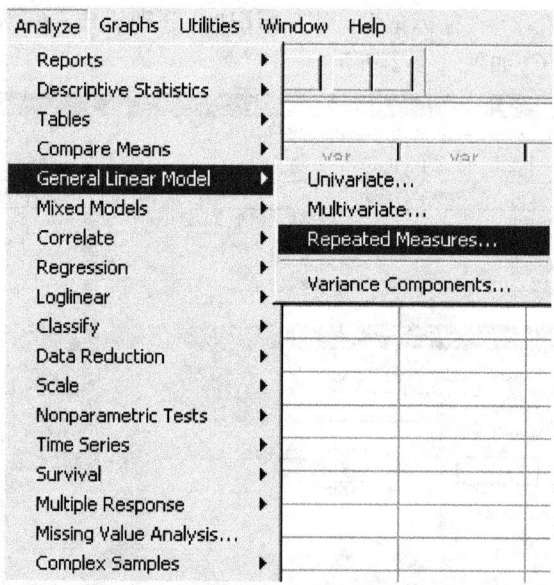

图 4-2-4　重复测量方差分析菜单

第四步，在被试内变量名（Within-Subject Factor Name：）的方框中，设置被试内变量 b，在定义变量水平数（Number of Level：）的方框中，输入 3，按填加（Add）钮，如图 4-2-5 所示。

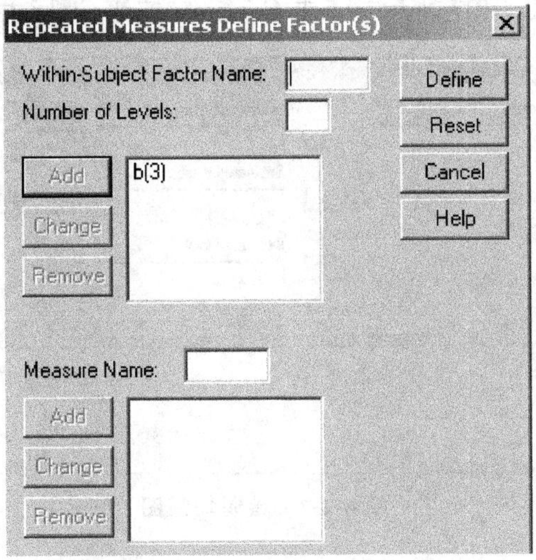

图 4-2-5　重复测量变量定义对话框

第五步，点击定义键（Define），进入重复测量的方差分析主对话框，将定义的 b_1，b_2，b_3 键入被试内变量（Within-Subjects Variables）的方框中，将 a 键入被试间因素（Between-Subjects Factors）的方框中，如图 4-2-6 所示。

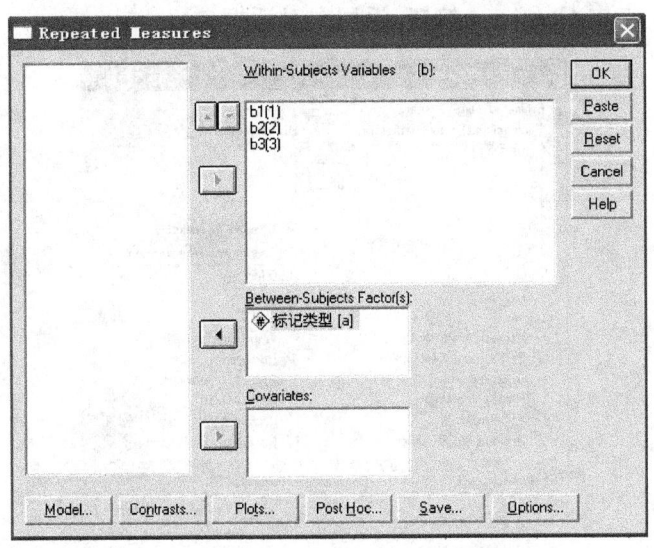

图 4-2-6　重复测量方差分析主对话框

第六步，在主对话框中，点击 Plots 按钮，绘制均值图：可从两个维度绘图，如先选定 a 为横坐标（Horizontal Axis），b 为独立拆线（Separate Lines），再选定 b 为横坐标（Horizontal Axis），a 为独立拆线（Separate Lines），分别单击 Add 按钮，完成定义过程，如图 4-2-7 所示。点击 Continue 按钮，返回主对话框。

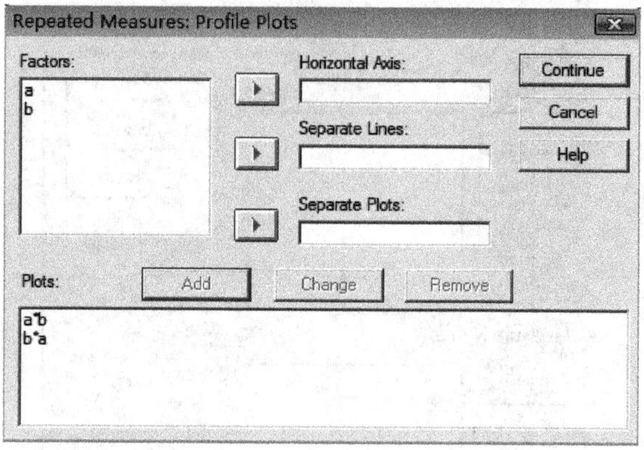

图 4-2-7　绘制均值图

第七步，在主对话框中，点击选项（Options）按钮。将被试内变量 b 键入右边的 Display Means for：方框中，采用 LSD(none)法对 b 的三个水平进行多重比较。选择 Display 命令中的 Descriptive statistics 命令，对数据进行描述性统计；选择（Estimates of effect size）进行效应度检验；选择（Observed power）进行统计检验力检验；选择 Homogeneity tests 命令进行方差齐性检验，如图 4-2-8 所示。点击 Continue 按钮，返回主对话框。

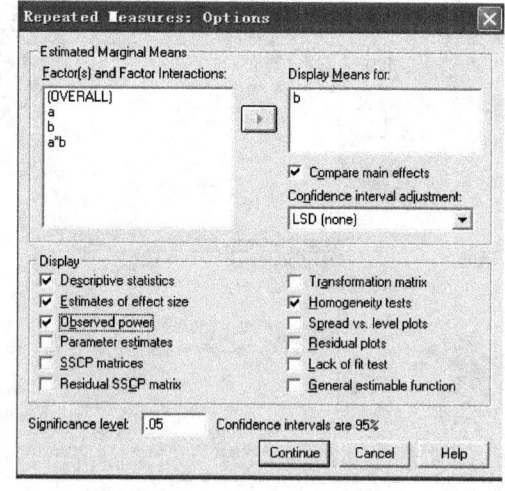

图 4-2-8　(Options)对话框

说明：① 对于超过两个水平的被试间变量，用 Post Hoc 进行多重比较，由于本例中的被试间变量 a 只有两个水平，故不需要比较。对于超过两个水平的被试内变量，用 Display Means for：进行多重比较，如本例。② 方差齐性检验（球形检验）是系统默认的，不用设置。③ 由于本例交互效应显著，可以不进行多重比较，在此仅作为演示。

第八步，在主对话框中，点击 OK，执行程序。

2. 输出初步结果

(1) 描述性统计结果

描述性统计结果如表 4-2-3 所示。

表 4-2-3　描述统计结果表
Descriptive Statistics

	标记类型	Mean	Std. Deviation	N
长句子	无标记	4.8750	.83452	8
	有标记	5.2500	1.03510	8
	Total	5.0625	.92871	16
中句子	无标记	5.8750	.83452	8
	有标记	7.6250	1.18773	8
	Total	6.7500	1.34164	16
短句子	无标记	6.2500	1.03510	8
	有标记	8.6250	.74402	8
	Total	7.4375	1.50416	16

表 4-2-3 列出了处理单元内的均值、标准差及被试数。

(2) Box's 方差齐性检验结果

Box's 方差齐性检验结果如表 4-2-4 所示。

表 4-2-4　Box's 方差齐性检验结果
Box's Test of Equality of Covariance Matrices[a]

Box's M	2.446
F	.311
df1	6
df2	1420.075
Sig.	.931

Tests the null hypothesis that the observed covariance matrices of the dependent variables are equal across groups.

a. Design: Intercept+a
　Within Subjects Design: b

Box's 检验的零假设是：各组因变量协方差矩阵相等。本例检验结果：方差齐性（$P=0.931>0.05$）。在实际应用中，如各实验单元内的数据大于 15，则不需要考虑方差是否齐性。

(3) 多元方差分析结果

多元方差分析结果如表 4-2-5 所示。

表 4-2-5　多元方差分析结果表

Multivariate Tests

Effect		Value	F	Hypothesis df	Error df	Sig.	Partial Eta Squared	Noncent. Parameter	Observed Power[a]
b	Pillai's Trace	.919	73.430[b]	2.000	13.000	.000	.919	146.860	1.000
	Wilks' Lambda	.081	73.430[b]	2.000	13.000	.000	.919	146.860	1.000
	Hotelling's Trace	11.297	73.430[b]	2.000	13.000	.000	.919	146.860	1.000
	Roy's Largest Root	11.297	73.430[b]	2.000	13.000	.000	.919	146.860	1.000
b * a	Pillai's Trace	.661	12.673[b]	2.000	13.000	.001	.661	25.347	.984
	Wilks' Lambda	.339	12.673[b]	2.000	13.000	.001	.661	25.347	.984
	Hotelling's Trace	1.950	12.673[b]	2.000	13.000	.001	.661	25.347	.984
	Roy's Largest Root	1.950	12.673[b]	2.000	13.000	.001	.661	25.347	.984

a. Computed using alpha = .05
b. Exact statistic
c. Design: Intercept+a
　Within Subjects Design: b

表 4-2-5 中多元方差分析的结果表明：被试内变量 b 的主效应极显著 ($P=0.000<0.01$)，$b*a$ 的交互效应极显著 ($P=0.001<0.01$)。

(4) 球形检验结果

球形检验结果如表 4-2-6 所示。

表 4-2-6　球形检验结果

Mauchly's Test of Sphericity[b]

Measure: MEASURE_1

Within Subjects Effect	Mauchly's W	Approx. Chi-Square	df	Sig.	Epsilon[a]		
					Greenhouse-Geisser	Huynh-Feldt	Lower-bound
b	.619	6.243	2	.044	.724	.843	.500

Tests the null hypothesis that the error covariance matrix of the orthonormalized transformed dependent variables is proportional to an identity matrix.

a. May be used to adjust the degrees of freedom for the averaged tests of significance. Corrected tests are displayed in the Tests of Within-Subjects Effects table.
b. Design: Intercept+a
　Within Subjects Design: b

球形检验结果显示：被试内变量 b 不满足球形假设 ($P=0.044<0.05$)。当球形检验满足时，可用标准一元方差分析结果；当球形假设不满足时，可用备选一元方差分析与多元方差分析的结果。

(5) 一元方差分析结果

被试内变量效应检验结果如表 4-2-7 所示。

表 4-2-7 被试内变量效应检验结果表

Tests of Within-Subjects Effects

Measure: MEASURE_1

Source		Type III Sum of Squares	df	Mean Square	F	Sig.	Partial Eta Squared	Noncent. Parameter	Observed Power[a]
b	Sphericity Assumed	47.792	2	23.896	33.735	.000	.707	67.471	1.000
	Greenhouse-Geisser	47.792	1.448	33.008	33.735	.000	.707	48.844	1.000
	Huynh-Feldt	47.792	1.686	28.342	33.735	.000	.707	56.885	1.000
	Lower-bound	47.792	1.000	47.792	33.735	.000	.707	33.735	1.000
b * a	Sphericity Assumed	8.375	2	4.188	5.912	.007	.297	11.824	.839
	Greenhouse-Geisser	8.375	1.448	5.784	5.912	.016	.297	8.559	.738
	Huynh-Feldt	8.375	1.686	4.967	5.912	.011	.297	9.959	.787
	Lower-bound	8.375	1.000	8.375	5.912	.029	.297	5.912	.619
Error(b)	Sphericity Assumed	19.833	28	.708					
	Greenhouse-Geisser	19.833	20.270	.978					
	Huynh-Feldt	19.833	23.607	.840					
	Lower-bound	19.833	14.000	1.417					

a. Computed using alpha = .05

由于 b 不满足球形假设,故参见备选一元方差分析(Greenhouse-Geisser)的统计结果。如表 4-2-7 所示:被试内变量 b 的主效应极显著($P=0.000<0.01$),其效应度(Partial Eta Squared)为 0.707;统计检验力(Observed power)为 1;$b*a$ 交互效应显著($P=0.016<0.05$),其效应度(Partial Eta Squared)为 0.297;统计检验力(Observed power)为 0.738。

(6) 方差齐性检验

方差齐性检验结果如表 4-2-8 所示。

表 4-2-8 方差齐性检验结果

Levene's Test of Equality of Error Variances[a]

	F	df1	df2	Sig.
长句子	.375	1	14	.550
中句子	1.440	1	14	.250
短句子	.663	1	14	.429

Tests the null hypothesis that the error variance of the dependent variable is equal across groups.

a. Design: Intercept+a
Within Subjects Design: b

结果表明:数据方差齐性(P 值均大于 0.05)。

(7) 被试间变量主效应检验

在混合实验设计中,被试间变量效应的检验结果是单独列出的。本例检验结果如表 4-2-9 所示。

表 4-2-9 被试间变量主效应检验结果

Tests of Between-Subjects Effects

Measure: MEASURE_1
Transformed Variable: Average

Source	Type III Sum of Squares	df	Mean Square	F	Sig.	Partial Eta Squared	Noncent. Parameter	Observed Power[a]
Intercept	1976.333	1	1976.333	1482.250	.000	.991	1482.250	1.000
a	27.000	1	27.000	20.250	.000	.591	20.250	.987
Error	18.667	14	1.333					

a. Computed using alpha = .05

结果表明：被试间变量 a 的主效应极显著（$P=0.000<0.01$），说明被试在有标记条件下的阅读理解成绩极显著地优于无标记条件下的阅读理解成绩。

(8) 多重比较结果

描述性统计结果与多重比较结果如表 4-2-10、4-2-11 所示。

表 4-2-10 描述性统计结果
Estimates

Measure: MEASURE_1

b	Mean	Std. Error	95% Confidence Interval	
			Lower Bound	Upper Bound
1	5.063	.235	4.558	5.567
2	6.750	.257	6.200	7.300
3	7.438	.225	6.954	7.921

表 4-2-11 多重比较结果
Pairwise Comparisons

Measure: MEASURE_1

(I) b	(J) b	Mean Difference (I-J)	Std. Error	Sig.[a]	95% Confidence Interval for Difference[a]	
					Lower Bound	Upper Bound
1	2	-1.688*	.230	.000	-2.181	-1.194
	3	-2.375*	.265	.000	-2.944	-1.806
2	1	1.688*	.230	.000	1.194	2.181
	3	-.688	.377	.090	-1.497	.122
3	1	2.375*	.265	.000	1.806	2.944
	2	.688	.377	.090	-.122	1.497

Based on estimated marginal means

*. The mean difference is significant at the .05 level.

a. Adjustment for multiple comparisons: Least Significant Difference (equivalent to no adjustments).

表 4-2-11 中，(I)列与(J)列的 1,2,3 分别表示长句子、中句子和短句子。多重比较结果显示：长句子与中句子之间差异极显著（$P=0.000<0.01$）；长句子与短句子之间差异极显著（$P=0.000<0.01$）；中句子与长句子之间差异不显著（$P=0.090>0.05$）。

(9) 变量均值图

变量均值如图 4-2-9 所示。

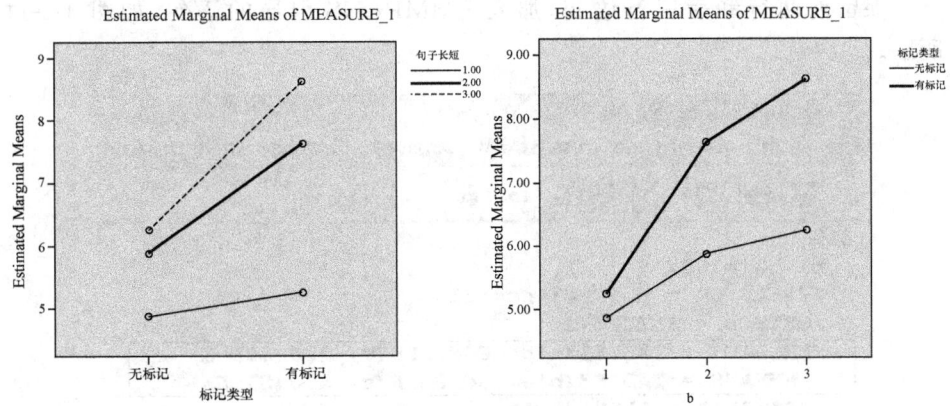

图 4-2-9 变量均值图

从图 4-2-9 可见，两图中的折线不平行。因此，大致可以判断两个因素之间存在交互效应。

3. 简单效应检验结果

由于本例 $a*b$ 交互作用显著，故需要进行简单效应(Simple effect)检验。

(1) 操作步骤如下

第一步 改写语句

SPSS 没有提供简单效应检验的菜单，所以必须通过编写语句来实现。进入重复测量(Repeated measure)主对话框，前面的一切设置不变，单击 Paste 按钮，SPSS 会把原先的全部操作转换为语句并粘贴到新打开的程序语句窗口中，如图 4-2-10 所示。

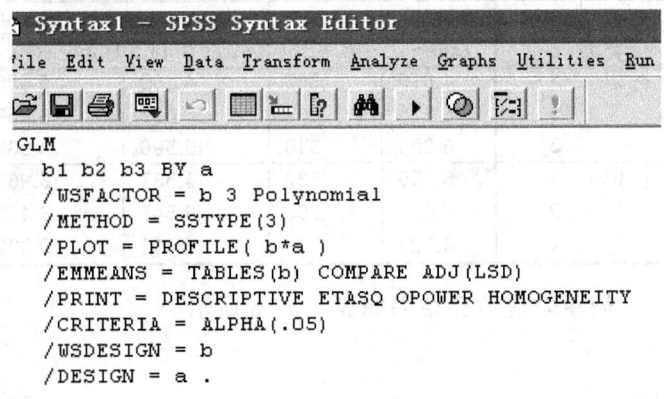

图 4-2-10 SPSS 自动生成的程序语句

保留前两行和后三行语句，加入 EMMEANS 引导的语句，如图 4-2-11 所示。

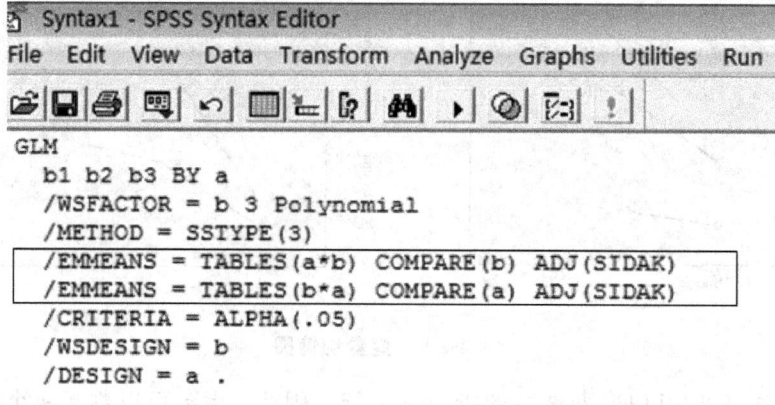

图 4-2-11　修改过的 SPSS 程序语句

第二步　运行程序

单击菜单 Run-All，运行程序。

（2）输出简单效应检验结果

① 在 a 水平上比较 b 因素各水平上的差异

第一，描述性统计结果如表 4-2-12 所示。

表 4-2-12　描述性统计结果
Estimates

Measure: MEASURE_1

标记类型	b	Mean	Std. Error	95% Confidence Interval	
				Lower Bound	Upper Bound
无标记	1	4.875	.332	4.162	5.588
	2	5.875	.363	5.097	6.653
	3	6.250	.319	5.566	6.934
有标记	1	5.250	.332	4.537	5.963
	2	7.625	.363	6.847	8.403
	3	8.625	.319	7.941	9.309

第二，$a*b$ 简单效应检验结果如表 4-2-13 所示。

表 4-2-13　简单效应检验结果

Pairwise Comparisons

Measure: MEASURE_1

标记类型	(I) b	(J) b	Mean Difference (I-J)	Std. Error	Sig.[a]	95% Confidence Interval for Difference[a]	
						Lower Bound	Upper Bound
无标记	1	2	-1.000*	.326	.025	-1.882	-.118
		3	-1.375*	.375	.008	-2.391	-.359
	2	1	1.000*	.326	.025	.118	1.882
		3	-.375	.533	.870	-1.820	1.070
	3	1	1.375*	.375	.008	.359	2.391
		2	.375	.533	.870	-1.070	1.820
有标记	1	2	-2.375*	.326	.000	-3.257	-1.493
		3	-3.375*	.375	.000	-4.391	-2.359
	2	1	2.375*	.326	.000	1.493	3.257
		3	-1.000	.533	.226	-2.445	.445
	3	1	3.375*	.375	.000	2.359	4.391
		2	1.000	.533	.226	-.445	2.445

Based on estimated marginal means

*. The mean difference is significant at the .05 level.

a. Adjustment for multiple comparisons: Sidak.

结果显示：

在无标记（a_1）条件下，被试对中句的阅读理解成绩显著优于对长句的阅读理解成绩（$P=0.025$，$0.01<P<0.05$）；对短句的阅读理解成绩极显著优于对长句的阅读理解成绩（$P=0.008$，$P<0.01$）；而短句与中句的阅读理解成绩没有显著差异（$P=0.870$，$P>0.05$）。

在有标记（a_2）条件下，被试对中句的阅读理解成绩极显著地优于对长句的阅读理解成绩（$P=0.000$，$P<0.01$）；对短句的阅读理解成绩极显著地优于对长句的阅读理解成绩（$P=0.000$，$P<0.01$）；而短句与中句的阅读理解成绩没有显著差异（$P=0.226$，$P>0.05$）。

② 在 b 水平上比较 a 因素各水平上的差异

第一，描述性统计结果如表 4-2-14。

表 4-2-14　描述性统计结果

Estimates

Measure: MEASURE_1

b	标记类型	Mean	Std. Error	95% Confidence Interval	
				Lower Bound	Upper Bound
1	无标记	4.875	.332	4.162	5.588
	有标记	5.250	.332	4.537	5.963
2	无标记	5.875	.363	5.097	6.653
	有标记	7.625	.363	6.847	8.403
3	无标记	6.250	.319	5.566	6.934
	有标记	8.625	.319	7.941	9.309

第二，$b*a$ 简单效应检验结果如表 4-2-15 所示。

表 4-2-15 简单效应检验结果

Pairwise Comparisons

Measure: MEASURE_1

b	(I) 标记类型	(J) 标记类型	Mean Difference (I-J)	Std. Error	Sig.a	95% Confidence Interval for Difference a	
						Lower Bound	Upper Bound
1	无标记	有标记	-.375	.470	.438	-1.383	.633
	有标记	无标记	.375	.470	.438	-.633	1.383
2	无标记	有标记	-1.750*	.513	.004	-2.851	-.649
	有标记	无标记	1.750*	.513	.004	.649	2.851
3	无标记	有标记	-2.375*	.451	.000	-3.342	-1.408
	有标记	无标记	2.375*	.451	.000	1.408	3.342

Based on estimated marginal means

*. The mean difference is significant at the .05 level.

a. Adjustment for multiple comparisons: Sidak.

结果显示：在长句（b_1）条件下，有无标记时被试阅读理解成绩没有显著差异（$P=0.438>0.05$）；在中句（b_2）条件下，被试在有标记时的阅读理解成绩极显著地优于无标记时的阅读理解成绩（$P=0.004<0.01$）；在短句（b_3）条件下，被试在有标记时的阅读理解成绩极显著地优于无标记时的阅读理解成绩（$P=0.000<0.01$）。

四、两因素混合实验设计方差分析流程图

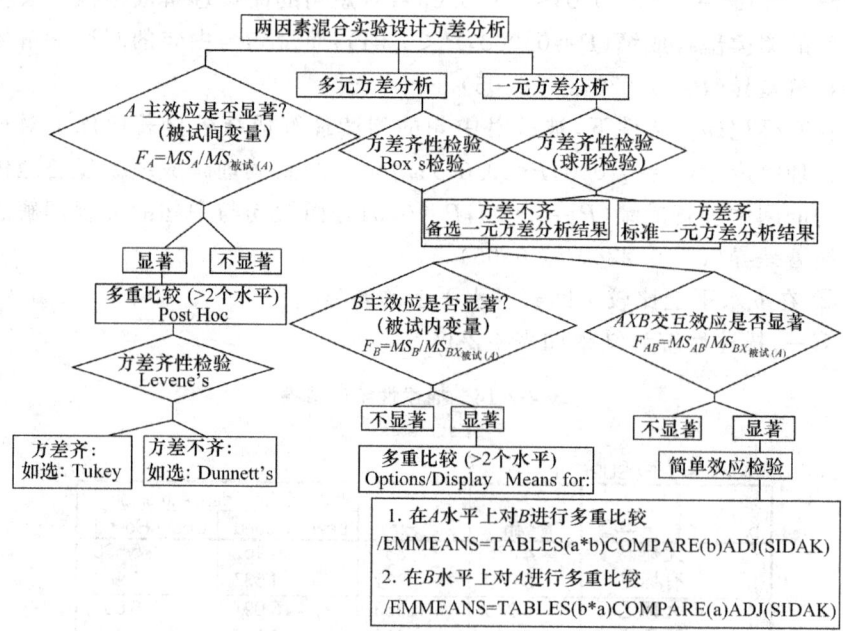

图 4-2-12 两因素混合实验设计方差分析流程图

第3节 两因素重复测量实验设计及数据处理

两因素重复测量实验设计也是多因素实验设计中常用的一种。本节将对两因素重复测量实验设计的特点与模式、方差分析的原理与步骤,以及如何利用 SPSS 统计软件对其实验数据进行处理等问题进行叙述与说明。

一、两因素重复测量实验设计的特点与模式

(一)实验设计及被试分配模式

先看一个例子,有一项"文章类型与标记方式对阅读理解成绩影响"的实验研究。其中,阅读理解成绩是因变量;文章类型 A 与标记方式 B 是两个自变量。A 有两个水平,即 a_1 为叙述文,a_2 为说明文。B 有三个水平,即 b_1 为无标记,b_2 为在重点内容下画线,b_3 为关键词字体加粗。实验为 2×3 两因素重复测量实验设计。如随机选取 4 名被试,每一被试要阅读六篇文章,即:无标记的叙述文、画线标记的叙述文、字体加粗的叙述文、无标记的说明文、画线标记的说明文、字体加粗的说明文。其实验设计及被试分配模式如表 4-3-1 所示。

表 4-3-1 两因素重复测量实验设计及被试分配模式

a_1b_1	a_1b_2	a_1b_3	a_2b_1	a_2b_2	a_2b_3
S_1	S_1	S_1	S_1	S_1	S_1
S_2	S_2	S_2	S_2	S_2	S_2
S_3	S_3	S_3	S_3	S_3	S_3
S_4	S_4	S_4	S_4	S_4	S_4

(二)基本特点

(1)实验中有两个自变量,均为被试内变量,每个自变量有两个或两个以上水平。

(2)如果一个自变量有 p 个水平,另一个自变量有 q 个水平。该实验就有 $p\times q$ 个实验处理水平的结合。

(3)只有一个实验组,随机选取 N 名被试,每位被试要接受 $p\times q$ 次实验处理。

(4)两因素重复测量的实验设计可以利用较少的被试,获取较多的信息;能够尽可能地控制被试的个体差异,实验精度高。但是,这种实验设计容易产生练习效应和疲劳效应。另外,某些具有累积效应的变量也不适用于重复测

量的实验设计。在具体实施时,可随机安排被试接受实验处理的顺序。如条件许可,也可分阶段完成实验。

（三）两因素重复测量实验设计方差分析的前提条件

1. 一元方差分析的假设前提

（1）正态性。因变量在各个实验单元内呈正态分布。每个单元的样本量达到15人可不受正态分布的条件限制。

（2）方差齐性。因变量在因素任意两个水平间的差值变异（方差）相等。备选方差分析和多元方差分析不受方差齐性条件的限制。

（3）独立性与随机性。样本必须从总体中随机抽取,被试间相互独立。

2. 多元方差分析的假设前提

（1）多元正态性。每个差值变量都呈正态分布,大样本不受限制。

（2）随机性与独立性。样本从总体中随机抽取获得,各差值之间相互独立。

二、两因素重复测量实验方差分析的原理与计算步骤

（一）两因素重复测量实验方差分析的基本原理

在两因素重复测量实验方差分析中,将总变异分解为被试间变异和被试内变异,即总变异＝被试间变异＋被试内变异。被试间变异包含所有由被试个体差异引起的变异;被试内变异包括所有由实验处理引起的变异及误差变异。具体来说,被试内变异又由三部分组成。① A 因素的处理效应及其残差,残差均方用作 A 因素的 F 检验的误差项。② B 因素的处理效应及其残差,残差均方用作 B 因素的 F 检验的误差项。③ A 因素与 B 因素的交互效应及其残差,残差均方用作 AB 交互效应的 F 检验的误差项。由此可见：两因素重复测量的方差分析,已将被试间变异（个体差异引起的变异）从总变异中分离出来。

这里,我们从误差项数量的角度,对三类两因素方差分析的精度作一比较：在两因素完全随机实验的方差分析中,对三个 F 检验,只用一个误差项,即被试的误差变异,也就是单元内误差。在两因素混合实验的方差分析中,对三个 F 检验,用两个误差项,即与被试间因素有关的误差变异和与被试内因素有关的误差变异。在两因素重复测量的方差分析中,对三个 F 检验,用三个误差项,即 A 因素处理效应的误差变异、B 因素处理效应的误差变异、A 与 B 因素交互效应的误差变异。在方差分析中,误差项越多,其数值相对越小,与其相对应的 F 检验就越敏感,亦即 F 检验的精度也就越高。据此,相对而言,两因素完全随机实验设计的精度最低,两因素混合实验设计的精度次之,两因素

重复测量实验设计的精度最高。

(二) 两因素重复测量实验方差分析的计算步骤

例 4-3-1

一项题为"有无标记与句子长短对阅读成绩影响的实验研究"。其中的因变量是阅读成绩。标记类型 A 和句子长短 B 均为被试内变量。A 有两个水平：a_1 为无标记，a_2 为有标记。B 有三个水平：b_1 为长句子、b_2 为中句子、b_3 为短句子。采用两因素重复测量的实验设计。选择四名被试，每名被试接受 6 种实验处理水平的结合。结果如表 4-3-2 所示。

表 4-3-2 实验数据

	a_1b_1	a_1b_2	a_1b_3	a_2b_1	a_2b_2	a_2b_3	总和
S_1	3	4	5	4	8	12	36
S_2	6	6	7	5	9	13	46
S_3	4	4	5	3	8	12	36
S_4	3	2	2	3	7	14	31

两因素重复测量实验的数据处理，大体需要经过以下三步。

1. 提出假设

由于实验涉及两个变量的主效应及交互效应。在此定性地提出三个零假设：

① 标记类型对阅读成绩没有影响。

② 句子长短对阅读成绩没有影响。

③ 标记类型与句子长短对阅读成绩没有交互影响。

2. 计算 F 统计量

在计算 F 统计量前，需计算各种基本量、平方和及自由度。

(1) 基本量的计算

在平方和的计算中需要用到各种基本量，可先将表 4-3-2 中的数据汇总为 AB 表、AS 表及 BS 表，然后计算各基本量。

AB 表

$n=4$	a_1	a_2	总和
b_1	16	15	31
b_2	16	32	48
b_3	19	51	70
总和	51	98	149

AS 表

$n=3$	a_1	a_2	总和
S_1	12	24	36
S_2	19	27	46
S_3	13	23	36
S_4	7	24	31
总和	51	98	149

BS 表

$n=2$	b_1	b_2	b_3	总和
S_1	7	12	17	36
S_2	11	15	20	46
S_3	7	12	17	36
S_4	6	9	16	31
总和	31	48	70	149

所有数据之和：$\sum_{i=1}^{n}\sum_{j=1}^{p}\sum_{k=1}^{q}Y_{ijk}$

所有数据和之平方的均数：$\dfrac{(\sum_{i=1}^{n}\sum_{j=1}^{p}\sum_{k=1}^{q}Y_{ijk})^2}{npq}=[Y]$

所有数据平方和：$\sum_{i=1}^{n}\sum_{j=1}^{p}\sum_{k=1}^{q}Y_{ijk}^2=[ABS]$

$$\sum_{i=1}^{n}\dfrac{(\sum_{j=1}^{p}\sum_{k=1}^{q}Y_{ijk})^2}{pq}=[S]$$

$$\sum_{j=1}^{p}\dfrac{(\sum_{i=1}^{n}\sum_{k=1}^{q}Y_{ijk})^2}{nq}=[A]$$

$$\sum_{k=1}^{q}\dfrac{(\sum_{i=1}^{n}\sum_{j=1}^{p}Y_{ijk})^2}{np}=[B]$$

$$\sum_{i=1}^{n}\sum_{j=1}^{p}\dfrac{(\sum_{k=1}^{q}Y_{ijk})^2}{q}=[AS]$$

$$\sum_{i=1}^{n}\sum_{k=1}^{q}\frac{(\sum_{j=1}^{p}Y_{ijk})^2}{p}=[BS]$$

$$\sum_{j=1}^{p}\sum_{k=1}^{q}\frac{(\sum_{i=1}^{n}Y_{ijk})^2}{n}=[AB]$$

(2) 根据基本量计算各平方和

① 平方和的分解：

$SS_{总变异}=SS_{被试间}+SS_{被试内}=SS_{被试间}+(SSA+SS_{A\times 被试}+SSB+SS_{B\times 被试}+SSAB+SS_{A\times B\times 被试})$

② 平方和的计算及说明：

$SS_{总变异}=[ABS]-[Y]$

$SS_{被试间}=[S]-[Y]$

被试间平方和指所有由被试个体差异引起的变异。

$SS_{被试内}=SS_{总变异}-SS_{被试间}$

被试内平方和包括所有由实验处理引起的变异以及误差变异。

$SSA=[A]-[Y]$

A 因素平方和，表示被试内因素 A 的处理效应。

$SS_{A\times 被试}=[AS]-[Y]-SS_{被试间}-SSA$

误差平方和，其均方作为 A 因素处理效应 F 检验的误差项。

$SSB=[B]-[Y]$

B 因素平方和，表示被试内因素 B 的处理效应。

$SS_{B\times 被试}=[BS]-[Y]-SS_{被试间}-SSB$

误差平方和，其均方作为 B 因素处理效应 F 检验的误差项。

$SSAB=[AB]-[Y]-SSA-SSB$

A 与 B 因素共同作用产生的平方和，代表 A 因素与 B 因素的交互效应。

$SS_{A\times B\times 被试}=SS_{被试内}-SSA-SS_{A\times 被试}-SSB-SS_{B\times 被试}-SSAB$

误差平方和，其均方作为 AB 交互效应 F 检验的误差项。

(3) 平方和的分解与自由度的计算

平方和的分解与自由度的计算见图 4-3-1。

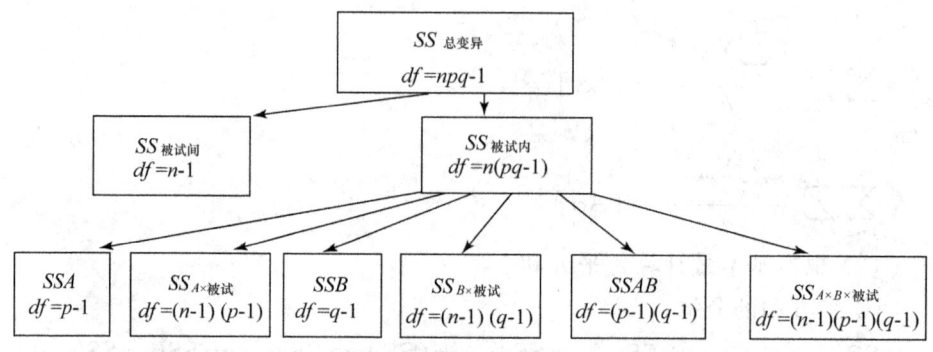

图 4-3-1 平方和的分解与自由度的计算

(4) 计算 F 统计量

各效应 F 统计量的计算公式如下：

$$F_A = \frac{MS_A}{MS_{A\times 被试}} = \frac{SS_A/df_A}{SS_{A\times 被试}/df_{A\times 被试}}$$

$$F_B = \frac{MS_B}{MS_{B\times 被试}} = \frac{SS_B/df_B}{SS_{B\times 被试}/df_{B\times 被试}}$$

$$F_{AB} = \frac{MS_{AB}}{MS_{A\times B\times 被试}} = \frac{SS_{AB}/df_{AB}}{SS_{A\times B\times 被试}/df_{A\times B\times 被试}}$$

3. F 检验的统计推断

(1) A 变量主效应检验

经计算：$F=37.002, P=0.009<0.01$，表明：A 的主效应极显著，说明有无标记对阅读理解成绩有极显著影响。

(2) B 变量主效应检验

经计算：$F=264.692, P=0.000<0.01$，表明：B 的主效应极显著，说明不同长短的句子对阅读理解成绩有极显著影响。

(3) A、B 变量交互效应检验

经计算：$F=34.54, P=0.001<0.01$，表明：A 与 B 之间的交互极显著。说明有无标记与句子长短对阅读理解成绩有极显著的交互效应。

三、用 SPSS 统计软件对两因素重复测量实验进行数据处理

下面利用例 4-3-1 的数据，说明如何利用 SPSS 统计软件对两因素重复测量实验进行数据处理。

(一) 例题分析

例 4-3-1 中，a 与 b 均是被试内变量。因此，是一个两因素重复测量实验设计，对其进行方差分析的思路为：

(1) 分别检验 a 因素(标记类型)、b 因素(句子长短)的主效应。如 b 因素(句子长短)的主效应显著,而 $a*b$ 交互效应不显著,则进行多重比较。

(2) 检验 $a*b$ 交互效应。如交互效应显著,则进一步做简单效应检验。

(二) SPSS 操作步骤及结果说明

1. 基本步骤

第一步,定义变量,输入数据。本例 a 表示标记类型,分为两个水平:a_1(无标记)、a_2(有标记)。b 表示句子长短,分为三个水平:b_1(长句子)、b_2(中句子)、b_3(短句子),这样,就有 2×3 六种实验处理水平的结合,分别定义六个变量名,即:a_1b_1、a_1b_2、a_1b_3、a_2b_1、a_2b_2、a_2b_3。然后录入数据,如图 4-3-2 所示。

	a1b1	a1b2	a1b3	a2b1	a2b2	a2b3
1	3.00	4.00	5.00	4.00	8.00	12.00
2	6.00	6.00	7.00	5.00	9.00	13.00
3	4.00	4.00	5.00	3.00	8.00	12.00
4	3.00	2.00	2.00	3.00	7.00	14.00

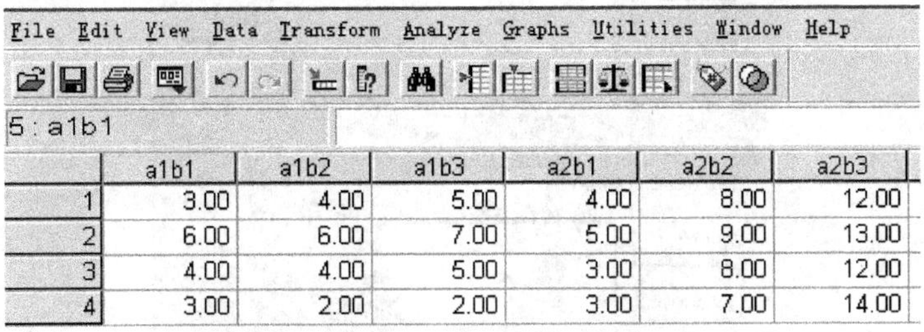

图 4-3-2 两因素重复测量实验数据结构

第二步,选用重复测量的方差分析模块:Analyze(统计分析)\General Linear Model(一般线性模型)\Repeated Measures(重复测量),如图 4-3-3 所示。

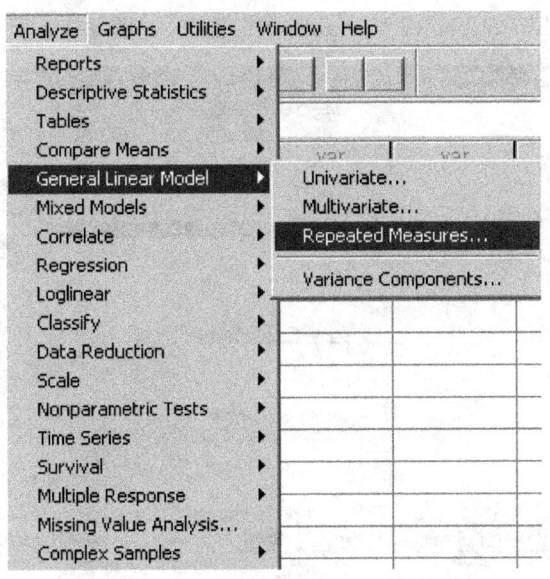

图 4-3-3 重复测量方差分析菜单图

第三步，在定义被试内变量（Within-Subject Factor Name）的方框中，设置被试内变量 a，在定义其水平（Number of Level₁）的对框中，输入 2，表示有两个水平，然后按（Add）按钮。用同样的方法，设置被试内变量 b，在定义其水平（Number of Level₂）的对框中，输入 3，表示有三个水平，最后按（Add）按钮。点击（Define）按钮，返回主对话框，如图 4-3-4 所示。

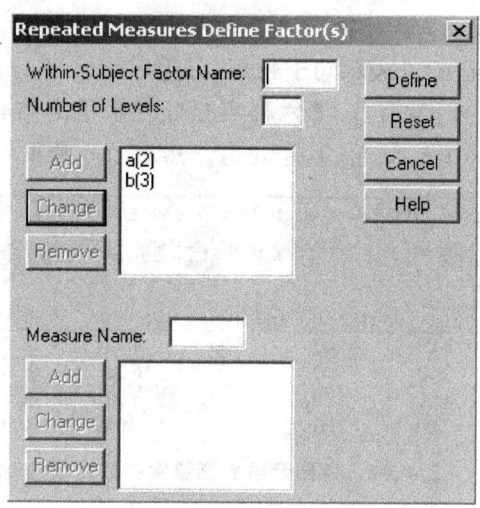

图 4-3-4　重复测量实验变量定义对话框

第四步，在主对话框内，将 a_1b_1，a_1b_2，a_1b_3，a_2b_1，a_2b_2 和 a_2b_3 分别键入被试内变量（Winthin-Subjects Variables）方框中，如图 4-3-5 所示。

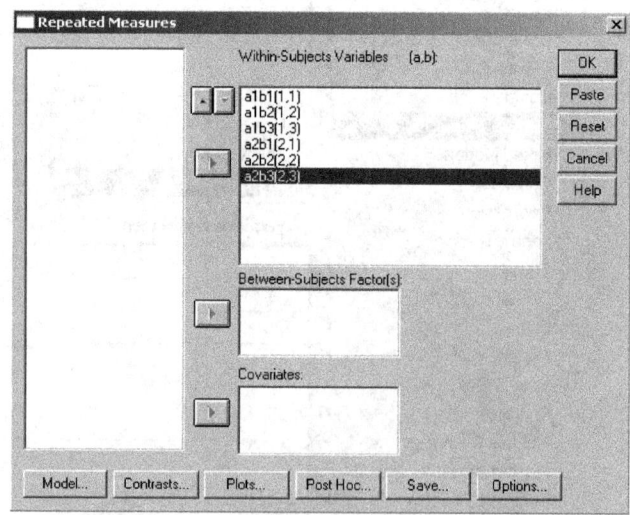

图 4-3-5　重复测量实验方差分析主对话框

第五步，在主对话框中，点击 Plots 按钮绘制均值图。可从两个维度绘图，如先选 a 为横坐标（Horizontal Axis），选 b 为独立拆线（Sperate Lines）；再选 b 为横坐标（Horizontal Axis），选 a 为独立拆线（Sperate Lines），分别单击 Add 按钮完成操作。点击 Continue 按钮，返回主对话框，如图 4-3-6 所示。

第六步，在主对话框中，点击选项（Options）按钮，进行如下操作：① 将被试内变量 b（三个水平）键入到右边的方框中，采用［LSD(none)］法进

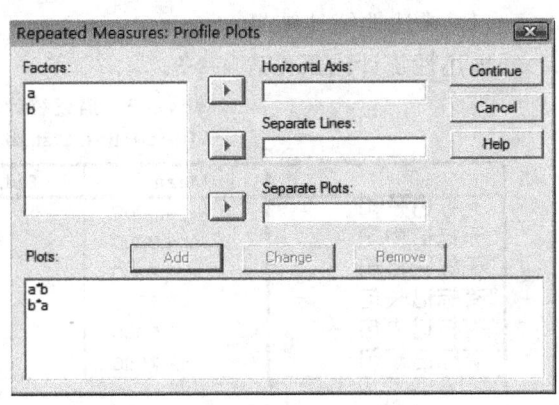

图 4-3-6　绘制均值图

行多重比较，由于被试内变量 a 只有两个水平，因此不需要进行多重比较。② 选择 Descriptive statistics 命令，对数据进行描述性统计。③ 选择 Estimates of effect size 进行效应度检验。④ 选择 Observed power 进行统计检验力检验。一元方差分析的方差齐性检验（球形检验）是系统默认的，不需另行设置。因没有被试间变量，故不用 Homogeneity tests 命令。点击 Continue 按钮，返回主对话框，如图 4-3-7 所示。

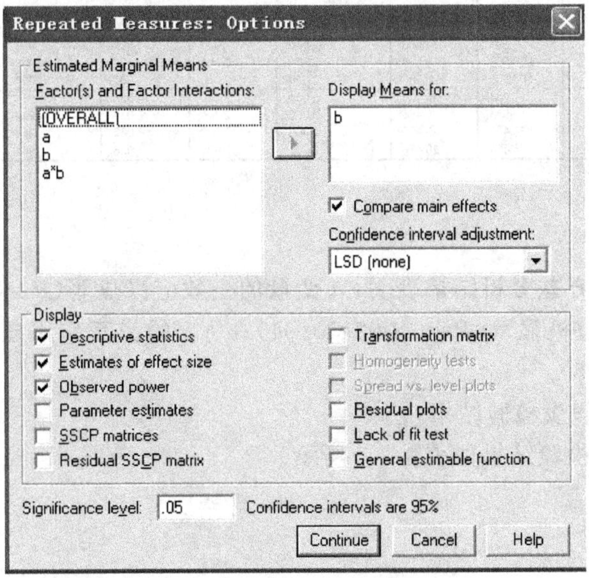

图 4-3-7　重复测量选项对话框

第七步,在主对话框中,点击 OK,执行程序。

2. 输出初步结果

(1) 描述性统计结果

描述性统计结果见表 4-3-3。

表 4-3-3 描述统计结果
Descriptive Statistics

	Mean	Std. Deviation	N
无标记长句	4.0000	1.41421	4
无标记中句	4.0000	1.63299	4
无标记短句	4.7500	2.06155	4
有标记长句	3.7500	.95743	4
有标记中句	8.0000	.81650	4
有标记短句	12.7500	.95743	4

表 4-3-3 给出了六种实验处理水平结合条件下的平均成绩、标准差及被试数。

(2) 多元方差分析结果

多元方差分析结果如表 4-3-4 所示。

表 4-3-4 多元方差分析结果
Multivariate Tests[c]

Effect		Value	F	Hypothesis df	Error df	Sig.	Partial Eta Squared	Noncent. Parameter	Observed Power[a]
a	Pillai's Trace	.925	37.022[b]	1.000	3.000	.009	.925	37.022	.970
	Wilks' Lambda	.075	37.022[b]	1.000	3.000	.009	.925	37.022	.970
	Hotelling's Trace	12.341	37.022[b]	1.000	3.000	.009	.925	37.022	.970
	Roy's Largest Root	12.341	37.022[b]	1.000	3.000	.009	.925	37.022	.970
b	Pillai's Trace	.998	508.500[b]	2.000	2.000	.002	.998	1017.000	1.000
	Wilks' Lambda	.002	508.500[b]	2.000	2.000	.002	.998	1017.000	1.000
	Hotelling's Trace	508.500	508.500[b]	2.000	2.000	.002	.998	1017.000	1.000
	Roy's Largest Root	508.500	508.500[b]	2.000	2.000	.002	.998	1017.000	1.000
a * b	Pillai's Trace	.964	26.458[b]	2.000	2.000	.036	.964	52.917	.747
	Wilks' Lambda	.036	26.458[b]	2.000	2.000	.036	.964	52.917	.747
	Hotelling's Trace	26.458	26.458[b]	2.000	2.000	.036	.964	52.917	.747
	Roy's Largest Root	26.458	26.458[b]	2.000	2.000	.036	.964	52.917	.747

a. Computed using alpha = .05
b. Exact statistic
c. Design: Intercept
   Within Subjects Design: a+b+a*b

多因变量方差分析结果表明:a 变量的主效应极显著($P=0.009<0.01$);b 变量的主效应极显著($P=0.002<0.01$);$a*b$ 的交互作用显著($P=0.036$,$0.01<P<0.05$)。

(3) 球形假设检验结果

球形假设检验结果如表 4-3-5 所示。

表 4-3-5　球形假设检验结果

Mauchly's Test of Sphericity[b]

Measure: MEASURE_1

Within Subjects Effect	Mauchly's W	Approx. Chi-Square	df	Sig.	Epsilon[a] Greenhouse-Geisser	Huynh-Feldt	Lower-bound
a	1.000	.000	0	.	1.000	1.000	1.000
b	.568	1.131	2	.568	.698	1.000	.500
a * b	.229	2.952	2	.229	.565	.672	.500

Tests the null hypothesis that the error covariance matrix of the orthonormalized transformed dependent variables is proportional to an identity matrix.

a. May be used to adjust the degrees of freedom for the averaged tests of significance. Corrected tests are displayed in the Tests of Within-Subjects Effects table.

b. Design: Intercept
Within Subjects Design: a+b+a*b

说明：

① 变量 a 只有 2 个水平，不进行球形假设检验。

② 变量 b 有三个水平，球形假设检验结果：$P=0.568>0.05$，满足球形假设。

③ $a*b$ 交互效应球形假设检验结果：$P=0.229>0.05$，满足球形假设。

（4）一元方差分析结果

表 4-3-6　被试内变量效应检验结果

Tests of Within-Subjects Effects

Measure: MEASURE_1

Source		Type III Sum of Squares	df	Mean Square	F	Sig.	Partial Eta Squared	Noncent. Parameter	Observed Power[a]
a	Sphericity Assumed	92.042	1	92.042	37.022	.009	.925	37.022	.970
	Greenhouse-Geisser	92.042	1.000	92.042	37.022	.009	.925	37.022	.970
	Huynh-Feldt	92.042	1.000	92.042	37.022	.009	.925	37.022	.970
	Lower-bound	92.042	1.000	92.042	37.022	.009	.925	37.022	.970
Error(a)	Sphericity Assumed	7.458	3	2.486					
	Greenhouse-Geisser	7.458	3.000	2.486					
	Huynh-Feldt	7.458	3.000	2.486					
	Lower-bound	7.458	3.000	2.486					
b	Sphericity Assumed	95.583	2	47.792	264.692	.000	.989	529.385	1.000
	Greenhouse-Geisser	95.583	1.397	68.435	264.692	.000	.989	369.694	1.000
	Huynh-Feldt	95.583	2.000	47.792	264.692	.000	.989	529.385	1.000
	Lower-bound	95.583	1.000	95.583	264.692	.001	.989	264.692	1.000
Error(b)	Sphericity Assumed	1.083	6	.181					
	Greenhouse-Geisser	1.083	4.190	.259					
	Huynh-Feldt	1.083	6.000	.181					
	Lower-bound	1.083	3.000	.361					
a * b	Sphericity Assumed	68.083	2	34.042	34.521	.001	.920	69.042	1.000
	Greenhouse-Geisser	68.083	1.129	60.304	34.521	.007	.920	38.974	.981
	Huynh-Feldt	68.083	1.345	50.629	34.521	.003	.920	46.422	.994
	Lower-bound	68.083	1.000	68.083	34.521	.010	.920	34.521	.962
Error(a*b)	Sphericity Assumed	5.917	6	.986					
	Greenhouse-Geisser	5.917	3.387	1.747					
	Huynh-Feldt	5.917	4.034	1.467					
	Lower-bound	5.917	3.000	1.972					

a. Computed using alpha = .05

一元方差分析结果表明：

① a 变量主效应检验。结果显示 a 变量主效应极显著（$P=0.009<0.01$），效应度（Partial Eta Squared）为 0.925；统计检验力（Observed power）为 0.970。

② b 变量主效应检验。因其满足球形假设，故参见（Sphericity Assumed））标准一元方差分析的结果，结果显示 b 变量主效应极显著（$P=0.000<0.01$），其效应度（Partial Eta Squared）为 0.989；统计检验力（Observed power）为 1.000。

③ a 与 b 的交互效应检验。因其满足球形假设，故参见标准一元方差分析的结果，结果显示 a 与 b 的交互效应极显著（$P=0.001<0.01$），其效应度（Partial Eta Squared）为 0.920；统计检验力（Observed power）为 1.000。

（5）因素 b 各水平间的多重比较结果

① 描述性统计结果如表 4-3-7 所示。

表 4-3-7 描述性统计结果
Estimates

Measure: MEASURE_1

b	Mean	Std. Error	95% Confidence Interval	
			Lower Bound	Upper Bound
1	3.875	.554	2.111	5.639
2	6.000	.612	4.051	7.949
3	8.750	.433	7.372	10.128

② b 因素多重比较结果如表 4-3-8 所示。

表 4-3-8 b 因素多重比较结果
Pairwise Comparisons

Measure: MEASURE_1

(I) b	(J) b	Mean Difference (I-J)	Std. Error	Sig.[a]	95% Confidence Interval for Difference[a]	
					Lower Bound	Upper Bound
1	2	-2.125*	.239	.003	-2.887	-1.363
	3	-4.875*	.125	.000	-5.273	-4.477
2	1	2.125*	.239	.003	1.363	2.887
	3	-2.750*	.250	.002	-3.546	-1.954
3	1	4.875*	.125	.000	4.477	5.273
	2	2.750*	.250	.002	1.954	3.546

Based on estimated marginal means

*. The mean difference is significant at the .05 level.

a. Adjustment for multiple comparisons: Least Significant Difference (equivalent to no adjustments).

表 4-3-8 中,(I)列与(J)列的 1,2,3 分别表示长句子、中句子和短句子。多重比较结果表明：长句子与中句子之间差异极显著($P=0.003<0.01$)；长句子与短句子之间差异极显著($P=0.000<0.01$)；中句子与短句子之间差异也极显著($P=0.002<0.01$)。

（6）均值图

两变量均值如图 4-3-8 所示。

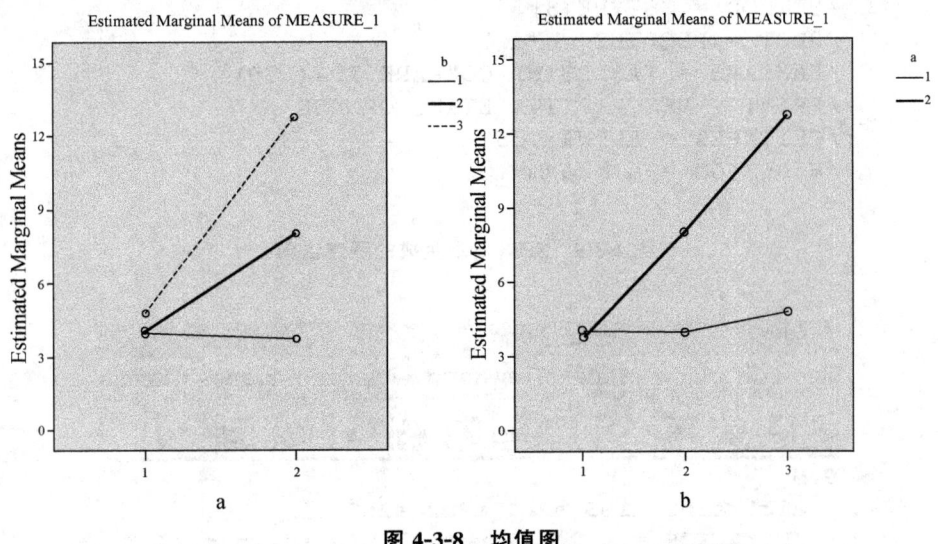

图 4-3-8　均值图

从图 4-3-8 可见,折线不平行,有交叉趋势。因此,可大致判断两个因素之间存在交互效应。

3. 简单效应检验

交互作用显著时,需要进行简单效应（Simple effect）的检验。

（1）改写语句

SPSS 没有提供简单效应检验的菜单,所以必须通过编写语句来实现。在主对话框中,保留前面设置不变,单击 Paste 按钮,SPSS 会把原先的全部操作转换成语句并粘贴到程序语句窗口中,如图 4-3-9 所示。

改写 EMMEANS 引导的语句,如图 4-3-10 所示。

（2）运行程序

单击图 4-3-10 中的菜单 Run-All,运行程序。

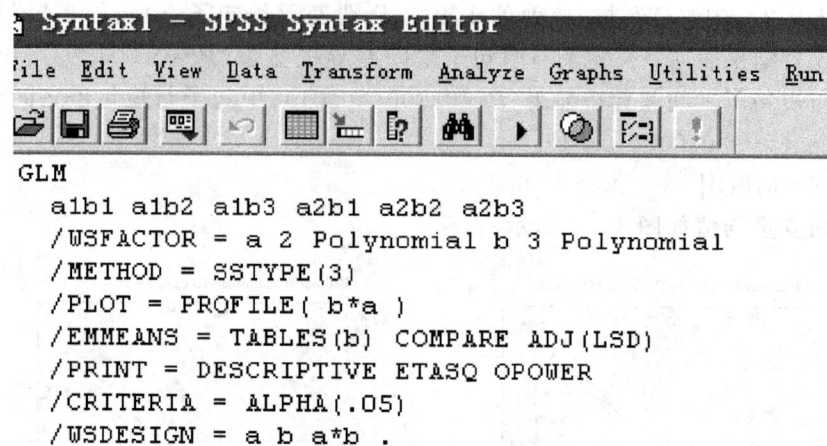

图 4-3-9　SPSS 自动生成的程序语句

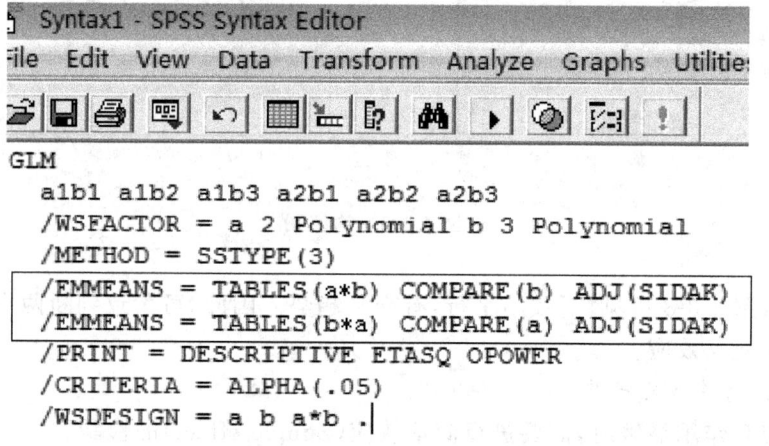

图 4-3-10　修改过的 SPSS 程序语句

(3) 简单效应检验结果

① 在 a 的各水平上，b 不同水平差异显著性检验结果

第一，描述性统计结果如表 4-3-9 所示。

表 4-3-9 描述性统计结果

Estimates

Measure: MEASURE_1

a	b	Mean	Std. Error	95% Confidence Interval	
				Lower Bound	Upper Bound
1	1	4.000	.707	1.750	6.250
	2	4.000	.816	1.402	6.598
	3	4.750	1.031	1.470	8.030
2	1	3.750	.479	2.227	5.273
	2	8.000	.408	6.701	9.299
	3	12.750	.479	11.227	14.273

第二, $a*b$ 简单效应检验结果

表 4-3-10 $a*b$ 简单效应检验结果

Pairwise Comparisons

Measure: MEASURE_1

a	(I) b	(J) b	Mean Difference (I-J)	Std. Error	Sig.a	95% Confidence Interval for Difference a	
						Lower Bound	Upper Bound
1	1	2	.000	.408	1.000	-1.970	1.970
		3	-.750	.629	.684	-3.787	2.287
	2	1	.000	.408	1.000	-1.970	1.970
		3	-.750	.250	.163	-1.957	.457
	3	1	.750	.629	.684	-2.287	3.787
		2	.750	.250	.163	-.457	1.957
2	1	2	-4.250*	.250	.001	-5.457	-3.043
		3	-9.000*	.707	.003	-12.413	-5.587
	2	1	4.250*	.250	.001	3.043	5.457
		3	-4.750*	.750	.024	-8.370	-1.130
	3	1	9.000*	.707	.003	5.587	12.413
		2	4.750*	.750	.024	1.130	8.370

Based on estimated marginal means

*. The mean difference is significant at the .05 level.

a. Adjustment for multiple comparisons: Sidak.

检验结果表明：

在无标记的情况下，长句子与中句子对阅读理解成绩的差异不显著($P=1.000>0.05$)；长句子与短句子对阅读理解成绩的差异也不显著($P=0.684>0.05$)；中句子与短句子对阅读理解成绩的差异也不显著($P=0.163>0.05$)。

在有标记的情况下，被试对中句子的阅读理解成绩极显著地优于长句子($P=0.001$)；对短句子的阅读理解成绩极显著地优于长句子($P=0.003$)；对短句子的阅读理解成绩显著优于中句子($P=0.024$)。可将表 4-3-10 的检验结果与图 4-3-8 结合起来看。

② 在 b 的各水平上，a 不同水平差异的显著性检验结果

第一，描述性统计结果如表 4-3-11 所示。

表 4-3-11 描述性统计结果
Estimates

Measure: MEASURE_1

b	a	Mean	Std. Error	95% Confidence Interval	
				Lower Bound	Upper Bound
1	1	4.000	.707	1.750	6.250
	2	3.750	.479	2.227	5.273
2	1	4.000	.816	1.402	6.598
	2	8.000	.408	6.701	9.299
3	1	4.750	1.031	1.470	8.030
	2	12.750	.479	11.227	14.273

第二，$b*a$ 简单效应检验结果如表 4-3-12 所示。

表 4-3-12 $b*a$ 简单效应检验结果
Pairwise Comparisons

Measure: MEASURE_1

b	(I) a	(J) a	Mean Difference (I-J)	Std. Error	Sig.[a]	95% Confidence Interval for Difference[a]	
						Lower Bound	Upper Bound
1	1	2	.250	.479	.638	-1.273	1.773
	2	1	-.250	.479	.638	-1.773	1.273
2	1	2	-4.000*	.408	.002	-5.299	-2.701
	2	1	4.000*	.408	.002	2.701	5.299
3	1	2	-8.000*	1.354	.010	-12.309	-3.691
	2	1	8.000*	1.354	.010	3.691	12.309

Based on estimated marginal means

*. The mean difference is significant at the .05 level.

a. Adjustment for multiple comparisons: Sidak.

检验结果表明：当文章为长句时，有无标记对阅读理解成绩没有显著差异（$P=0.638>0.05$）；当文章为中句时，被试在有标记时的阅读理解成绩极显著地优于无标记时的阅读理解成绩（$P=0.002<0.01$）；当文章为短句时，被试在有标记时的阅读理解成绩极显著地优于无标记时的阅读理解成绩（$P=0.010=0.01$）。可将表 4-3-12 的检验结果与图 4-3-8 结合起来看。

四、两因素重复测量实验设计方差分析流程图

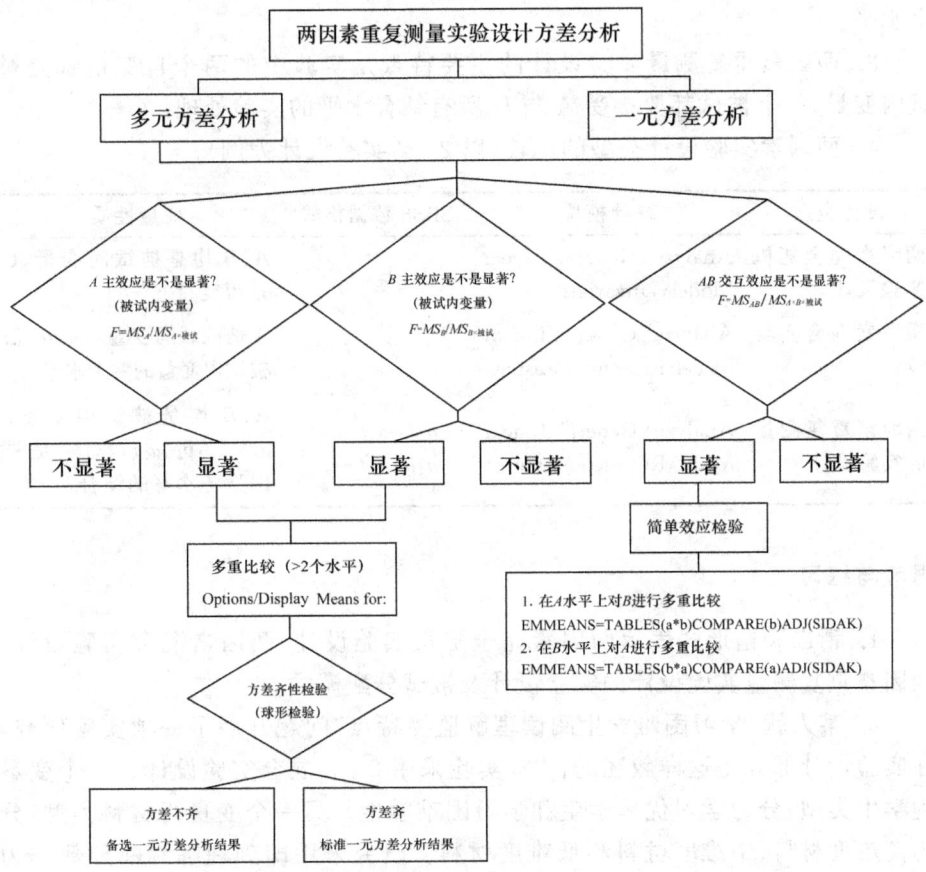

图 4-3-11　两因素重复测量实验设计方差分析流程图

本章小结

1. 两因素完全随机实验设计具有以下特点：① 实验中有两个自变量，均为被试间变量，每个自变量有两个或两个以上水平。② 如果一个自变量有 p 个水平，另一个自变量有 q 个水平。那么，该实验就有 $p\times q$ 个实验处理水平的结合。③ 实验有 $p\times q$ 组，将被试随机分配到每组中，每个被试只接受一种实验处理水平的结合。

2. 两因素混合实验设计具有以下特点：① 实验中有两个自变量，一个是被试内变量，另一个是被试间变量。② 相对于被试间因素的处理效应，实验

者更关注被试内因素的处理效应以及其与被试间因素之间的交互作用。
③ 被试间因素有几个水平就有几组被试,将被试随机分配给被试间因素的各个水平。

3. 两因素重复测量实验设计的主要特点是实验中的两个自变量都是被试内变量,每个被试都要接受 A 与 B 所有结合水平的实验处理。

4. 两因素实验设计类型的比较(以 2×2 实验设计为例)。

设计类型	统计模块	SPSS 数据格式	变量性质
两因素完全随机实验设计	Analyze\General Linear Model\Unvariate	A B C	A、B 均是被试间变量,C 是因变量。
两因素混合实验设计	Analyze\General Linear Model\Repeated Measures	A b_1 b_2	A 是被试间变量,b_1、b_2 是被试内变量的两个水平。
两因素重复测量的实验设计	Analyze\General Linear Model\Repeated Measures	a_1b_1 a_1b_2 a_2b_1 a_2b_2	A、B 均是被试内变量。a_1b_1、a_1b_2、a_2b_1、a_2b_2 是两因素各水平的结合。

思考与练习

1. 请以表格形式表示两因素完全随机实验设计、两因素混合实验设计、两因素重复测量实验设计的实验设计及被试分配模式。

2. 某人就"学习困难学生阅读理解监控特点"问题开展了一项实验研究,在实验设计部分是这样叙述的:"本实验采用 2×3 混合实验设计。一个变量为学生类型,分为学习优秀学生和学习困难学生。另一个变量为材料类型,分为高难度材料、中难度材料和低难度材料。研究采用即刻理解判断分数作为学生理解监控的指标。"问,该实验设计的因变量是什么?实验中的自变量是什么?哪个自变量可能是被试内变量?哪个自变量是被试间变量?每个自变量各有几个水平?

3. 某人进行了"听觉障碍中学生汉语阅读辅助策略研究",在研究设计部分是这样叙述的:"本研究有两个自变量,分别是难度适宜的阅读材料和较难的阅读材料。每个自变量有四个水平,即四种阅读辅助策略(提问辅助阅读、图示辅助阅读、标记辅助阅读、提纲辅助阅读)。以研究文章难度不同,在四种阅读辅助策略下对听觉障碍中学生阅读效果的影响。这是一个 2×4 的实验设计。"试分析该段叙述中存在的问题,并给出正确的表述。

4. 有一位社会心理学家,想了解个人责任与施舍行为之间的关系,决定做一项实验研究。实验是这样进行的:他到饭店去吃饭(买了 15 元/份的饭菜),饭店有两种台子,大台子和小台子,他与一名被试同台吃饭,但吃到一半时,他离开饭桌 10 分钟,在此之前,他对同桌被试有两种做法,一是不打招呼,二是向被试说:"请帮我照顾一下饭菜,我一会就回来。"在主试离去后,一位服务员(也是实验者)走到饭桌前,立即将饭菜倒掉。当他回来时,向同桌被试说,因自己没带钱,是否可以借些钱给他,让他重新买一份饭菜(当天饭菜的价格有:5 元/份、10 元/份、15 元/份、20 元/份、25 元/份)。请思考:(1) 这是一项什么类型的实验设计?(2) 因变量是什么,有几个自变量(因素),每个自变量各有几个水平?(3) 请预测实验结果,并以简图表示。要画出实验结果简图,至少需做几次实验?

5. 运用本章所学知识,设计一项针对儿童识字教学的实验研究(包括研究假设、被试的选取、实验设计、自变量、因变量、无关变量、实验材料、实验过程、数据处理方法和预期的结果等)。

第5章 三因素实验设计及数据处理

在三因素实验设计中有三个自变量。根据自变量的性质,三因素实验设计又可分为以下四种:① 如果三个自变量均为被试间变量,则为三因素完全随机实验设计;② 如果三个自变量中有一个为被试内变量,两个为被试间变量,则为重复测量一个因素的三因素混合实验设计;③ 如果三个自变量中有两个为被试内变量,一个为被试间变量,则为重复测量两个因素的三因素混合实验设计;④ 如果三个自变量均为被试内变量,则为三因素重复测量实验设计。与两因素实验设计相比,三因素实验设计不仅可以探讨两个因素之间的交互效应,还可探讨三个因素之间的交互效应。因此,三因素实验设计可以获得更多的信息,实验效率更高。

第1节 三因素完全随机实验设计与数据处理

本节将对三因素完全随机实验设计的特点与模式、方差分析的原理与步骤,以及如何利用 SPSS 统计软件对三因素完全随机实验结果进行数据处理等问题进行叙述与说明。

一、三因素完全随机实验设计的基本特点

(一)实验设计及被试分配模式

例如:有一项"采用不同教学方法、教材与教学手段对学生学习成绩影响"的教学实验研究。其中,学习成绩是因变量,教学方法 A、教材 B、教学手段 C 是三个自变量。A 有两个水平,a_1 为讲授法,a_2 为启迪法;B 有两个水平,b_1 为统编教材,b_2 为改编教材;C 有三个水平,c_1 为传统教学手段,c_2 为多媒体教学手段,c_3 为传统与多媒体相结合的教学手段。这是一个 $2\times 2\times 3$ 的三因素完全随机实验设计,该实验有 12 个实验组,假如每组被试为 4 人,则总被试量为 48 人,随机选取 48 名学生,并随机分配到各实验组,每一学生只接受一种实验处理,其实验设计及被试分配模式如表 5-1-1 所示。

表 5-1-1   三因素完全随机实验设计及被试分配模式

a_1	a_1	a_1	a_1	a_1	a_1	a_2	a_2	a_2	a_2	a_2	a_2
b_1	b_1	b_1	b_2	b_2	b_2	b_1	b_1	b_1	b_2	b_2	b_2
c_1	c_2	c_3	c_1	c_2	c_3	c_1	c_2	c_3	c_1	c_2	c_3
s_1	s_2	s_3	s_4	s_5	s_6	s_7	s_8	s_9	s_{10}	s_{11}	s_{12}
s_{13}	s_{14}	s_{15}	s_{16}	s_{17}	s_{18}	s_{19}	s_{20}	s_{21}	s_{22}	s_{23}	s_{24}
s_{25}	s_{26}	s_{27}	s_{28}	s_{29}	s_{30}	s_{31}	s_{32}	s_{33}	s_{34}	s_{35}	s_{36}
s_{37}	s_{38}	s_{39}	s_{40}	s_{41}	s_{42}	s_{43}	s_{44}	s_{45}	s_{46}	s_{47}	s_{48}

（二）基本特点

（1）有三个自变量，均为被试间变量，每个自变量有两个或多个水平。

（2）如果第一个自变量有 p 个水平，第二个自变量有 q 个水平，第三个自变量有 r 个水平。那么，该实验就有 $p \times q \times r$ 实验处理水平的结合。

（3）实验有 $p \times q \times r$ 组（实验单元）。如果每组被试为 n 名，则被试总数 N 为 $n \times p \times q \times r$。随机选取 N 名被试，并随机分配到各个实验组，每个被试只接受一种实验处理水平的结合。

（三）三因素完全随机实验设计方差分析的前提条件

（1）正态分布。因变量在每个实验单元内呈正态分布。如果正态分布的条件不满足，使用大样本可以提高方差分析结果的可信度，即每个实验单元的被试达到 15 人以上。

（2）方差齐性。因变量在所有实验单元内的方差齐性。如果各组方差不齐，而且各单元的样本量不等，则方差分析结果不可信。

（3）独立性。被试必须从总体中随机抽取，因变量在各个单元内的数据相互独立，如果不独立，方差分析的结果不可信。

（4）连续性。因变量为连续型变量。

二、三因素完全随机实验设计方差分析的原理与计算步骤

（一）三因素完全随机实验设计方差分析的基本原理

在三因素完全随机实验设计方差分析中，将总变异分解为处理间变异和处理内变异，即总变异＝处理间变异＋处理内变异。总变异指所有由实验处理、个体差异、实验误差以及其他无关变量引起的变异。处理间变异指所有由实验处理引起的变异，包括 A 因素、B 因素、C 因素的主效应，AB、AC、BC 的二阶交互效应以及 ABC 三阶交互效应引起的变异。处理内变异指所有不能由实验处理解释的变异，包括个体差异、实验误差、无关变量等引起的变异。三因素完全随机实验设计的方差分析是通过各 F 值的大小，即各因素变异与

单元内误差的比值大小来判断各因素主效应及其交互效应的显著性的,在计算各 F 值时,共用一个误差变异。

(二) 三因素完全随机实验设计方差分析的计算步骤

例 5-1-1

某研究者欲进行一项有关儿童记忆能力的实验研究。实验中的因变量为:记忆成绩。自变量为:A 记忆策略,分两个水平,a_1 为联想策略,a_2 为复述策略;B 为有无干扰,分两个水平,b_1 为无干扰,b_2 为有干扰;C 是材料类型,分两个水平,c_1 为实物图片,c_2 为图形图片。实验设计采用 $2\times2\times2$ 的三因素完全随机实验设计,该实验共有 8 个实验组,如每组 5 人,则总被试量为 40 人。实验原始数据如表 5-1-2 所示:

表 5-1-2 实验原始数据表

$N=40$	a_1 b_1	a_1 b_2	a_2 b_1	a_2 b_2
c_1(实物图片)	13	4	6	3
	15	7	8	5
	12	5	7	3
	11	3	5	4
	14	8	8	5
c_2(图形图片)	8	4	9	3
	7	5	6	4
	9	4	7	2
	6	6	6	3
	10	4	8	2

三因素完全随机实验设计方差分析大致分为以下三个步骤。

1. 提出假设

(1) A 因素的主效应不显著,即应用联想策略与复述策略对记忆成绩没有显著性影响;B 因素的主效应不显著,即实验中无干扰与有干扰对记忆成绩没有显著性影响;C 因素的主效应不显著,即用实物图片与图形图片对记忆成绩没有显著性影响。

(2) AB 二阶交互效应不显著,即记忆策略与有无干扰对记忆成绩的交互效应不显著;AC 二阶交互效应不显著,即记忆策略与记忆材料的类型对记忆成绩的交互效应不显著;BC 二阶交互效应不显著,即有无干扰与记忆材料类型对记忆成绩的交互效应不显著。

(3) ABC 三阶交互效应不显著,即记忆策略、有无干扰与记忆材料类型对记忆成绩的三阶交互效应不显著。

2. 计算 F 统计量

在计算 F 统计量前,需计算各种基本量、平方和及自由度。

(1) 基本量的计算

为计算的方便,可先将表 5-1-2 中的数据汇总为 ABC 表、AB 表、AC 表及 BC 表(具体略),然后按如下公式计算基本量:

① 所有数据之和：$\sum_{i=1}^{n}\sum_{j=1}^{p}\sum_{k=1}^{q}\sum_{l=1}^{r}Y_{ijkl}$

② 所有数据和之平方的均数：$\dfrac{(\sum_{i=1}^{n}\sum_{j=1}^{p}\sum_{k=1}^{q}\sum_{l=1}^{r}Y_{ijkl})^2}{npqr}=[Y]$

③ 所有数据平方和：$\sum_{i=1}^{n}\sum_{j=1}^{p}\sum_{k=1}^{q}\sum_{l=1}^{r}Y_{ijkl}^2=[ABCS]$

④ $\sum_{j=1}^{p}\dfrac{(\sum_{i=1}^{n}\sum_{k=1}^{q}\sum_{l=1}^{r}Y_{ijkl})^2}{nqr}=[A]$

⑤ $\sum_{k=1}^{q}\dfrac{(\sum_{i=1}^{n}\sum_{j=1}^{p}\sum_{l=1}^{r}Y_{ijkl})^2}{npr}=[B]$

⑥ $\sum_{l=1}^{r}\dfrac{(\sum_{i=1}^{n}\sum_{j=1}^{p}\sum_{k=1}^{q}Y_{ijkl})^2}{npq}=[C]$

⑦ $\sum_{j=1}^{p}\sum_{k=1}^{q}\dfrac{(\sum_{i=1}^{n}\sum_{l=1}^{r}Y_{ijkl})^2}{nr}=[AB]$

⑧ $\sum_{j=1}^{p}\sum_{l=1}^{r}\dfrac{(\sum_{i=1}^{n}\sum_{k=1}^{q}Y_{ijkl})^2}{nq}=[AC]$

⑨ $\sum_{k=1}^{q}\sum_{l=1}^{r}\dfrac{(\sum_{i=1}^{n}\sum_{j=1}^{p}Y_{ijkl})^2}{np}=[BC]$

⑩ $\sum_{j=1}^{p}\sum_{k=1}^{q}\sum_{l=1}^{r}\dfrac{(\sum_{i=1}^{n}Y_{ijkl})^2}{n}=[ABC]$

(2) 根据基本量计算各平方和

平方和的分解：

$SS_{总变异} = SS_{处理间} + SS_{处理内} = (SSA + SSB + SSC + SSAB + SSAC + SSBC + SSABC) + SS_{单元内误差}$

平方和的计算：

$SS_{总变异} = [ABCS] - [Y]$

$SSA = [A] - [Y]$，A 因素平方和，代表 A 因素的处理效应。

$SSB = [B] - [Y]$，B 因素平方和，代表 B 因素的处理效应。

$SSC = [C] - [Y]$，C 因素平方和，代表 C 因素的处理效应。

$SSAB = [AB] - [Y] - SSA - SSB$，A 因素与 B 因素共同作用而产生的平方和，代表 A 因素与 B 因素的两阶交互效应。

$SSAC = [AC] - [Y] - SSA - SSC$，A 因素与 C 因素共同作用而产生的平方和，代表 A 因素与 C 因素的两阶交互效应。

$SSBC = [BC] - [Y] - SSB - SSC$，B 因素与 C 因素共同作用而产生的平方和，代表 B 因素与 C 因素的两阶交互效应。

$SSABC = [ABC] - [Y] - SSA - SSB - SSC - SSAB - SSAC - SSBC$，A 因素、B 因素与 C 因素共同作用而产生的平方和，代表 A 因素、B 因素与 C 因素的三次交互效应。

$SS_{单元内误差} = SS_{总变异} - SSA - SSB - SSC - SSAB - SSAC - SSBC - SSABC$，单元内误差，以下简称误差。即所有由实验变量无法解释的变异，其均方作为主效应、二阶交互效应以及三阶交互效应 F 检验的误差项。

(3) 平方和的分解与自由度的计算如图 5-1-1 所示。

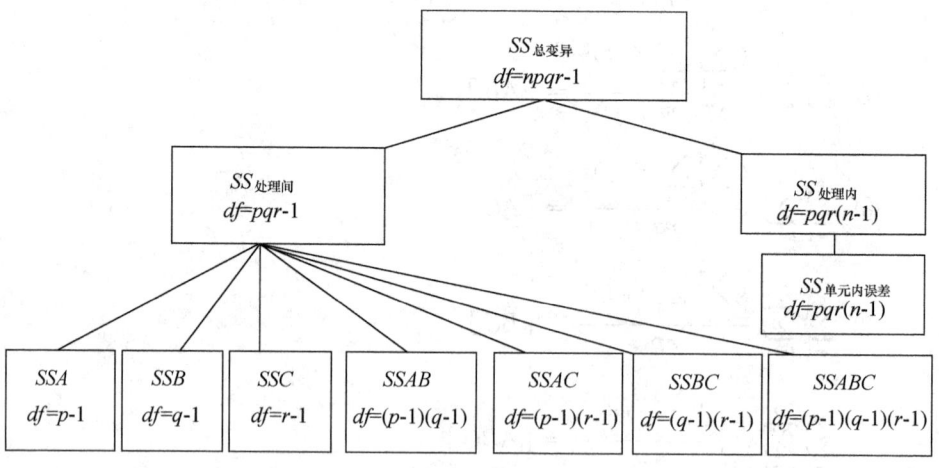

图 5-1-1　平方和的分解与自由度的计算

(4) 计算 F 统计量

各效应 F 统计量的计算公式如下：

$$F_A = \frac{MS_A}{MS_{误差}} = \frac{SS_A/df_A}{SS_{误差}/df_{误差}}$$

$$F_B = \frac{MS_B}{MS_{误差}} = \frac{SS_B/df_B}{SS_{误差}/df_{误差}}$$

$$F_C = \frac{MS_C}{MS_{误差}} = \frac{SS_C/df_C}{SS_{误差}/df_{误差}}$$

$$F_{AB} = \frac{MS_{AB}}{MS_{误差}} = \frac{SS_{AB}/df_{AB}}{SS_{误差}/df_{误差}}$$

$$F_{AC} = \frac{MS_{AC}}{MS_{误差}} = \frac{SS_{AC}/df_{AC}}{SS_{误差}/df_{误差}}$$

$$F_{BC} = \frac{MS_{BC}}{MS_{误差}} = \frac{SS_{BC}/df_{BC}}{SS_{误差}/df_{误差}}$$

$$F_{ABC} = \frac{MS_{ABC}}{MS_{误差}} = \frac{SS_{ABC}/df_{ABC}}{SS_{误差}/df_{误差}}$$

3. 统计推断

根据各 F 检验值所对应的 P 值，可以检验主效应、二阶交互效应与三阶交互效应在统计学上是否显著。

三、用 SPSS 统计软件对三因素完全随机实验设计进行数据处理

下面用例 5-1-1 数据，说明如何利用 SPSS 统计软件对三因素完全随机实验设计进行数据处理。

（一）例题分析

该实验设计为 2×2×2 的三因素完全随机实验设计，分析思路可分两部分：一是进行 A、B、C 三个因素的主效应检验，二是进行交互效应检验，其中包括：AB、AC、CB 三个二阶交互效应的检验，一个 ABC 三阶交互效应的检验。如某因素主效应显著，且超过二个水平，则需进行多重比较；如二阶交互效应检验结果显著，则需做简单效应检验；如三阶交互效应检验显著，则需做简单简单效应的检验。

（二）SPSS 操作步骤及结果说明

1. 基本步骤

第一步，分别定义与标记 A（记忆策略）、B（有无干扰）、C（材料类型）、JY（记忆成绩，汉语拼音记忆）四个变量（变量英文字母大小写均可）。对 A（记忆策略）赋值时，分别设定：1="联想策略"，2="复述策略"；对 B（有无干扰）赋

值时,分别设定:1="无干扰",2="有干扰";对 C(材料类型)赋值时,分别设定:1="实物图片",2="图形图片"。点击数据表格区域下方的 Data View,进入数据输入窗口,将原始数据输入 SPSS 数据表格区域,建立数据文件,如图 5-1-2 所示。

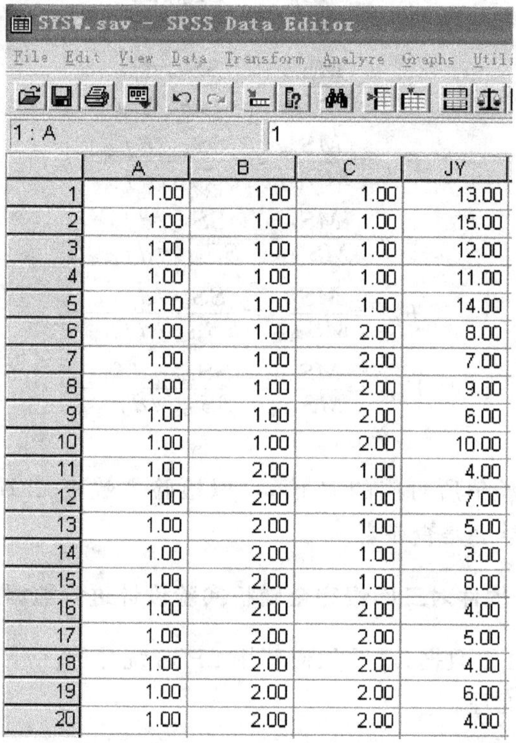

	A	B	C	JY
1	1.00	1.00	1.00	13.00
2	1.00	1.00	1.00	15.00
3	1.00	1.00	1.00	12.00
4	1.00	1.00	1.00	11.00
5	1.00	1.00	1.00	14.00
6	1.00	1.00	2.00	8.00
7	1.00	1.00	2.00	7.00
8	1.00	1.00	2.00	9.00
9	1.00	1.00	2.00	6.00
10	1.00	1.00	2.00	10.00
11	1.00	2.00	1.00	4.00
12	1.00	2.00	1.00	7.00
13	1.00	2.00	1.00	5.00
14	1.00	2.00	1.00	3.00
15	1.00	2.00	1.00	8.00
16	1.00	2.00	2.00	4.00
17	1.00	2.00	2.00	5.00
18	1.00	2.00	2.00	4.00
19	1.00	2.00	2.00	6.00
20	1.00	2.00	2.00	4.00

图 5-1-2 SPSS 数据结构

说明:A、B、C 下的数字可看成因变量(记忆成绩)的下标,由三个下标可指出每位被试在接受何种实验处理水平结合条件下的记忆测验成绩。例如:第 6 名被试运用联想记忆策略($A=1$),在无干扰的情况下($B=1$),对图形图片($C=2$)的记忆成绩为 8 分,其余类同。本例共有 40 个数据,上表仅列出 20 个数据。图 5-1-2 显示了三因素完全随机实验设计的 SPSS 数据结构。

第二步,选用统计模块:Analyze(统计分析)\General Linear Model(一般线性模型)\Univariate…(单因变量方差分析),如图 5-1-3 所示。

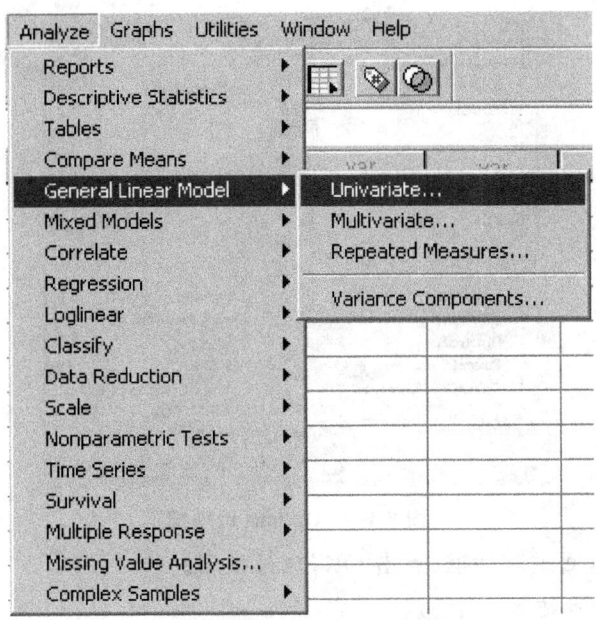

图 5-1-3　单因变量方差分析菜单

第三步,在主对话框中,将 JY 键入因变量(Dependent Variable)方框中,将 A、B、C 变量键入固定变量[Fixed Factor(s):]方框中,如图 5-1-4 所示。

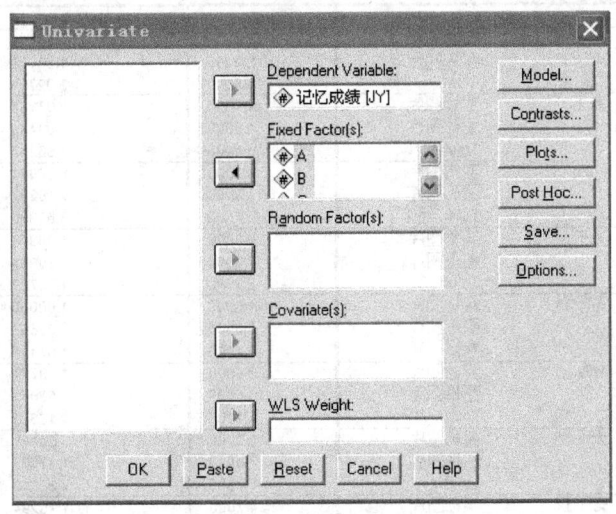

图 5-1-4　单因变量方差分析主对话框

第四步,点击选项(Options)按钮,选择(Descriptive statistics)对数据进行描述性统计;选择(Homogeneity tests)进行方差齐性检验,如图 5-1-5 所示。

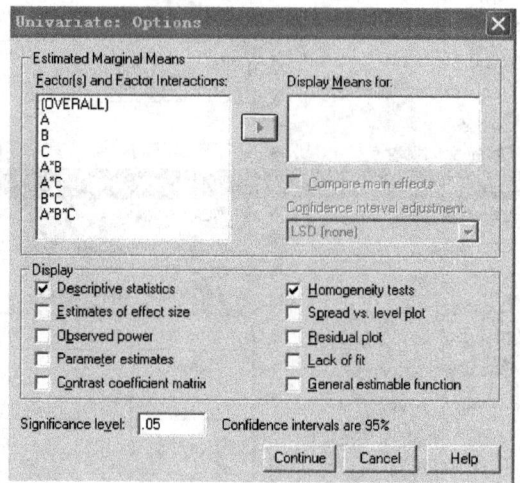

图 5-1-5 Options 选项框

第五步,返回主对话框,点击 OK,执行程序。

2. 输出初步结果

(1) 描述性统计结果如表 5-1-3 所示。

表 5-1-3 描述统计结果

Descriptive Statistics

Dependent Variable: 记忆成绩

A	B	C	Mean	Std. Deviation	N
联想策略	无干扰	实物图片	13.0000	1.58114	5
		图形图片	8.0000	1.58114	5
		Total	10.5000	3.02765	10
	有干扰	实物图片	5.4000	2.07364	5
		图形图片	4.6000	.89443	5
		Total	5.0000	1.56347	10
	Total	实物图片	9.2000	4.36654	10
		图形图片	6.3000	2.16282	10
		Total	7.7500	3.66886	20
复述策略	无干扰	实物图片	6.8000	1.30384	5
		图形图片	7.2000	1.30384	5
		Total	7.0000	1.24722	10
	有干扰	实物图片	4.0000	1.00000	5
		图形图片	2.8000	.83666	5
		Total	3.4000	1.07497	10
	Total	实物图片	5.4000	1.83787	10
		图形图片	5.0000	2.53859	10
		Total	5.2000	2.16673	20
Total	无干扰	实物图片	9.9000	3.54181	10
		图形图片	7.6000	1.42984	10
		Total	8.7500	2.88143	20
	有干扰	实物图片	4.7000	1.70294	10
		图形图片	3.7000	1.25167	10
		Total	4.2000	1.54238	20
	Total	实物图片	7.3000	3.79889	20
		图形图片	5.6500	2.39022	20
		Total	6.4750	3.24225	40

（2）方差齐性检验结果如表 5-1-4 所示。

表 5-1-4　方差齐性检验结果

Levene's Test of Equality of Error Variances[a]

Dependent Variable: JY

F	df1	df2	Sig.
1.309	7	32	.278

Tests the null hypothesis that the error variance of the dependent variable is equal across groups.

a. Design: Intercept + A + B + C + A*B + A*C + B*C + A*B*C

结果表明：各组数据方差齐性（$P=0.278, P>0.05$）。

（3）被试间变量方差分析结果如表 5-1-5 所示。

表 5-1-5　方差分析结果

Tests of Between-Subjects Effects（被试间变量效应检验）

Dependent Variable: JY

Source	Type III Sum of Squares	Df	Mean Square	F	Sig.
Corrected Model	349.175[a]	7	49.882	26.254	.000
Intercept	1677.025	1	1677.025	882.645	.000
A	65.025	1	65.025	34.224	.000
B	207.025	1	207.025	108.961	.000
C	27.225	1	27.225	14.329	.001
A*B	9.025	1	9.025	4.750	.037
A*C	15.625	1	15.625	8.224	.007
B*C	4.225	1	4.225	2.224	.146
A*B*C	21.025	1	21.025	11.066	.002
Error	60.800	32	1.900		
Total	2087.000	40			
Corrected Total	409.975	39			

a. R Squared = .852 (Adjusted R Squared = .819)

结果表明：A、B、C 的主效应均极显著（P 值均小于 0.01）；AB 交互效应显著（$P=0.037$，$0.01<P<0.05$）；AC 交互效应极显著（$P=0.007$，$P<0.01$）；BC 交互效应不显著（$P=0.146$，$P>0.05$）；ABC 交互效应极显著（$P=0.002$，$P<0.01$）。对于二阶与三阶交互效应显著的，还需进行简单效应与简单简单效应检验。

3. 简单效应检验

（1）绘制均值图

为了更直观地显示 AB 与 AC 简单效应的检验结果，先绘制均值图。保留原设置不变，在主对话框中点击 Plots 按钮，选定 A 为横坐标（Horizontal Axis），选定 B 为独立折线（Sperate Lines），单击 Add 添加到 Plots：下，选定 A 为横坐标（Horizontal Axis），选定 C 为独立折线（Sperate Lines）；单击 Add 按钮完成操作，如图 5-1-6 所示。

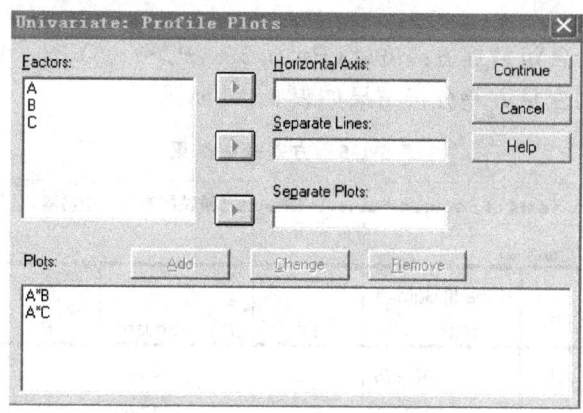

图 5-1-6　均值图（Plots）对话框

（2）改写语句

在主对话框中，单击 Paste 按钮，SPSS 会把原先的全部操作转换成为语句并粘贴到新打开的程序语句窗口中，如图 5-1-7 所示。

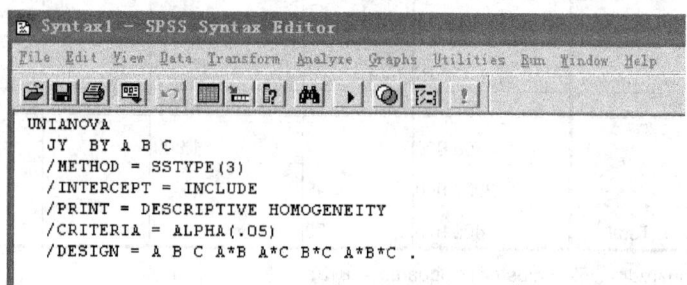

图 5-1-7　原 SPSS 程序语句编辑窗口

在命令语句中,加入 EMMEANS 引导的语句,如图 5-1-8 所示。

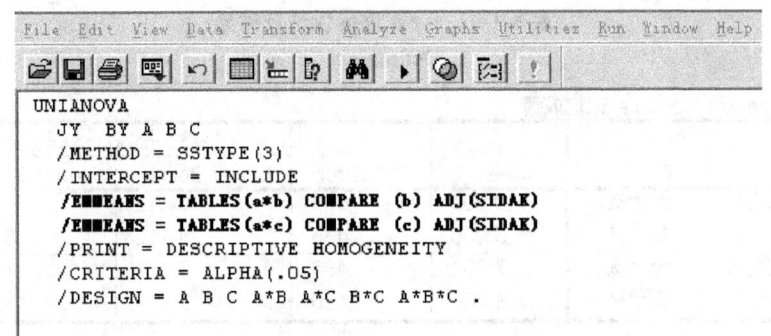

图 5-1-8 经修改的 SPSS 程序语句

在程序语句窗中,单击菜单 Run-All 运行程序。
(3) 简单效应检验结果
① $A*B$ 简单效应检验结果
第一,$A*B$ 均值显示如图 5-1-9 所示。

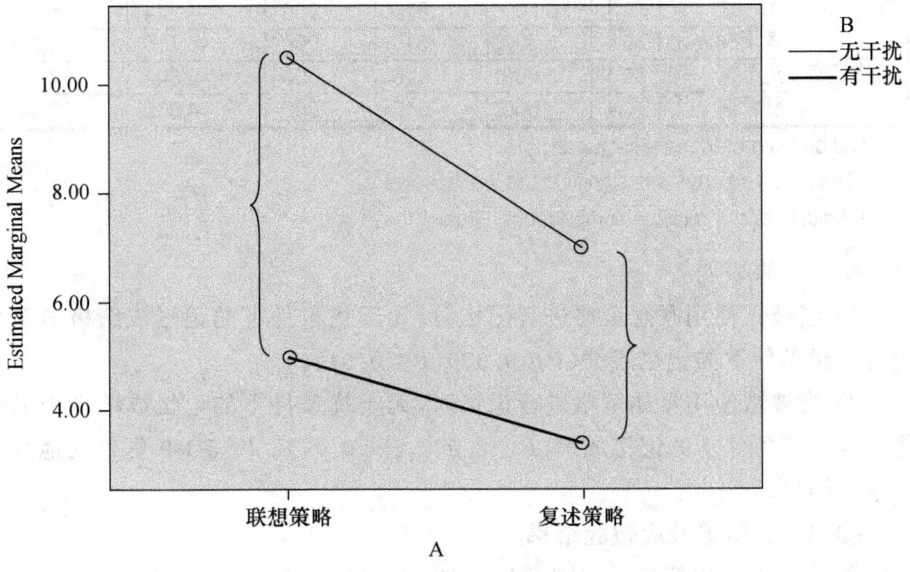

图 5-1-9 $A*B$ 均值图

第二，A*B 描述性统计结果如表 5-1-6 所示。

表 5-1-6　A*B 描述性统计结果
Estimates

Dependent Variable: 记忆成绩

A	B	Mean	Std. Error	95% Confidence Interval	
				Lower Bound	Upper Bound
联想策略	无干扰	10.500	.436	9.612	11.388
	有干扰	5.000	.436	4.112	5.888
复述策略	无干扰	7.000	.436	6.112	7.888
	有干扰	3.400	.436	2.512	4.288

第三，A*B 配对比较结果如表 5-1-7 所示。

表 5-1-7　A*B 配对比较结果
Pairwise Comparisons

Dependent Variable: 记忆成绩

A	(I) B	(J) B	Mean Difference (I-J)	Std. Error	Sig.[a]	95% Confidence Interval for Difference[a]	
						Lower Bound	Upper Bound
联想策略	无干扰	有干扰	5.500*	.616	.000	4.244	6.756
	有干扰	无干扰	-5.500*	.616	.000	-6.756	-4.244
复述策略	无干扰	有干扰	3.600*	.616	.000	2.344	4.856
	有干扰	无干扰	-3.600*	.616	.000	-4.856	-2.344

Based on estimated marginal means

*. The mean difference is significant at the .05 level.

a. Adjustment for multiple comparisons: Sidak.

统计结果表明：

1）当被试使用联想策略进行记忆时，无干扰条件下的记忆成绩极显著优于有干扰条件下的记忆成绩（$P=0.000,P<0.01$）。

2）当被试使用复述策略进行记忆时，无干扰条件下的记忆成绩也极显著优于有干扰条件下的记忆成绩（$P=0.000,P<0.01$）。图 5-1-9 更直观地显示了这一结果。

② A*C 简单效应检验结果

第一，A*C 均值显示如图 5-1-10 所示。

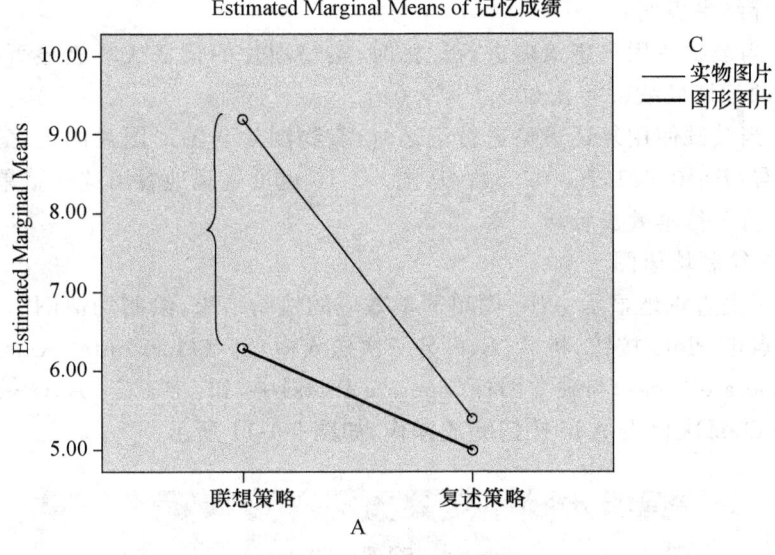

图 5-1-10 $A*C$ 均值图

第二，$A*C$ 描述性统计结果如表 5-1-8 所示。

表 5-1-8 $A*C$ 描述性统计结果

Estimates

Dependent Variable: 记忆成绩

A	C	Mean	Std. Error	95% Confidence Interval	
				Lower Bound	Upper Bound
联想策略	实物图片	9.200	.436	8.312	10.088
	图形图片	6.300	.436	5.412	7.188
复述策略	实物图片	5.400	.436	4.512	6.288
	图形图片	5.000	.436	4.112	5.888

第三，$A*C$ 配对比较结果如表 5-1-9 所示。

表 5-1-9 $A*C$ 配对比较结果

Pairwise Comparisons

Dependent Variable: 记忆成绩

A	(I) C	(J) C	Mean Difference (I-J)	Std. Error	Sig.[a]	95% Confidence Interval for Difference	
						Lower Bound	Upper Bound
联想策略	实物图片	图形图片	2.900*	.616	.000	1.644	4.156
	图形图片	实物图片	-2.900*	.616	.000	-4.156	-1.644
复述策略	实物图片	图形图片	.400	.616	.521	-.856	1.656
	图形图片	实物图片	-.400	.616	.521	-1.656	.856

Based on estimated marginal means

*. The mean difference is significant at the .05 level.

a. Adjustment for multiple comparisons: Sidak.

统计结果表明：

1) 当被试使用联想策略进行记忆时，实物图片的记忆成绩极显著优于图形图片的记忆成绩（$P=0.000, P<0.01$）。

2) 当被试使用复述策略进行记忆时，实物图片与图形图片的记忆成绩无显著差异（$P=0.521, P>0.05$）。从图 5-1-10 也可直观地看出这一结果。

4. 简单简单效应检验

(1) 绘制均值图

为了更直观地显示 ABC 简单简单效应的检验结果，绘制均值图。在主对话框中点击 Plots 按钮，将 A、B、C 分三次送入横坐标（Horizontal Axis）、独立折线（Sperate Lines）与独立图标（Sperate Plots）中，如：$B*C*A$、$C*A*B$、$A*B*C$，每次单击 Add 按钮完成操作，如图 5-1-11 所示。

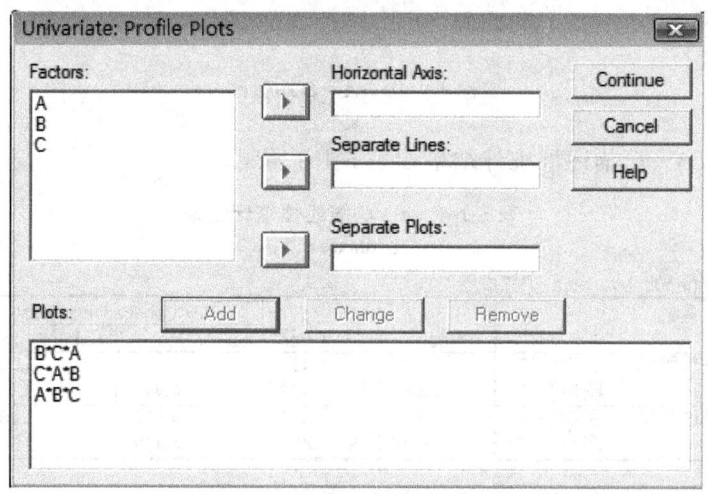

图 5-1-11 绘制均值图对话框

说明：在图 5-1-11 中，Horizontal Axis 为横轴，输入的变量有几个水平，图中的横轴上就有几个点；Sperate Lines 为独立折线，输入的变量有几个水平，图中就有几条折线；Sperate Plots 为独立图标，输入的变量有几个水平，就会绘制几幅图。

(2) 改写语句

SPSS 没有提供进行简单简单效应检验的菜单，必须通过编写语句来实现。回到主对话框，单击 Paste 按钮，SPSS 会把原先的全部操作转换成为语句并粘贴到程序语句窗口中，如图 5-1-12 所示。

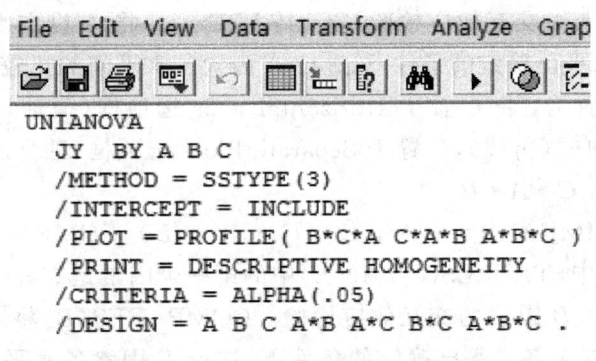

图 5-1-12 原 SPSS 程序语句编辑窗口

在图 5-1-12 命令行中加入 EMMEANS 引导的语句,如图 5-1-13 所示:

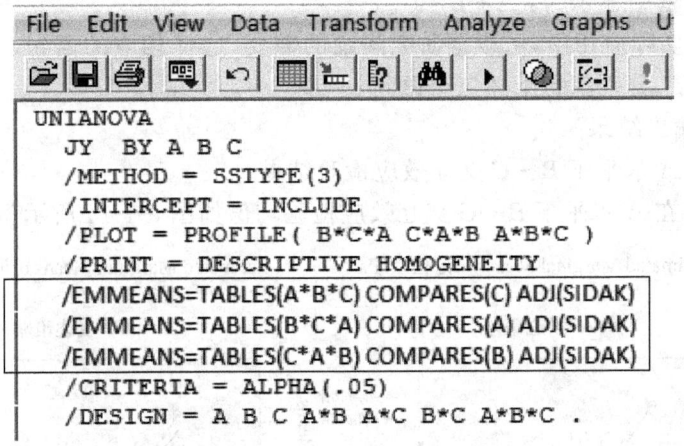

图 5-1-13 经修改的 SPSS 程序语句

现就上述 3 个语句的作用及其对应的交互效应均值图的设置说明如下:

① 在/EMMEANS = TABLES($A*B*C$) COMPARES(C) ADJ(SIDAK)语句中,TABLES($A*B*C$)中的第一个因素是 A,表示在 A 因素各水平下进行 $B*C$ 交互效应检验,COMPARES(C)将 C 设定为比较因素,即在 A 与 B 各水平已确定的条件下,进行 C 因素各水平间的比较。与此语句对应的均值图设置为:将 B 置于 Horizontal Axis 选项框(横轴);C 置于 Separate Lines 选项框(折线),A 置于 Separate Plots 选项框(独立图标),Plots 对话框中显示为:$B*C*A$。

② 在/EMMEANS = TABLES($B*C*A$) COMPARES(A) ADJ(SIDAK)语句中,TABLES($B*C*A$)中的第一个因素是 B,表示在 B 因素各

137

水平下进行 $C*A$ 交互效应检验，COMPARES(A)将 A 设定为比较因素，即在 B 与 C 各水平已确定的条件下，进行 A 因素各水平间的比较。与此语句对应的均值图设置为：将 C 置于 Horizontal Axis 选项框(横轴)；A 置于 Separate Lines 选项框(折线)，B 置于 Separate Plots 选项框(独立图标)，Plots 对话框中显示为：$C*A*B$。

③ 在/EMMEANS = TABLES($C*A*B$) COMPARES(B) ADJ (SIDAK)语句中，TABLES($C*A*B$)中的第一个因素是 C，表示在 C 因素各水平下进行 $A*B$ 因素的交互效应检验。COMPARES(B)将 B 设定为比较因素，即在 C 与 A 各水平已确定的条件下，进行 B 因素各水平间的比较。与此语句对应的均值图设置为：将 A 置于 Horizontal Axis 选项框(横轴)；B 置于 Separate Lines 选项框(折线)，C 置于 Separate Plots 选项框(独立图标)，Plots 对话框中显示为：$A*B*C$。

④ 在实际应用中，可根据研究问题的需要，选择相应的语句。这里，为了演示的需要，分别执行上述三个语句。

(3) 输出结果

① 在 A 水平下 $B*C$ 交互效应检验结果

第一，在 A 水平下 $B*C$ 交互效应检验均值如图 5-1-14 所示。

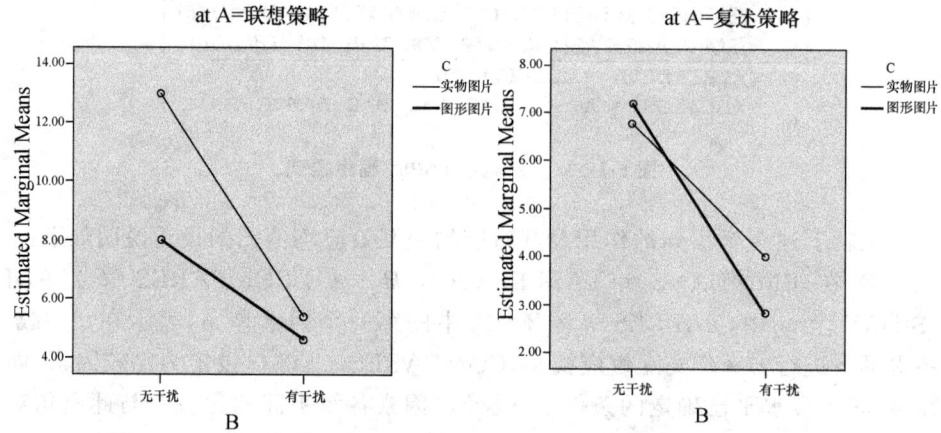

图 5-1-14　在 A 水平下 $B*C$ 交互效应检验均值图

第二，描述性统计结果如表 5-1-10 所示。

表 5-1-10 描述性统计结果
Estimates

Dependent Variable: 记忆成绩

A	B	C	Mean	Std. Error	95% Confidence Interval	
					Lower Bound	Upper Bound
联想策略	无干扰	实物图片	13.000	.616	11.744	14.256
		图形图片	8.000	.616	6.744	9.256
	有干扰	实物图片	5.400	.616	4.144	6.656
		图形图片	4.600	.616	3.344	5.856
复述策略	无干扰	实物图片	6.800	.616	5.544	8.056
		图形图片	7.200	.616	5.944	8.456
	有干扰	实物图片	4.000	.616	2.744	5.256
		图形图片	2.800	.616	1.544	4.056

第三，在 A 水平下 $B*C$ 交互效应检验的配对比较结果如表 5-1-11 所示。

表 5-1-11 在 A 水平下 $B*C$ 交互效应检验的配对比较结果
Pairwise Comparisons

Dependent Variable: 记忆成绩

A	B	(I) C	(J) C	Mean Difference (I-J)	Std. Error	Sig.[a]	95% Confidence Interval for Difference[a]	
							Lower Bound	Upper Bound
联想策略	无干扰	实物图片	图形图片	5.000*	.872	.000	3.224	6.776
		图形图片	实物图片	-5.000*	.872	.000	-6.776	-3.224
	有干扰	实物图片	图形图片	.800	.872	.366	-.976	2.576
		图形图片	实物图片	-.800	.872	.366	-2.576	.976
复述策略	无干扰	实物图片	图形图片	-.400	.872	.649	-2.176	1.376
		图形图片	实物图片	.400	.872	.649	-1.376	2.176
	有干扰	实物图片	图形图片	1.200	.872	.178	-.576	2.976
		图形图片	实物图片	-1.200	.872	.178	-2.976	.576

Based on estimated marginal means
*. The mean difference is significant at the .05 level.
a. Adjustment for multiple comparisons: Sidak.

统计结果表明：

1) 在使用联想策略，无干扰的实验条件下，被试对实物图片的记忆成绩极显著优于对图形图片的记忆成绩（$P=0.000,P<0.01$）；2) 在使用联想策略，有干扰的实验条件下，被试对实物图片与图形图片的记忆成绩无显著性差异（$P=0.366,P>0.05$）；3) 在使用复述策略，无干扰的实验条件下，被试对实物图片与图形图片的记忆成绩无显著性差异（$P=0.649,P>0.05$）；4) 在使用复述策略，有干扰的实验条件下，被试对实物图片与图形图片的记忆成绩无显著性差异（$P=0.178,P>0.05$）。

② 在 B 水平下 $C*A$ 交互效应检验结果

第一，在 B 水平下 $C*A$ 交互效应检验均值如图 5-1-15 所示。

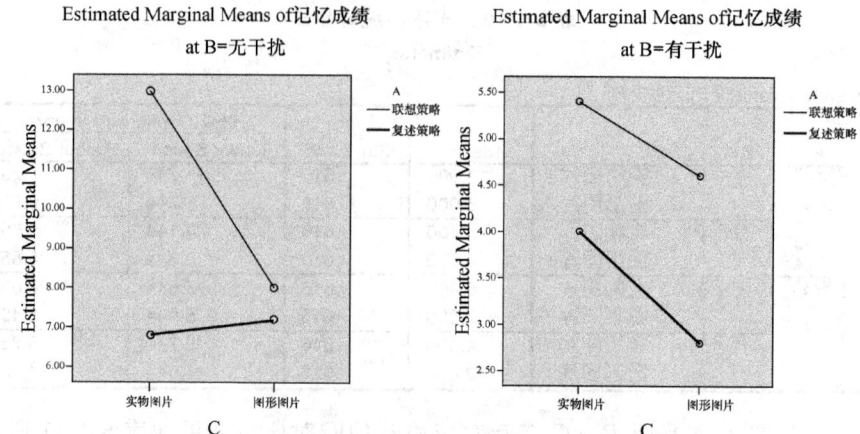

图 5-1-15 B 水平下 C*A 交互效应检验均值图

第二,描述性统计结果如表 5-1-12 所示。

表 5-1-12 描述性统计结果
Estimates

Dependent Variable: 记忆成绩

B	C	A	Mean	Std. Error	95% Confidence Interval	
					Lower Bound	Upper Bound
无干扰	实物图片	联想策略	13.000	.616	11.744	14.256
		复述策略	6.800	.616	5.544	8.056
	图形图片	联想策略	8.000	.616	6.744	9.256
		复述策略	7.200	.616	5.944	8.456
有干扰	实物图片	联想策略	5.400	.616	4.144	6.656
		复述策略	4.000	.616	2.744	5.256
	图形图片	联想策略	4.600	.616	3.344	5.856
		复述策略	2.800	.616	1.544	4.056

第三,在 B 水平下 C*A 交互效应的配对比较结果如表 5-1-13 所示。

表 5-1-13 在 B 水平下 C*A 交互效应的配对比较结果
Pairwise Comparisons

Dependent Variable: 记忆成绩

B	C	(I) A	(J) A	Mean Difference (I-J)	Std. Error	Sig.[a]	95% Confidence Interval for Difference[a]	
							Lower Bound	Upper Bound
无干扰	实物图片	联想策略	复述策略	6.200*	.872	.000	4.424	7.976
		复述策略	联想策略	-6.200*	.872	.000	-7.976	-4.424
	图形图片	联想策略	复述策略	.800	.872	.366	-.976	2.576
		复述策略	联想策略	-.800	.872	.366	-2.576	.976
有干扰	实物图片	联想策略	复述策略	1.400	.872	.118	-.376	3.176
		复述策略	联想策略	-1.400	.872	.118	-3.176	.376
	图形图片	联想策略	复述策略	1.800*	.872	.047	.024	3.576
		复述策略	联想策略	-1.800*	.872	.047	-3.576	-.024

Based on estimated marginal means
*. The mean difference is significant at the .05 level.
a. Adjustment for multiple comparisons: Sidak.

统计结果表明：1) 在无干扰，采用实物图片的实验条件下，使用联想策略的记忆成绩极显著优于复述策略的记忆成绩（$P=0.000, P<0.01$）；2) 在无干扰，采用图形图片的实验条件下，使用联想策略与复述策略的记忆成绩无显著性差异（$P=0.366, P>0.05$）；3) 在有干扰，采用实物图片的实验条件下，使用联想策略与复述策略的记忆成绩无显著性差异（$P=0.118, P>0.05$）；4) 在有干扰，采用图形图片的实验条件下，使用联想策略的记忆成绩优于复述策略的记忆成绩（$P=0.047, P<0.05$）。

③ 在 C 水平下 $A*B$ 交互效应检验结果

第一，在 C 水平下 $A*B$ 交互效应检验均值如图 5-1-16 所示。

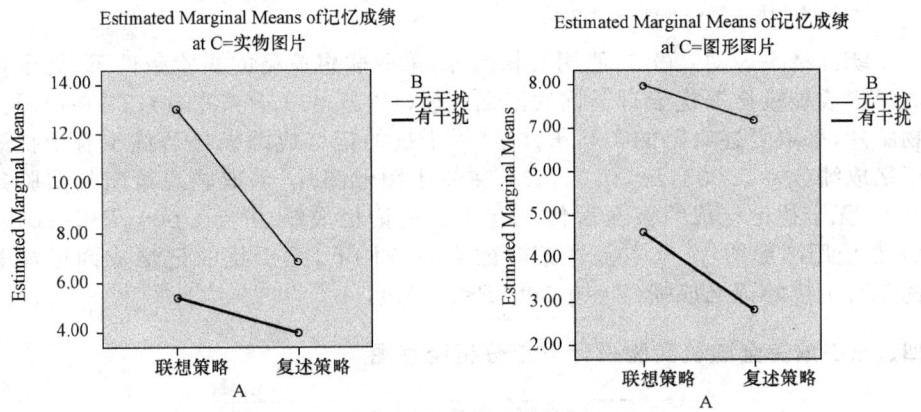

图 5-1-16　C 水平下 $A*B$ 交互效应检验均值图

第二，描述性统计结果如表 5-1-14 所示。

表 5-1-14　描述性统计结果

Estimates

Dependent Variable 记忆成绩

C	A	B	Mean	Std. Error	95% Confidence Interval	
					Lower Bound	Upper Bound
实物图片	联想策略	无干扰	13.000	.616	11.744	14.256
		有干扰	5.400	.616	4.144	6.656
	复述策略	无干扰	6.800	.616	5.544	8.056
		有干扰	4.000	.616	2.744	5.256
图形图片	联想策略	无干扰	8.000	.616	6.744	9.256
		有干扰	4.600	.616	3.344	5.856
	复述策略	无干扰	7.200	.616	5.944	8.456
		有干扰	2.800	.616	1.544	4.056

第三，在 C 水平下 $A*B$ 交互效应的配对比较结果如表 5-1-15 所示。

表 5-1-15　在 C 水平下 $A*B$ 交互效应的配对比较结果

Pairwise Comparisons

Dependent Variable: 记忆成绩

C	A	(I) B	(J) B	Mean Difference (I-J)	Std. Error	Sig.[a]	95% Confidence Interval for Difference[a]	
							Lower Bound	Upper Bound
实物图片	联想策略	无干扰	有干扰	7.600*	.872	.000	5.824	9.376
		有干扰	无干扰	-7.600*	.872	.000	-9.376	-5.824
	复述策略	无干扰	有干扰	2.800*	.872	.003	1.024	4.576
		有干扰	无干扰	-2.800*	.872	.003	-4.576	-1.024
图形图片	联想策略	无干扰	有干扰	3.400*	.872	.000	1.624	5.176
		有干扰	无干扰	-3.400*	.872	.000	-5.176	-1.624
	复述策略	无干扰	有干扰	4.400*	.872	.000	2.624	6.176
		有干扰	无干扰	-4.400*	.872	.000	-6.176	-2.624

Based on estimated marginal means
*. The mean difference is significant at the .05 level.
a. Adjustment for multiple comparisons: Sidak.

统计结果表明：1) 在使用实物图片,采取联想策略的实验条件下,无干扰的记忆成绩极显著优于有干扰的记忆成绩($P=0.000, P<0.01$);2) 在使用实物图片,采取复述策略的实验条件下,无干扰的记忆成绩极显著优于有干扰的记忆成绩($P=0.003, P<0.01$);3) 在使用图形图片,采取联想策略的实验条件下,无干扰记忆成绩极显著优于有干扰的记忆成绩($P=0.000, P<0.01$);4) 在使用图形图片,采取复述策略的实验条件下,无干扰的记忆成绩极显著优于有干扰的记忆成绩($P=0.000, P<0.01$)。

四、三因素完全随机实验设计方差分析流程图

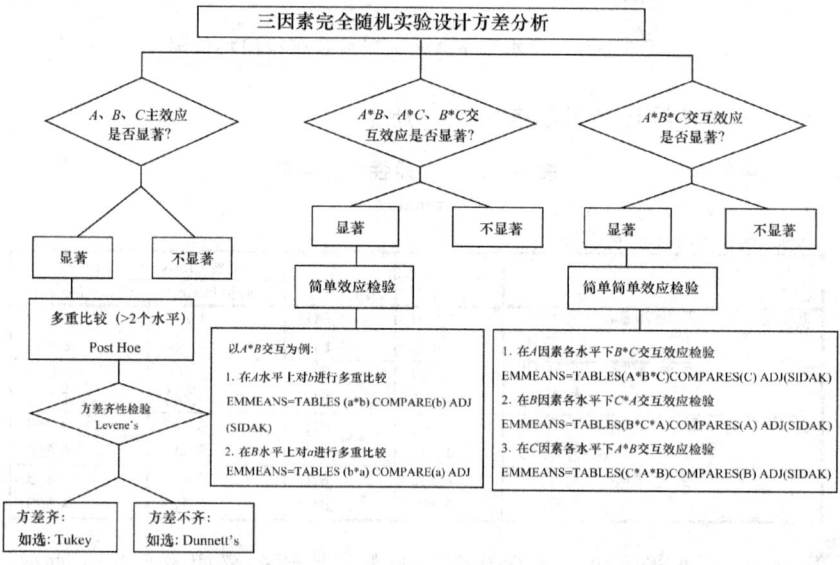

图 5-1-17　三因素完全随机实验设计方差分析流程图

第2节 重复测量一个因素的三因素混合实验设计及数据处理

本节将对重复测量一个因素的三因素混合实验设计的特点与模式、方差分析的原理与步骤，以及如何利用SPSS统计软件对其实验结果进行数据处理等问题进行叙述与说明。

一、重复测量一个因素的三因素混合实验设计的基本特点

（一）实验设计及被试分配模式

例如：有一项"有关因素对阅读理解能力影响的实验研究"。其中，阅读成绩是因变量。有关因素是指 A、B 与 C 三个自变量。这里，将 B 定义为文章长短，为被试内变量，有三个水平，b_1 为约500字，b_2 为约750字，b_3 为约1000字；A 为文中有无标记，是被试间变量，有两个水平，a_1 为有标记，a_2 为无标记；C 为是否可回视，是被试间变量，有两个水平，c_1 为可回视，c_2 为不可回视，被试通过操作电脑完成实验。取 N 名被试，将其随机分配到由被试间变量处理水平结合的四个实验组（a_1c_1、a_1c_2、a_2c_1、a_2c_2），每位被试均需接受被试内变量3个水平的实验处理，这是一个 $2×3×2$ 重复测量一个因素的三因素混合实验设计。假如每组被试为4人，则总被试量为16人，其实验设计及被试分配模式如表5-2-1所示。

表 5-2-1 重复测量一个因素的三因素混合实验设计及被试分配模式

		b_1	b_2	b_3
a_1c_1		s_1	s_1	s_1
		s_2	s_2	s_2
		s_3	s_3	s_3
		s_4	s_4	s_4
a_1c_2		s_5	s_5	s_5
		s_6	s_6	s_6
		s_7	s_7	s_7
		s_8	s_8	s_8
a_2c_1		s_9	s_9	s_9
		s_{10}	s_{10}	s_{10}
		s_{11}	s_{11}	s_{11}
		s_{12}	s_{12}	s_{12}
a_2c_2		s_{13}	s_{13}	s_{13}
		s_{14}	s_{14}	s_{14}
		s_{15}	s_{15}	s_{15}
		s_{16}	s_{16}	s_{16}

(二) 基本特点

1. 有三个自变量，一个是被试内变量，两个是被试间变量，每个自变量有两个或多个水平。

2. 如果被试内变量为 B，有 q 个水平；一个被试间变量为 A，有 p 个水平，另一个被试间变量为 C，有 r 个水平。那么，该实验就有 $p \times q \times r$ 个实验处理水平的结合。

3. 将被试随机分配到 $p \times r$ 个实验组，每位被试需接受被试内变量 q 个水平的实验处理。

(三) 重复测量一个因素的三因素混合实验设计方差分析的前提条件

在混合实验设计中，如果被试内变量只有 2 个水平，则只进行标准的一元的方差分析，如超过 2 个以上水平，则执行三种检验：标准一元方差分析；备选一元方差分析与多元方差分析。所以，从一元方差分析与多元方差分析两方面提出假设前提。

(1) 一元方差分析假设前提

① 正态性。因变量在各个实验单元内呈正态分布。若每个单元的样本量达到 15 人或以上则可不受正态分布的条件限制。

② 方差齐性。因变量在因素任意两个水平间的方差相等。备选方差分析和多元方差分析不受方差齐性条件的限制。

③ 独立性与随机性。样本必须从总体中随机抽取获得，被试间相互独立。

(2) 多元方差分析的假设前提

① 多元正态性。因变量之间的差值变量都呈正态分布，大样本不受限制。

② 随机性与独立性。样本从总体中随机抽取获得，各差值之间相互独立。

二、重复测量一个因素的三因素混合实验设计的原理与计算步骤

(一) 基本原理

在重复测量一个因素的三因素混合实验设计的方差分析中，总变异被分解为被试间变异和被试内变异。被试间变异包括：A、C 两个被试间因素的主效应及其交互效应引起的变异，以及与被试间因素有关的误差变异，其误差变异的均方用作 A、C 主效应、AC 交互效应 F 检验的误差项。被试内变异包括：被试内因素 B 的主效应，AB、BC、ABC 的交互效应以及与被试内因素有关的

误差变异,其误差变异的均方用作 B 因素的主效应及 AB、BC、ABC 交互效应 F 检验的误差项。

在三因素完全随机实验的方差分析中,对七个 F 检验,只用一个误差项,即被试间的误差变异。在重复测量一个因素的三因素混合实验设计的方差分析中,对七个 F 检验,用两个误差项,即与被试内因素有关的误差变异和与被试间因素有关的误差变异。因此,在实验设计的精度上,重复测量一个因素的三因素混合实验设计比三因素完全随机实验设计的精度要高。

(二) 计算步骤

例 5-2-1

某研究者欲进行一项有关儿童记忆能力的实验研究。实验中的因变量为记忆成绩。自变量 B 是材料类型,为被试内变量,分三个水平,b_1 为实物图片,b_2 为数字图片,b_3 为符号图片;自变量 A 是实验中有无干扰,为被试间变量,分两个水平,a_1 为无干扰,a_2 为有干扰;自变量 C 是材料显示时间,为被试间变量,分两个水平,c_1 为显示时间 30 秒,c_2 为显示时间 15 秒。该实验设计为 $2\times3\times2$ 的重复测量一个因素的三因素混合实验设计,实验有 4 个实验组,每组 4 人,则总被试量为 16 人。随机选取 16 人,并随机分配到 4 个实验组中去。实验原始数据见表 5-2-2:

表 5-2-2 实验数据

	b_1	b_2	b_3	$\sum$
a_1c_1	13	9	7	29
	15	10	8	33
	14	8	6	28
	15	7	7	29
a_1c_2	12	9	5	26
	9	7	8	24
	10	6	4	20
	8	8	6	22
a_2c_1	5	11	6	22
	6	10	7	23
	4	8	8	20
	6	12	6	24
a_2c_2	8	5	2	15
	5	6	3	14
	7	7	4	18
	6	4	2	12

重复测量一个因素的三因素混合实验设计方差分析大致分为以下三个步骤：

1. 提出假设

（1）对被试间因素效应的零假设

A 因素主效应不显著，即实验中无干扰与有干扰对记忆成绩没有显著性影响；C 因素主效应不显著，即材料显示时间对记忆成绩没有显著性影响。AC 二阶交互效应不显著，即有无干扰与材料显示时间对记忆成绩的交互效应不显著。

（2）对被试内因素效应的零假设

B 因素主效应不显著，即三种实验材料类型对记忆成绩没有显著性影响；AB 二阶交互效应不显著，即有无干扰与实验材料类型对记忆成绩的交互效应不显著；BC 二阶交互效应不显著，即实验材料类型与材料显示时间对记忆成绩的交互效应不显著；ABC 三阶交互效应不显著，即有无干扰、材料类型与材料显示时间对记忆成绩的三阶交互效应不显著。

2. 计算 F 统计量

在计算 F 统计量前，需计算各种基本量、平方和及自由度。

（1）基本量的计算

可先将表 5-2-2 中的数据汇总为 ABC 表、AB 表、AC 表及 BC 表（具体略），然后按如下公式计算基本量。

所有数据之和：$\sum_{i=1}^{n}\sum_{j=1}^{p}\sum_{k=1}^{q}\sum_{l=1}^{r}Y_{ijkl}$

所有数据和之平方的均数：$\dfrac{(\sum_{i=1}^{n}\sum_{j=1}^{p}\sum_{k=1}^{q}\sum_{l=1}^{r}Y_{ijkl})^2}{npqr}=[Y]$

所有数据平方和：$\sum_{i=1}^{n}\sum_{j=1}^{p}\sum_{k=1}^{q}\sum_{l=1}^{r}Y_{ijkl}^2=[ABCS]$

$$\sum_{i=1}^{n}\sum_{j=1}^{p}\sum_{l=1}^{r}\dfrac{(\sum_{k=1}^{q}Y_{ijkl})^2}{q}=[ACS]$$

$$\sum_{j=1}^{p}\dfrac{(\sum_{i=1}^{n}\sum_{k=1}^{q}\sum_{l=1}^{r}Y_{ijkl})^2}{nqr}=[A]$$

$$\sum_{k=1}^{q}\dfrac{(\sum_{i=1}^{n}\sum_{j=1}^{p}\sum_{l=1}^{r}Y_{ijkl})^2}{npr}=[B]$$

$$\sum_{l=1}^{r} \frac{(\sum_{i=1}^{n}\sum_{j=1}^{p}\sum_{k=1}^{q} Y_{ijkl})^2}{npq} = [C]$$

$$\sum_{j=1}^{p}\sum_{k=1}^{q} \frac{(\sum_{i=1}^{n}\sum_{l=1}^{r} Y_{ijkl})^2}{nr} = [AB]$$

$$\sum_{j=1}^{p}\sum_{l=1}^{r} \frac{(\sum_{i=1}^{n}\sum_{k=1}^{q} Y_{ijkl})^2}{nq} = [AC]$$

$$\sum_{k=1}^{q}\sum_{l=1}^{r} \frac{(\sum_{i=1}^{n}\sum_{j=1}^{p} Y_{ijkl})^2}{np} = [BC]$$

$$\sum_{j=1}^{p}\sum_{k=1}^{q}\sum_{l=1}^{r} \frac{(\sum_{i=1}^{n} Y_{ijkl})^2}{n} = [ABC]$$

(2) 根据基本量计算各平方和

平方和的分解：

$SS_{总变异} = SS_{被试间} + SS_{被试内} = (SSA + SSC + SSAC + SS_{被试(AC)}) + (SSB + SSAB + SSBC + SSABC + SS_{B×被试(AC)})$

平方和的计算：

$SS_{总变异} = [ABCS] - [Y]$

$SS_{被试间} = [ACS] - [Y]$

$SSA = [A] - [Y]$

A 因素平方和，即被试间因素 A 的处理效应。

$SSC = [C] - [Y]$

C 因素平方和，即被试间因素 C 的处理效应。

$SSAC = [AC] - [Y] - SSA - SSC$

A 因素与 C 因素共同作用而产生的平方和，代表 A 因素与 C 因素的两次交互效应。

$SS_{被试(AC)} = SS_{被试间} - SSA - SSC - SSAC$

误差变异，其均方作为 A、C 因素的处理效应以及 AC 交互效应 F 检验的误差项。

$SS_{被试内} = SS_{总变异} - SS_{被试间}$

被试内因素平方和，包括 B 因素的处理效应、AB、BC、ABC 交互效应，以及与被试内因素有关的误差变异。

$SSB=[B]-[Y]$

B 因素平方和,即被试内因素 B 的处理效应。

$SSAB=[AB]-[Y]-SSA-SSB$

A 因素与 B 因素共同作用而产生的平方和,代表 A 因素与 B 因素的两次交互效应。

$SSBC=[BC]-[Y]-SSB-SSC$

B 因素与 C 因素共同作用而产生的平方和,代表 B 因素与 C 因素的两次交互效应。

$SSABC=[ABC]-[Y]-SSA-SSB-SSC-SSAB-SSAC-SSBC$

A 因素、B 因素与 C 因素共同作用而产生的平方和,代表 A 因素、B 因素与 C 因素的三次交互效应。

$SS_{B\times 被试(AC)} = SS_{被试内} - SSB - SSAB - SSBC - SSABC$

即误差变异,其均方作为 B 因素的处理效应以及 AB、BC、ABC 交互效应 F 检验的误差项。

(3) 平方和的分解与自由度的计算见图 5-2-1。

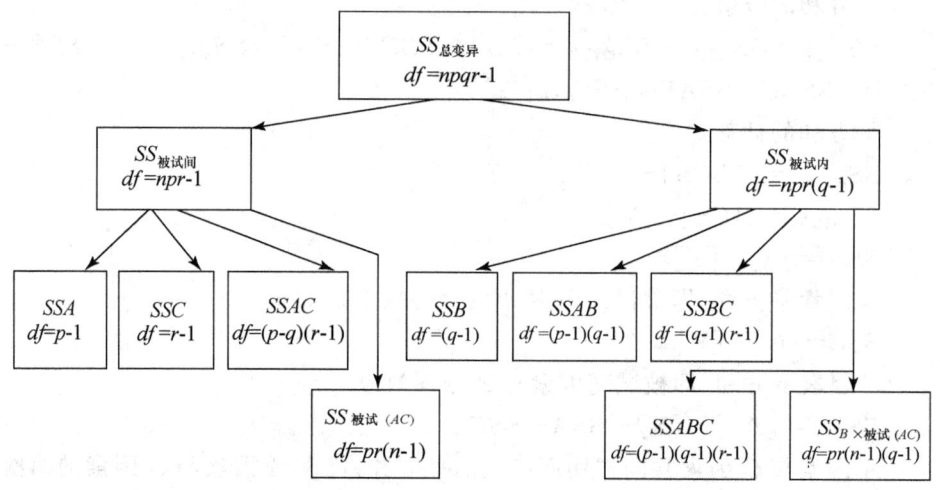

图 5-2-1　平方和的分解与自由度的计算

(4) 计算 F 统计量

各效应 F 统计量的计算公式如下:

① 与被试间变量有关的 F 检验

$$F_A = \frac{MS_A}{MS_{被试(AC)}} = \frac{SS_A/df_A}{SS_{被试(AC)}/df_{被试(AC)}}$$

$$F_C = \frac{MS_C}{MS_{被试(AC)}} = \frac{SS_C/df_C}{SS_{被试(AC)}/df_{被试(AC)}}$$

$$F_{AC} = \frac{MS_{AC}}{MS_{被试(AC)}} = \frac{SS_{AC}/df_{AC}}{SS_{被试(AC)}/df_{被试(AC)}}$$

② 与被试内变量有关的 F 检验

$$F_B = \frac{MS_B}{MS_{B \times 被试(AC)}} = \frac{SS_B/df_B}{SS_{B \times 被试(AC)}/df_{B \times 被试(AC)}}$$

$$F_{AB} = \frac{MS_{AB}}{MS_{B \times 被试(AC)}} = \frac{SS_{AB}/df_{AB}}{SS_{B \times 被试(AC)}/df_{B \times 被试(AC)}}$$

$$F_{BC} = \frac{MS_{BC}}{MS_{B \times 被试(AC)}} = \frac{SS_{BC}/df_{BC}}{SS_{B \times 被试(AC)}/df_{B \times 被试(AC)}}$$

$$F_{ABC} = \frac{MS_{ABC}}{MS_{B \times 被试(AC)}} = \frac{SS_{ABC}/df_{ABC}}{SS_{B \times 被试(AC)}/df_{B \times 被试(AC)}}$$

3. 统计推断

根据各 F 检验值所对应的 P 值，可以检验主效应、二阶交互效应与三阶交互效应在统计学上是否显著。

三、用 SPSS 统计软件对重复测量一个因素的三因素混合实验设计进行数据处理

下面用例 5-2-1 数据，说明如何利用 SPSS 统计软件对重复测量一个因素的三因素混合实验设计进行数据处理。

（一）例题分析

该实验设计为 $2 \times 3 \times 2$ 的重复测量一个因素的三因素混合实验设计，分析思路可分两部分：一是进行被试间变量 a、c 的主效应与 $a*c$ 交互效应检验；二是进行被试内变量 b 主效应检验以及 $b*a$、$b*c$、$b*a*c$ 交互效应检验。由于 b 有三个水平，如其主效应显著，则进行多重比较；如二阶交互效应检验结果显著，则需做简单效应检验；如三阶交互效应检验显著，则需做简单简单效应检验。

（二）SPSS 操作步骤及结果说明

1. 基本步骤

第一步，分别定义与标记 a、c、b_1、b_2、b_3 五个变量。对 a（有无干扰）赋值时，分别设定：a_1＝无干扰，a_2＝有干扰；对 c（显示时间）赋值时，分别设定：c_1＝30 秒；c_2＝15 秒；对 b（材料类型）赋值时，分别设定：b_1＝实物图片；b_2＝数字图片；b_3＝符号图片。点击数据表格区域下方的 Data View，进入数据输入窗口，将原始数据输入 SPSS 表格区域，建立数据文件，如图 5-2-2 所示。

	a	c	b1	b2	b3
1	1.00	1.00	13.00	9.00	7.00
2	1.00	1.00	15.00	10.00	8.00
3	1.00	1.00	14.00	8.00	6.00
4	1.00	1.00	15.00	7.00	7.00
5	1.00	2.00	12.00	9.00	5.00
6	1.00	2.00	9.00	7.00	8.00
7	1.00	2.00	10.00	6.00	4.00
8	1.00	2.00	8.00	8.00	6.00
9	2.00	1.00	5.00	11.00	6.00
10	2.00	1.00	6.00	10.00	7.00
11	2.00	1.00	4.00	8.00	8.00
12	2.00	1.00	6.00	12.00	6.00
13	2.00	2.00	8.00	5.00	2.00
14	2.00	2.00	5.00	6.00	3.00
15	2.00	2.00	7.00	7.00	4.00
16	2.00	2.00	6.00	4.00	2.00

图 5-2-2　SPSS 数据结构

说明：a、c 下的数字代表实验组的标记，本例有四个实验组，a_1c_1 为第一组，a_1c_2 为第二组，a_2c_1 为第三组，a_2c_2 为第四组。b_1、b_2、b_3 下的数字是每位被试的记忆成绩。以第 10 位被试为例，其被随机分配在第三组，即在有实验干扰，材料显示时间为 30 秒的条件下，其对实物图片的记忆成绩为 6 分，对数字图片的记忆成绩为 10 分，对符号图片的记忆成绩为 7 分，其余类同。图 5-2-2 显示了重复测量一个因素的三因素混合实验设计的 SPSS 数据结构。

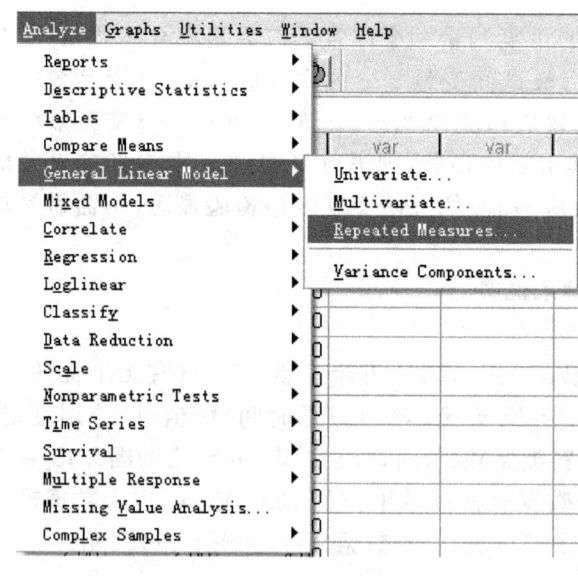

图 5-2-3　重复测量方差分析菜单

第二步，选用模块：Analyze（统计分析）\General Linear Model（一般线性模型）\Repeated Measures...（重复测量方差分析），如图 5-2-3 所示。

第三步,定义被试内变量名及其水平数,如图 5-2-4 所示。

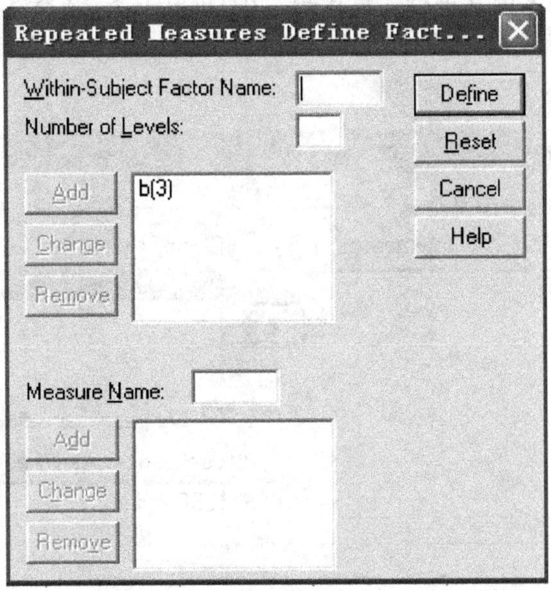

图 5-2-4　定义被试内变量名及其水平数

第四步,单击 Define 按钮,返回重复测量主对话框,将 b_1、b_2、b_3 选入被试内变量框,将 a、c 选入被试间变量框,如图 5-2-5 所示。

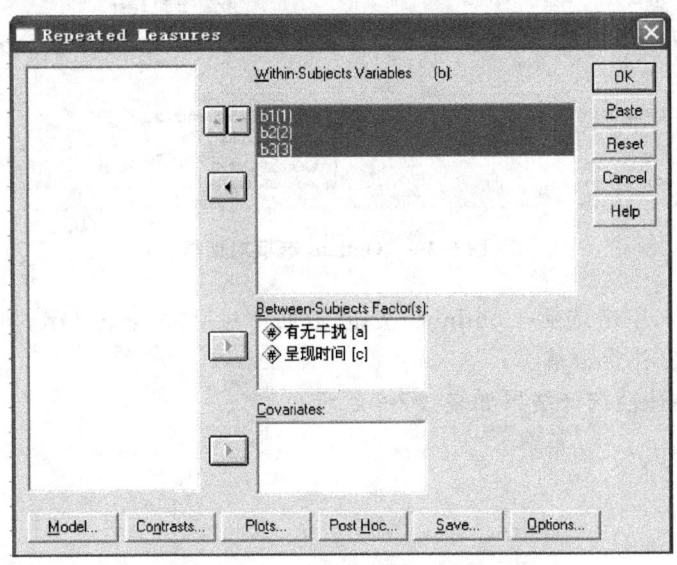

图 5-2-5　重复测量方差分析主对话框

第五步，单击选项(Options)按钮，将 b 选入 Display Means for：下，选择 LSD(none)法对 b 因素进行多重比较。在 Display 下，选择(Descriptive statistics)对数据进行描述性统计；选择(Homogeneity testes)进行方差齐性检验，如图 5-2-6 所示。

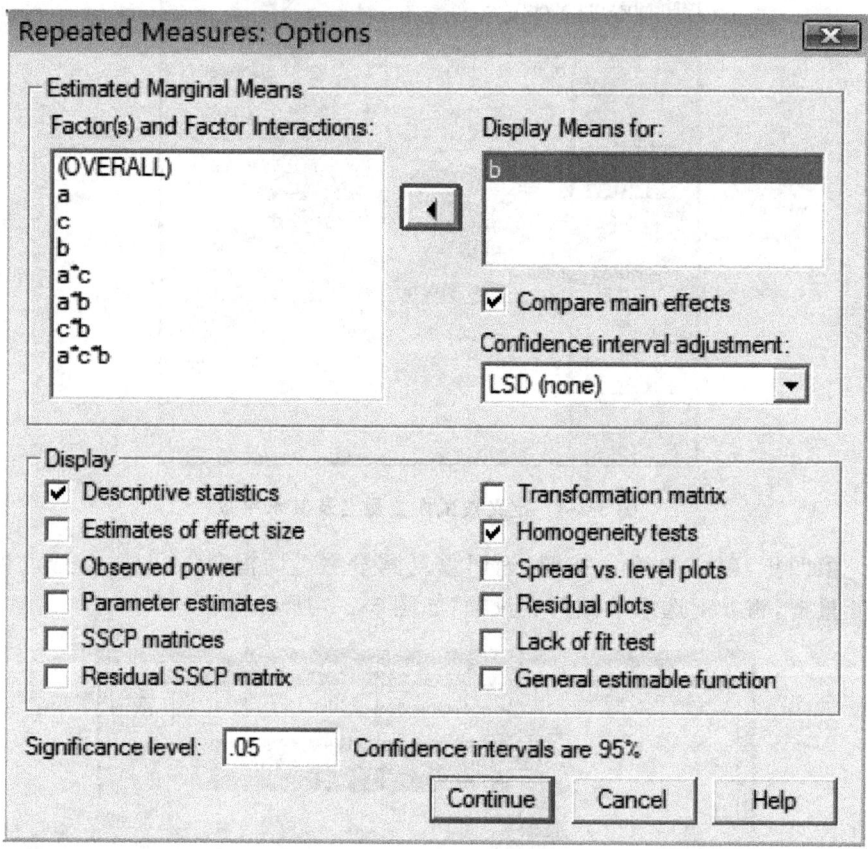

图 5-2-6　Options 选项对话框

第六步，单击选项(Continue)按钮，返回主对话框，点击 OK，执行程序。

2. 输出初步结果

(1) 描述性统计结果如表 5-2-3 所示。

表 5-2-3 描述性统计结果

Descriptive Statistics

	有无干扰	呈现时间	Mean	Std. Deviation	N
实物图片	1.00	1.00	14.2500	.95743	4
		2.00	9.7500	1.70783	4
		Total	12.0000	2.72554	8
	2.00	1.00	5.2500	.95743	4
		2.00	6.5000	1.29099	4
		Total	5.8750	1.24642	8
	Total	1.00	9.7500	4.89168	8
		2.00	8.1250	2.23207	8
		Total	8.9375	3.76774	16
数字图片	1.00	1.00	8.5000	1.29099	4
		2.00	7.5000	1.29099	4
		Total	8.0000	1.30931	8
	2.00	1.00	10.2500	1.70783	4
		2.00	5.5000	1.29099	4
		Total	7.8750	2.90012	8
	Total	1.00	9.3750	1.68502	8
		2.00	6.5000	1.60357	8
		Total	7.9375	2.17466	16
符号图片	1.00	1.00	7.0000	.81650	4
		2.00	5.7500	1.70783	4
		Total	6.3750	1.40789	8
	2.00	1.00	6.7500	.95743	4
		2.00	2.7500	.95743	4
		Total	4.7500	2.31455	8
	Total	1.00	6.8750	.83452	8
		2.00	4.2500	2.05287	8
		Total	5.5625	2.03204	16

（2）Box's 多元方差齐性检验结果如表 5-2-4 所示。

表 5-2-4 Box's 多元方差齐性检验结果

Box's Test of Equality of Covariance Matrices[a]

Box's M	26.278
F	.749
df1	18
df2	508.859
Sig.	.760

Tests the null hypothesis that the observed covariance matrices of the dependent variables are equal across groups.

a. Design: Intercept+a+c+a * c
Within Subjects Design: b

检验结果表明：数据满足方差齐性的假设$(P=0.760, P>0.05)$。

（3）被试内变量多元方差分析结果如表 5-2-5 所示。

表 5-2-5　多元方差分析结果

Multivariate Tests[b]

Effect		Value	F	Hypothesis df	Error df	Sig.
b	Pillai's Trace	.803	22.413[a]	2.000	11.000	.000
	Wilks' Lambda	.197	22.413[a]	2.000	11.000	.000
	Hotelling's Trace	4.075	22.413[a]	2.000	11.000	.000
	Roy's Largest Root	4.075	22.413[a]	2.000	11.000	.000
b * a	Pillai's Trace	.822	25.414[a]	2.000	11.000	.000
	Wilks' Lambda	.178	25.414[a]	2.000	11.000	.000
	Hotelling's Trace	4.621	25.414[a]	2.000	11.000	.000
	Roy's Largest Root	4.621	25.414[a]	2.000	11.000	.000
b * c	Pillai's Trace	.169	1.117[a]	2.000	11.000	.362
	Wilks' Lambda	.831	1.117[a]	2.000	11.000	.362
	Hotelling's Trace	.203	1.117[a]	2.000	11.000	.362
	Roy's Largest Root	.203	1.117[a]	2.000	11.000	.362
b * a * c	Pillai's Trace	.752	16.698[a]	2.000	11.000	.000
	Wilks' Lambda	.248	16.698[a]	2.000	11.000	.000
	Hotelling's Trace	3.036	16.698[a]	2.000	11.000	.000
	Roy's Largest Root	3.036	16.698[a]	2.000	11.000	.000

a. Exact statistic
b. Design: Intercept+a+c+a * c
　Within Subjects Design: b

结果表明：b 的主效应极显著$(P=0.000, P<0.01)$；$b*a$ 的交互效应极显著$(P=0.000, P<0.01)$；$b*c$ 的交互效应不显著$(P=0.362, P>0.05)$；$b*a*c$ 的三阶交互效应极显著$(P=0.000, P<0.01)$。

（4）球形假设检验结果如表 5-2-6 所示。

表 5-2-6　球形假设检验结果

Mauchly's Test of Sphericity[b]

Measure: MEASURE_1

Within Subjects Effect	Mauchly's W	Approx. Chi-Square	df	Sig.	Epsilon[a]		
					Greenhouse-Geisser	Huynh-Feldt	Lower-bound
b	.949	.579	2	.749	.951	1.000	.500

Tests the null hypothesis that the error covariance matrix of the orthonormalized transformed dependent variables is proportional to an identity matrix.

a. May be used to adjust the degrees of freedom for the averaged tests of significance. Corrected tests are displayed in the Tests of Within-Subjects Effects table.
b. Design: Intercept+a+c+a * c
　Within Subjects Design: b

结果表明：数据满足球形假设$(P=0.749, P>0.05)$。

（5）被试内变量一元方差分析检验结果如表 5-2-7 所示。

表 5-2-7　一元方差分析检验结果

Tests of Within-Subjects Effects

Measure: MEASURE_1

Source		Type III Sum of Squares	df	Mean Square	F	Sig.
b	Sphericity Assumed	96.167	2	48.083	29.974	.000
	Greenhouse-Geisser	96.167	1.902	50.549	29.974	.000
	Huynh-Feldt	96.167	2.000	48.083	29.974	.000
	Lower-bound	96.167	1.000	96.167	29.974	.000
b * a	Sphericity Assumed	78.000	2	39.000	24.312	.000
	Greenhouse-Geisser	78.000	1.902	41.000	24.312	.000
	Huynh-Feldt	78.000	2.000	39.000	24.312	.000
	Lower-bound	78.000	1.000	78.000	24.312	.000
b * c	Sphericity Assumed	3.500	2	1.750	1.091	.352
	Greenhouse-Geisser	3.500	1.902	1.840	1.091	.350
	Huynh-Feldt	3.500	2.000	1.750	1.091	.352
	Lower-bound	3.500	1.000	3.500	1.091	.317
b * a * c	Sphericity Assumed	54.500	2	27.250	16.987	.000
	Greenhouse-Geisser	54.500	1.902	28.647	16.987	.000
	Huynh-Feldt	54.500	2.000	27.250	16.987	.000
	Lower-bound	54.500	1.000	54.500	16.987	.001
Error(b)	Sphericity Assumed	38.500	24	1.604		
	Greenhouse-Geisser	38.500	22.829	1.686		
	Huynh-Feldt	38.500	24.000	1.604		
	Lower-bound	38.500	12.000	3.208		

由于数据满足球形假设,故参见标准一元方差分析(Sphericity Assumed)的统计结果:b 的主效应极显著($P=0.000,P<0.01$);$b*a$ 的交互效应极显著($P=0.000,P<0.01$);$b*c$ 的交互效应不显著($P=0.352,P>0.05$);$b*a*c$ 的三阶交互效应极显著($P=0.000,P<0.01$)。结果与多元方差分析结果相同。

(6) Levene's 方差齐性检验结果如表 5-2-8 所示。

表 5-2-8　Levene's 方差齐性检验

Levene's Test of Equality of Error Variances[a]

	F	df1	df2	Sig.
实物图片	.611	3	12	.621
数字图片	.136	3	12	.936
符号图片	1.056	3	12	.404

Tests the null hypothesis that the error variance of the dependent variable is equal across groups.

a. Design: Intercept+a+c+a * c
　　Within Subjects Design: b

结果表明:各组因变量方差齐性(p 值均大于 0.05)。

(7) 被试间变量效应检验结果如表 5-2-9 所示。

表 5-2-9　被试间变量效应检验结果
Tests of Between-Subjects Effects

Measure: MEASURE_1
Transformed Variable: Average

Source	Type III Sum of Squares	df	Mean Square	F	Sig.
Intercept	2685.021	1	2685.021	1552.783	.000
a	82.688	1	82.688	47.819	.000
c	67.688	1	67.688	39.145	.000
a * c	.188	1	.188	.108	.748
Error	20.750	12	1.729		

检验结果表明：a 的主效应极显著($P=0.000, P<0.01$)；c 的主效应极显著($P=0.000, P<0.01$)；$a*c$ 的交互效应不显著($P=0.748, P>0.05$)。

(8) b 因素多重比较结果如表 5-2-10、5-2-11 所示。

表 5-2-10　描述性统计
Estimates

Measure: MEASURE_1

b	Mean	Std. Error	95% Confidence Interval	
			Lower Bound	Upper Bound
1	8.938	.317	8.248	9.627
2	7.938	.352	7.171	8.704
3	5.563	.291	4.929	6.196

表 5-2-11　b 因素多重比较结果
Pairwise Comparisons

Measure: MEASURE_1

(I) b	(J) b	Mean Difference (I-J)	Std. Error	Sig.a	95% Confidence Interval for Difference a	
					Lower Bound	Upper Bound
1	2	1.000*	.405	.030	.117	1.883
	3	3.375*	.492	.000	2.303	4.447
2	1	-1.000*	.405	.030	-1.883	-.117
	3	2.375*	.442	.000	1.412	3.338
3	1	-3.375*	.492	.000	-4.447	-2.303
	2	-2.375*	.442	.000	-3.338	-1.412

Based on estimated marginal means
*. The mean difference is significant at the .05 level.
a. Adjustment for multiple comparisons: Least Significant Difference (equivalent to no adjustments).

多重比较结果表明：b 因素的水平 1 和水平 2 差异显著($P=0.030<0.05$)，即实物图片的记忆成绩优于数字图片；水平 1 和水平 3 差异极显著($P=0.000<0.01$)，即实物图片的记忆成绩显著优于符号图片；水平 2 和水平 3 差异极显著($P=0.000<0.01$)，即数字图片的记忆成绩显著优于符号图片。

上述检验结果表明：$b*a$ 二阶交互效应与 $b*a*c$ 三阶交互效应显著，以下进行简单效应与简单简单效应检验。

3. 简单效应检验

（1）绘制均值图

为了直观地显示 $b*a$ 简单效应的检验结果，先绘制均值图。保留原设置不变，在主对话框中点击 Plots 按钮，选定 b 为横坐标（Horizontal Axis），a 为独立折线（Sperate Lines）；单击 Add 按钮完成操作，具体见图 5-2-7 所示。

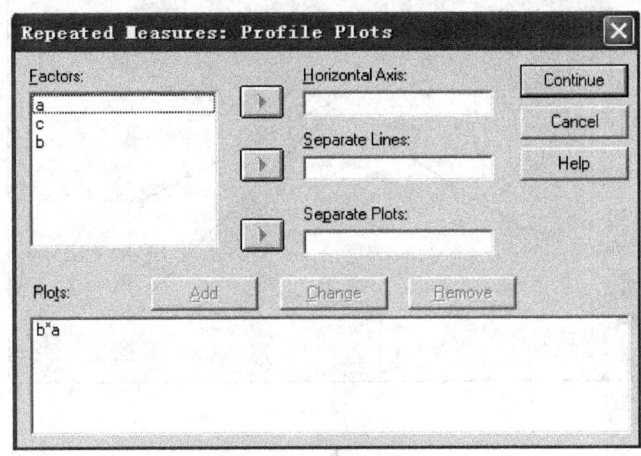

图 5-2-7　绘制均值图

（2）改写语句

在主对话框中，单击 Paste 按钮，SPSS 会把原先的全部操作转换为语句并粘贴到新打开的程序语句窗口中。在原语句中，加入 EMMRANS 引导的命令语句，如图 5-2-8 所示。

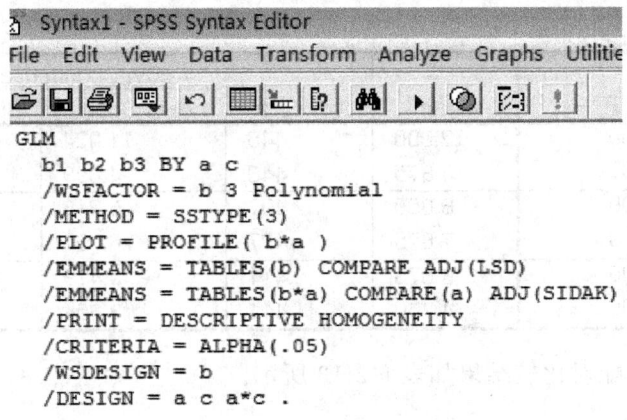

图 5-2-8　经修改的 SPSS 程序语句

（1）输出简单效应检验结果

① $b*a$ 均值如图 5-2-9 所示。

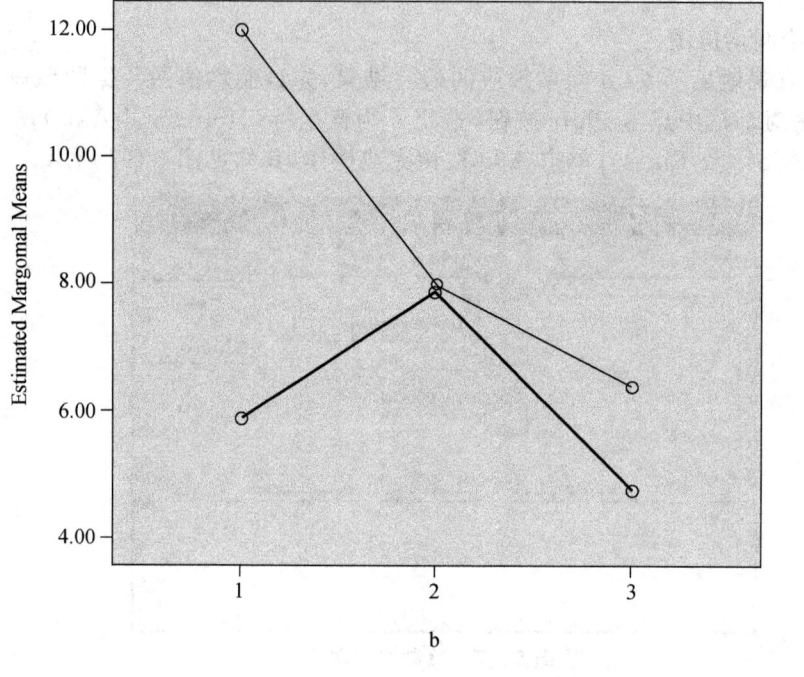

图 5-2-9　$b*a$ 均值图

② $b*a$ 描述性统计结果如表 5-2-12 所示。

表 5-2-12　$b*a$ 描述性统计结果
Estimates

Measure: MEASURE_1

b	有无干扰	Mean	Std. Error	95% Confidence Interval	
				Lower Bound	Upper Bound
1	1.00	12.000	.448	11.024	12.976
	2.00	5.875	.448	4.899	6.851
2	1.00	8.000	.497	6.916	9.084
	2.00	7.875	.497	6.791	8.959
3	1.00	6.375	.411	5.479	7.271
	2.00	4.750	.411	3.854	5.646

③ $b*a$ 配对比较结果如表 5-2-13 所示。

表 5-2-13 $b*a$ 配对比较结果

Pairwise Comparisons

Measure: MEASURE_1

b	(I) 有无干扰	(J) 有无干扰	Mean Difference (I-J)	Std. Error	Sig.a	95% Confidence Interval for Difference[a]	
						Lower Bound	Upper Bound
1	1.00	2.00	6.125*	.633	.000	4.745	7.505
	2.00	1.00	-6.125*	.633	.000	-7.505	-4.745
2	1.00	2.00	.125	.703	.862	-1.408	1.658
	2.00	1.00	-.125	.703	.862	-1.658	1.408
3	1.00	2.00	1.625*	.582	.016	.357	2.893
	2.00	1.00	-1.625*	.582	.016	-2.893	-.357

Based on estimated marginal means

*. The mean difference is significant at the .05 level.

a. Adjustment for multiple comparisons: Sidak.

统计结果表明：

① 当实验材料为实物图片时，在无干扰条件下，被试记忆成绩极显著优于有干扰条件下的记忆成绩（$P=0.000, P<0.01$）；② 当实验材料为数字图片时，被试在有无干扰条件下的记忆成绩没有显著差异性（$P=0.862, P>0.05$）；③ 当实验材料为符号图片时，在无干扰条件下，被试记忆成绩显著优于有干扰条件下的记忆成绩（$P=0.016, P<0.05$）。

4. 简单简单效应检验

(1) 绘制均值图

为了直观地显示 $b*a*c$ 简单简单效应的检验结果，绘制均值图。在主对话框中点击 Plots 按钮，将 b、a、c 分三次送入横坐标（Horizontal Axis）、独立折线（Sperate Lines）与独立图标（Sperate Plots）中，如：$b*c*a$、$c*a*b$、$a*b*c$，每次单击 Add 按钮完成操作，见图 5-2-10 所示。

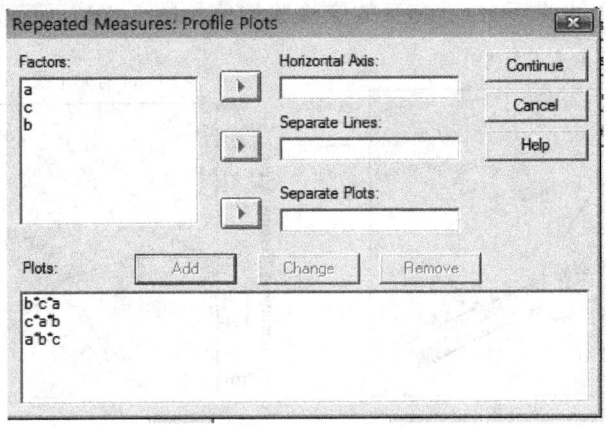

图 5-2-10 绘制均值图对话框

说明：图 5-2-10 中 Horizontal Axis 为横轴，输入的变量有几个水平，横轴上就有几个点；Sperate Lines 为独立折线，输入的变量有几个水平，图中就有几条折线；Sperate Plots 为独立图标，输入的变量有几个水平，就绘制几幅图。

（2）改写语句

SPSS 没有提供进行简单简单效应检验的菜单，必须通过增加语句来实现。回到主对话框，单击 Paste 按钮，SPSS 会把原先的全部操作转换成为语句并粘贴到新打开的程序语句窗口中。在原语句中加入 EMMEANS 引导的语句，如图 5-2-11 所示。

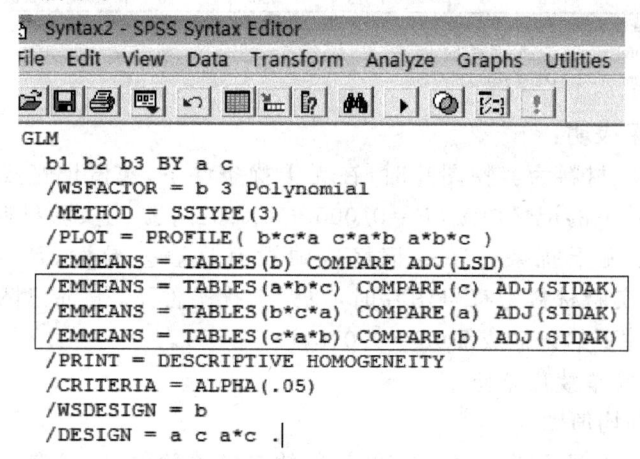

图 5-2-11　经修改的 SPSS 程序语句

（3）输出结果

① 在 a 水平下 $b*c$ 交互效应检验结果

第一，在 a 水平下 $b*c$ 交互效应检验均值如图 5-2-12 所示。

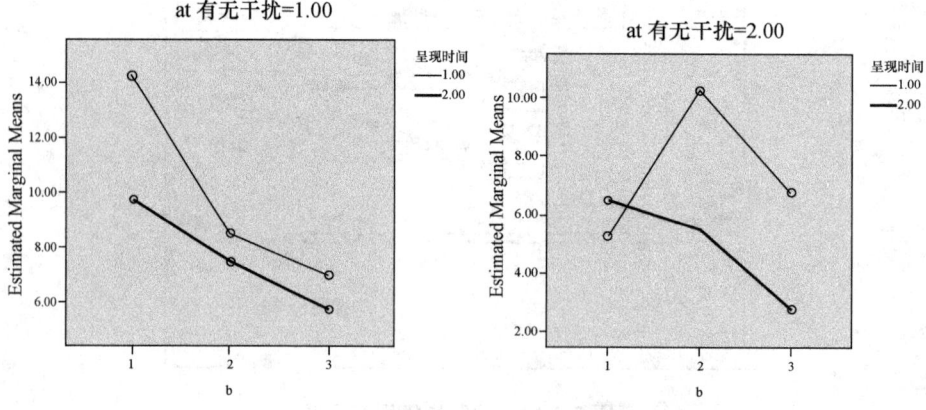

图 5-2-12　a 水平下 $b*c$ 交互效应检验均值图

第二,在 a 水平下 $b*c$ 交互效应检验的描述性统计结果如表 5-2-14 所示。

表 5-2-14　描述性统计结果

Estimates

Measure: MEASURE_1

有无干扰	b	呈现时间	Mean	Std. Error	95% Confidence Interval	
					Lower Bound	Upper Bound
1.00	1	1.00	14.250	.633	12.870	15.630
		2.00	9.750	.633	8.370	11.130
	2	1.00	8.500	.703	6.967	10.033
		2.00	7.500	.703	5.967	9.033
	3	1.00	7.000	.582	5.732	8.268
		2.00	5.750	.582	4.482	7.018
2.00	1	1.00	5.250	.633	3.870	6.630
		2.00	6.500	.633	5.120	7.880
	2	1.00	10.250	.703	8.717	11.783
		2.00	5.500	.703	3.967	7.033
	3	1.00	6.750	.582	5.482	8.018
		2.00	2.750	.582	1.482	4.018

第三,在 a 水平下 $b*c$ 交互效应配对比较结果如表 5-2-15 所示。

表 5-2-15　配对比较结果

Pairwise Comparisons

Measure: MEASURE_1

有无干扰	b	(I) 呈现时间	(J) 呈现时间	Mean Difference (I-J)	Std. Error	Sig.ᵃ	95% Confidence Interval for Differenceᵃ	
							Lower Bound	Upper Bound
1.00	1	1.00	2.00	4.500*	.896	.000	2.549	6.451
		2.00	1.00	-4.500*	.896	.000	-6.451	-2.549
	2	1.00	2.00	1.000	.995	.335	-1.167	3.167
		2.00	1.00	-1.000	.995	.335	-3.167	1.167
	3	1.00	2.00	1.250	.823	.155	-.543	3.043
		2.00	1.00	-1.250	.823	.155	-3.043	.543
2.00	1	1.00	2.00	-1.250	.896	.188	-3.201	.701
		2.00	1.00	1.250	.896	.188	-.701	3.201
	2	1.00	2.00	4.750*	.995	.000	2.583	6.917
		2.00	1.00	-4.750*	.995	.000	-6.917	-2.583
	3	1.00	2.00	4.000*	.823	.000	2.207	5.793
		2.00	1.00	-4.000*	.823	.000	-5.793	-2.207

Based on estimated marginal means

*. The mean difference is significant at the .05 level.

a. Adjustment for multiple comparisons: Sidak.

统计结果表明:

① 在无干扰条件下,当采用实物图片时,被试在呈现时间 30 秒时的记忆成绩极显著优于呈现 15 秒时的记忆成绩($P=0.000,P<0.01$);当采用数字图片时,被试在呈现时间 30 秒与 15 秒时的记忆成绩没有显著差异($P=0.335,P>0.05$);当采用符号图片时,被试在呈现时间 30 秒与 15 秒时的记忆成绩没有显著差异($P=0.155,P>0.05$)。② 在有干扰条件下,当采用实物图片时,被试在呈现时间 30 秒与 15 秒时的记忆成绩没有显著差异($P=0.188,P>0.05$);当采用数字图片时,被试在呈现时间 30 秒时的记忆成绩极显著优于呈现 15 秒时的记忆成绩($P=0.000,P<0.01$);当采用符号图片时,被试在呈现时间 30 秒时的记忆成绩极显著优于呈现 15 秒时的记忆成绩($P=0.000$,

$P<0.01$)。

② 在 b 水平下 $c*a$ 交互效应检验结果

第一,在 b 水平下 $c*a$ 交互效应检验均值图如图 5-2-13 所示。

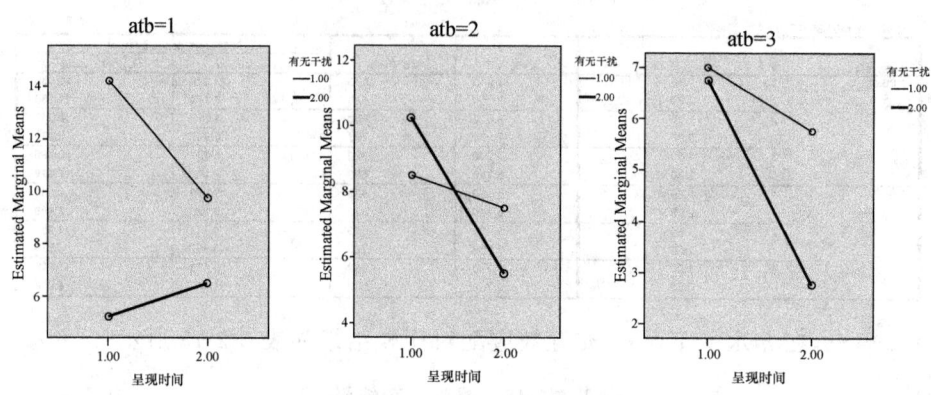

图 5-2-13　b 水平下 $c*a$ 交互效应检验均值图

第二,在 b 水平下 $c*a$ 交互效应检验的描述性统计结果如表 5-2-16 所示。

表 5-2-16　描述性统计结果

Estimates

Measure: MEASURE_1

b	呈现时间	有无干扰	Mean	Std. Error	95% Confidence Interval	
					Lower Bound	Upper Bound
1	1.00	1.00	14.250	.633	12.870	15.630
		2.00	5.250	.633	3.870	6.630
	2.00	1.00	9.750	.633	8.370	11.130
		2.00	6.500	.633	5.120	7.880
2	1.00	1.00	8.500	.703	6.967	10.033
		2.00	10.250	.703	8.717	11.783
	2.00	1.00	7.500	.703	5.967	9.033
		2.00	5.500	.703	3.967	7.033
3	1.00	1.00	7.000	.582	5.732	8.268
		2.00	6.750	.582	5.482	8.018
	2.00	1.00	5.750	.582	4.482	7.018
		2.00	2.750	.582	1.482	4.018

第三，在 b 水平下 $c*a$ 交互效应的配对比较结果如表 5-2-17 所示。

表 5-2-17　配对比较结果

Pairwise Comparisons

Measure: MEASURE_1

b	呈现时间	(I) 有无干扰	(J) 有无干扰	Mean Difference (I-J)	Std. Error	Sig.a	95% Confidence Interval for Difference a	
							Lower Bound	Upper Bound
1	1.00	1.00	2.00	9.000*	.896	.000	7.049	10.951
		2.00	1.00	-9.000*	.896	.000	-10.951	-7.049
	2.00	1.00	2.00	3.250*	.896	.003	1.299	5.201
		2.00	1.00	-3.250*	.896	.003	-5.201	-1.299
2	1.00	1.00	2.00	-1.750	.995	.104	-3.917	.417
		2.00	1.00	1.750	.995	.104	-.417	3.917
	2.00	1.00	2.00	2.000	.995	.067	-.167	4.167
		2.00	1.00	-2.000	.995	.067	-4.167	.167
3	1.00	1.00	2.00	.250	.823	.766	-1.543	2.043
		2.00	1.00	-.250	.823	.766	-2.043	1.543
	2.00	1.00	2.00	3.000*	.823	.003	1.207	4.793
		2.00	1.00	-3.000*	.823	.003	-4.793	-1.207

Based on estimated marginal means

*. The mean difference is significant at the .05 level.

a. Adjustment for multiple comparisons: Sidak.

统计结果表明：

① 在采用实物图片条件下，当呈现时间 30 秒时，被试在无干扰时的记忆成绩极显著优于有干扰时的记忆成绩（$P=0.000, P<0.01$）；当呈现时间为 15 秒时，被试在无干扰时的记忆成绩极显著优于有干扰时的记忆成绩（$P=0.003, P<0.01$）。② 在采用数字图片条件下，当呈现时间为 30 秒时，被试在有、无干扰时的记忆成绩无显著差异（$P=0.104, P>0.05$）；当呈现时间为 15 秒时，被试在有、无干扰时的记忆成绩无显著差异（$P=0.067, P>0.05$）。③ 在采用符号图片条件下，当呈现时间为 30 秒时，被试在有、无干扰时的记忆成绩无显著差异（$P=0.766, P<0.05$）；当呈现时间为 15 秒时，被试在无干扰时的记忆成绩极显著优于有干扰时的记忆成绩（$P=0.003, P<0.01$）。

③ 在 c 水平下 $a*b$ 交互效应检验结果

第一，在 c 水平下 $a*b$ 交互效应检验均值图如图 5-2-14 所示。

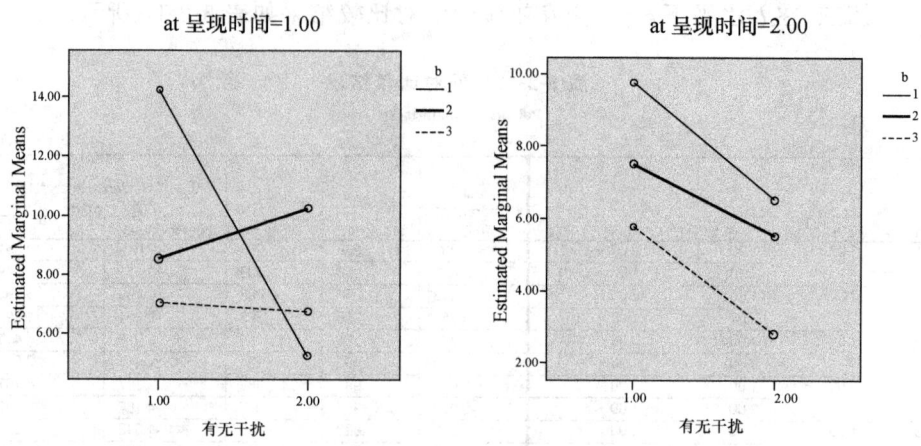

图 5-2-14　c 水平下 $a*b$ 交互效应检验均值图

第二，在 c 水平下 $a*b$ 交互效应检验的描述性统计结果如表 5-2-18 所示。

表 5-2-18　描述性统计结果

Estimates

Measure: MEASURE_1

呈现时间	有无干扰	b	Mean	Std. Error	95% Confidence Interval	
					Lower Bound	Upper Bound
1.00	1.00	1	14.250	.633	12.870	15.630
		2	8.500	.703	6.967	10.033
		3	7.000	.582	5.732	8.268
	2.00	1	5.250	.633	3.870	6.630
		2	10.250	.703	8.717	11.783
		3	6.750	.582	5.482	8.018
2.00	1.00	1	9.750	.633	8.370	11.130
		2	7.500	.703	5.967	9.033
		3	5.750	.582	4.482	7.018
	2.00	1	6.500	.633	5.120	7.880
		2	5.500	.703	3.967	7.033
		3	2.750	.582	1.482	4.018

第三，在 c 水平下 $a*b$ 交互效应的配对比较结果如表 5-2-19 所示。

表 5-2-19 配对比较结果

Pairwise Comparisons

Measure: MEASURE_1

呈现时间	有无干扰	(I) b	(J) b	Mean Difference (I-J)	Std. Error	Sig.[a]	95% Confidence Interval for Difference[a]	
							Lower Bound	Upper Bound
1.00	1.00	1	2	5.750*	.810	.000	3.506	7.994
			3	7.250*	.984	.000	4.523	9.977
		2	1	-5.750*	.810	.000	-7.994	-3.506
			3	1.500	.884	.308	-.949	3.949
		3	1	-7.250*	.984	.000	-9.977	-4.523
			2	-1.500	.884	.308	-3.949	.949
	2.00	1	2	-5.000*	.810	.000	-7.244	-2.756
			3	-1.500	.984	.393	-4.227	1.227
		2	1	5.000*	.810	.000	2.756	7.244
			3	3.500*	.884	.006	1.051	5.949
		3	1	1.500	.984	.393	-1.227	4.227
			2	-3.500*	.884	.006	-5.949	-1.051
2.00	1.00	1	2	2.250*	.810	.049	.006	4.494
			3	4.000*	.984	.005	1.273	6.727
		2	1	-2.250*	.810	.049	-4.494	-.006
			3	1.750	.884	.199	-.699	4.199
		3	1	-4.000*	.984	.005	-6.727	-1.273
			2	-1.750	.884	.199	-4.199	.699
	2.00	1	2	1.000	.810	.562	-1.244	3.244
			3	3.750*	.984	.007	1.023	6.477
		2	1	-1.000	.810	.562	-3.244	1.244
			3	2.750*	.884	.027	.301	5.199
		3	1	-3.750*	.984	.007	-6.477	-1.023
			2	-2.750*	.884	.027	-5.199	-.301

Based on estimated marginal means

*. The mean difference is significant at the .05 level.

a. Adjustment for multiple comparisons: Sidak.

统计结果表明：

① 在呈现时间 30 秒条件下，无干扰时，被试对实物图片的记忆成绩极显著优于对数字图片的记忆成绩（$P=0.000, P<0.01$），对实物图片的记忆成绩极显著优于对符号图片的记忆成绩（$P=0.000, P<0.01$），对符号图片与数字图片的记忆成绩无显著差异（$P=0.308, P>0.05$）；有干扰时，被试对实物图片的记忆成绩极显著低于对数字图片的记忆成绩（$P=0.000, P<0.01$），对实物图片与符号图片的记忆成绩无显著差异（$P=0.393, P>0.05$），对数字图片的记忆成绩极显著优于对符号图片的记忆成绩（$P=0.006, P<0.01$）。

② 在呈现时间 15 秒条件下，无干扰时，被试对实物图片的记忆成绩显著优于对数字图片的记忆成绩（$P=0.049, P<0.05$），对实物图片的记忆成绩极显著优于对符号图片的记忆成绩（$P=0.005, P<0.01$），对符号图片与数字图片的记忆成绩无显著差异（$P=0.199, P>0.05$）；有干扰时，被试对实物图片与数字图片的记忆成绩无显著差异（$P=0.562, P>0.05$），对实物图片的记忆成绩极显著优于对符号图片的记忆成绩（$P=0.007, P<0.01$），对数字图片的记忆成绩显著优于对符号图片的记忆成绩（$P=0.027, P<0.05$）。

四、重复测量一个因素的三因素混合实验设计方差分析流程图

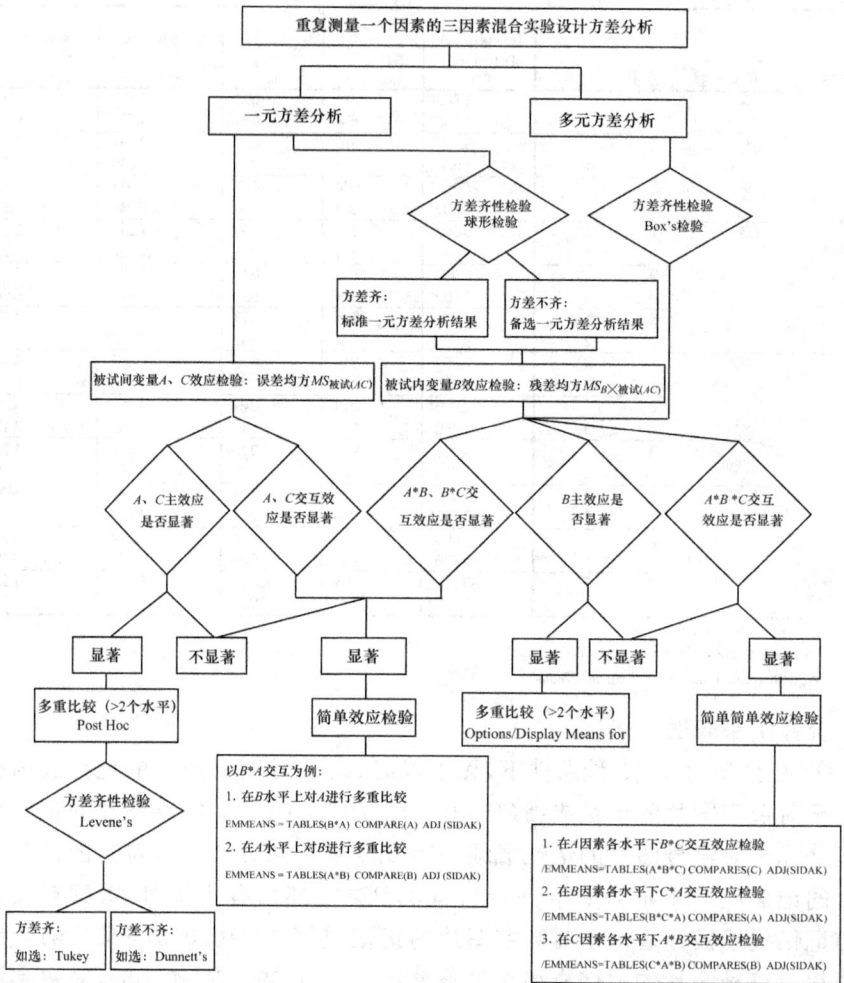

图 5-2-15　重复测量一个因素的三因素混合实验设计方差分析流程图

第 3 节　重复测量两个因素的三因素混合实验设计及数据处理

本节将对重复测量两个因素的三因素混合实验设计的特点与模式、方差分析的原理与步骤，以及如何利用 SPSS 统计软件对其实验结果进行数据处理

等问题进行叙述与说明。

一、重复测量两个因素的三因素混合实验设计的基本特点

（一）实验设计及被试分配模式

例如：有一项"有无标记、文章长短与是否回视对阅读理解能力影响的实验研究"。其中，阅读成绩是因变量，A、B、C是三个自变量。A是文中有无标记，为被试间变量，有两个水平，a_1为有标记，a_2为无标记；B是文章长短，为被试内变量，有三个水平，b_1为约500字，b_2为约750字，b_3为约1000字；C为是否回视，是被试内变量，有两个水平，c_1为可回视，c_2为不可回视，被试通过操作电脑完成实验。取N名被试，将其随机分配到被试间变量的两种实验情景下（a_1与a_2），每位被试均需接受两个被试内变量各处理水平的六种结合（b_1c_1、b_1c_2、b_2c_1、b_2c_2、b_3c_1、b_3c_2），这是一个$2\times3\times2$重复测量两个因素的三因素混合实验设计。实验分为两组，假如每组被试为4人，则总被试量为8人，其实验设计及被试分配模式如表5-3-1所示。

表5-3-1 重复测量两个因素的三因素混合实验设计及被试分配模式

	b_1c_1	b_1c_2	b_2c_1	b_2c_2	b_3c_1	b_3c_2
a_1	s_1	s_1	s_1	s_1	s_1	s_1
	s_2	s_2	s_2	s_2	s_2	s_2
	s_3	s_3	s_3	s_3	s_3	s_3
	s_4	s_4	s_4	s_4	s_4	s_4
a_2	s_5	s_5	s_5	s_5	s_5	s_5
	s_6	s_6	s_6	s_6	s_6	s_6
	s_7	s_7	s_7	s_7	s_7	s_7
	s_8	s_8	s_8	s_8	s_8	s_8

（二）基本特点

1. 实验有三个自变量，两个是被试内变量，一个是被试间变量，每个自变量有两个或多个水平。

2. 如果一个被试间变量为A，有p个水平；一个被试内变量为B，有q个水平；另一个被试内变量为C，有r个水平。那么，该实验就有$p\times q\times r$个实验处理水平的结合。

3. 将被试随机分配到p个实验组，每位被试需接受两个被试内变量$q\times r$个实验处理水平的结合。

（三）重复测量两个因素的三因素混合实验设计方差分析的前提条件

在混合实验设计中，如果被试内变量只有2个水平，则只进行标准的一元

的方差分析,如超过2个以上水平,则执行三种检验:标准一元方差分析;备选一元方差分析与多元方差分析。所以,从一元方差分析与多元方差分析两方面提出假设前提。

(1) 标准一元方差分析假设前提

① 正态性。因变量在各个实验单元内呈正态分布。若每个单元的样本量达到15人或以上则可不受正态分布的条件限制。

② 方差齐性。数据满足球形假设,备选方差分析和多元方差分析不受方差齐性条件的限制。

③ 独立性与随机性。样本必须从总体中随机抽取获得,被试间相互独立。

(2) 多元方差分析的假设前提

① 多元正态性。因变量之间的差值变量都呈正态分布,大样本不受限制。

② 随机性与独立性。样本从总体中随机抽取获得,各差值之间相互独立。

二、重复测量两个因素的三因素混合实验设计方差分析的原理与计算步骤

(一) 重复测量两个因素的三因素混合实验设计方差分析的基本原理

在重复测量两个因素的三因素混合实验设计的方差分析中,总变异被分解为被试间变异和被试内变异。被试间变异包括:被试间因素 A 的主效应引起的变异,以及与被试间因素有关的误差变异,该误差变异的均方用作 A 的主效应 F 检验的误差项。被试内变异包括:(1) 被试内因素 B 的主效应和 BA 交互效应引起的变异,以及与被试内因素 B 有关的误差变异,该误差变异的均方用作 B 与 BA 效应 F 检验的误差项;(2) 被试内因素 C 的主效应和 CA 交互效应引起的变异,以及与被试内因素 C 有关的误差变异,该误差变异的均方用作 C 与 CA 效应 F 检验的误差项;(3) 被试内因素 BC 二阶交互效应和 BCA 三阶交互效应引起的变异,以及与 BC 有关的误差变异,该误差变异的均方用作 BC、BCA 交互效应 F 检验的误差项。

在三因素完全随机实验的方差分析中,对7个 F 检验,只用一个误差项,即被试的误差变异。在重复测量一个因素的三因素混合实验设计的方差分析中,对7个 F 检验,用两个误差项,即与被试内因素有关的误差变异和与被试间因素有关的误差变异。在重复测量两个因素的三因素混合实验设计的方差分析中,对7个 F 检验,用四个误差项,即与被试内因素有关的3个误差变异和与被试间因素有关的1个误差变异。因此,从实验设计的精度上讲,重复测

量两个因素的三因素混合实验设计比其他两种实验设计的精度要高。

(二) 重复测量两个因素的三因素混合实验设计的计算步骤

例 5-3-1

某研究者欲进行一项有关记忆能力的实验研究。实验中的因变量为记忆成绩。自变量 A 是实验中有无干扰,为被试间变量,分两个水平,a_1 为无干扰,a_2 为有干扰;自变量 B 是材料类型,为被试内变量,分三个水平,b_1 为实物图片,b_2 为数字图片,b_3 为符号图片;自变量 C 是材料显示时间,为被试内变量,分两个水平,c_1 为显示时间 30 秒,c_2 为显示时间 15 秒。该实验设计为 $2\times 3\times 2$ 的重复测量两个因素的三因素混合实验设计,实验有 2 个实验组,如每组 8 人,则总被试量为 16 人。随机选取 16 人,并随机分配到 2 个实验组中去。实验原始数据如表 5-3-2 所示。

表 5-3-2 实验数据

	b_1c_1	b_1c_2	b_2c_1	b_2c_2	b_3c_1	b_3c_2	总和
a_1	13	12	9	9	7	5	55
	15	9	10	7	8	8	57
	14	10	8	6	6	4	48
	13	9	8	7	7	6	50
	15	10	10	6	6	7	54
	14	9	9	9	8	5	54
	13	9	8	6	7	6	49
	15	8	7	8	7	6	51
a_2	5	8	11	5	6	2	37
	6	5	10	6	7	3	37
	4	7	8	7	8	4	38
	4	6	12	4	6	2	34
	5	5	9	5	7	3	34
	6	7	10	6	6	4	39
	4	6	11	4	8	2	35
	5	5	9	6	7	3	35

重复测量两个因素的三因素混合实验设计方差分析大致分为以下三个步骤:

1. 提出假设

(1) 对被试间因素效应的假设

A 因素主效应不显著,即实验中有无干扰对记忆成绩没有显著性影响。

(2) 对被试内因素效应的假设

B 因素主效应不显著,即三种实验材料类型对记忆成绩没有显著性影响;BA 二阶交互效应不显著,即实验材料类型与有无干扰对记忆成绩的交互效应不显著;C 因素主效应不显著,即材料显示时间对记忆成绩没有显著性影响,CA 二阶交互效应不显著,即材料显示时间与有无干扰对记忆成绩的交互效应不显著。BC 交互效应不显著,即实验材料类型与材料显示时间对记忆成绩的二阶交互效应不显著。BCA 交互效应不显著,即材料类型、显示时间与有无干扰对记忆成绩的三阶交互效应不显著。

2. 计算 F 统计量

在计算 F 统计量前,需计算各种基本量、平方和及自由度。

(1) 基本量的计算

可先将表 5-3-2 中的数据汇总为 ABC 表、AB 表、AC 表、BC 表、ABS 表及 ACS 表(具体略),然后按如下公式计算基本量:

所有数据之和:$\sum_{i=1}^{n}\sum_{j=1}^{p}\sum_{k=1}^{q}\sum_{l=1}^{r}Y_{ijkl}$

所有数据和之平方的均数:$\dfrac{(\sum_{i=1}^{n}\sum_{j=1}^{p}\sum_{k=1}^{q}\sum_{l=1}^{r}Y_{ijkl})^2}{npqr}=[Y]$

所有数据平方和:$\sum_{i=1}^{n}\sum_{j=1}^{p}\sum_{k=1}^{q}\sum_{l=1}^{r}Y_{ijkl}^2=[ABCS]$

$$\sum_{i=1}^{n}\sum_{j=1}^{p}\dfrac{(\sum_{k=1}^{q}\sum_{l=1}^{r}Y_{ijkl})^2}{qr}=[AS]$$

$$\sum_{j=1}^{p}\dfrac{(\sum_{i=1}^{n}\sum_{k=1}^{q}\sum_{l=1}^{r}Y_{ijkl})^2}{nqr}=[A]$$

$$\sum_{k=1}^{q}\dfrac{(\sum_{i=1}^{n}\sum_{j=1}^{p}\sum_{l=1}^{r}Y_{ijkl})^2}{npr}=[B]$$

$$\sum_{j=1}^{p}\sum_{k=1}^{q}\dfrac{(\sum_{i=1}^{n}\sum_{l=1}^{r}Y_{ijkl})^2}{nr}=[AB]$$

$$\sum_{i=1}^{n}\sum_{j=1}^{p}\sum_{k=1}^{q}\dfrac{(\sum_{l=1}^{r}Y_{ijkl})^2}{r}=[ABS]$$

$$\sum_{l=1}^{r} \frac{(\sum_{i=1}^{n}\sum_{j=1}^{p}\sum_{k=1}^{q} Y_{ijkl})^2}{npq} = [C]$$

$$\sum_{j=1}^{p}\sum_{l=1}^{r} \frac{(\sum_{i=1}^{n}\sum_{k=1}^{q} Y_{ijkl})^2}{nq} = [AC]$$

$$\sum_{i=1}^{n}\sum_{j=1}^{p}\sum_{l=1}^{r} \frac{(\sum_{k=1}^{q} Y_{ijkl})^2}{q} = [ACS]$$

$$\sum_{k=1}^{q}\sum_{l=1}^{r} \frac{(\sum_{i=1}^{n}\sum_{j=1}^{p} Y_{ijkl})^2}{np} = [BC]$$

$$\sum_{j=1}^{p}\sum_{k=1}^{q}\sum_{l=1}^{r} \frac{(\sum_{i=1}^{n} Y_{ijkl})^2}{n} = [ABC]$$

(2) 根据基本量计算各平方和

平方和的分解：

$SS_{总变异} = SS_{被试间} + SS_{被试内} = (SSA + SS_{被试(A)}) + (SSB + SSAB + SS_{B\times 被试(A)} + SSC + SSAC + SS_{C\times 被试(A)} + SSBC + SSABC + SS_{B\times C\times 被试(A)})$

平方和的计算：

$SS_{总变异} = [ABCS] - [Y]$

$SS_{被试间} = [AS] - [Y]$

$SSA = [A] - [Y]$

A 因素平方和，即被试间因素 A 的处理效应。

$SS_{被试(A)} = SS_{被试间} - SSA$

与被试间因素 A 有关的平方和，其均方作为 A 因素处理效应的 F 检验的误差项。

$SS_{被试内} = SS_{总变异} - SS_{被试间}$

被试内因素平方和，包括 B、C 因素的处理效应、AB、AC、BC、ABC 交互效应，以及与被试内因素有关的误差变异。

$SSB = [B] - [Y]$

B 因素平方和，即被试内因素 B 的处理效应。

$SSAB = [AB] - [Y] - SSA - SSB$

A 因素与 B 因素共同作用而产生的平方和，代表 A 因素与 B 因素的两次交互效应。

$SS_{B\times 被试(A)} = [ABS] - [Y] - SS_{被试间} - SSB - SSAB$

与被试内因素 B 有关的平方和,其均方作为 B 因素处理效应和 AB 交互效应 F 检验的误差项。

$SSC=[C]-[Y]$

C 因素平方和,即被试内因素 C 的处理效应。

$SSAC=[AC]-[Y]-SSA-SSC$

A 因素与 C 因素共同作用而产生的平方和,代表 A 因素与 C 因素的两次交互效应。

$SS_{C\times 被试(A)}=[ACS]-[Y]-SS_{被试间}-SSC-SSAC$

与被试内因素 C 有关的平方和,其均方作为 C 因素处理效应和 AC 交互效应 F 检验的误差项。

$SSBC=[BC]-[Y]-SSB-SSC$

B 因素与 C 因素共同作用而产生的平方和,代表 B 因素与 C 因素的两次交互效应。

$SSABC=[ABC]-[Y]-SSA-SSB-SSC-SSAB-SSAC-SSBC$

A 因素、B 因素与 C 因素共同作用而产生的平方和,代表 A 因素、B 因素与 C 因素的三次交互效应。

$SS_{B\times C\times 被试(A)}=SS_{被试内}-SSB-SSAB-SS_{B\times 被试(A)}-SSC-SSAC-SS_{C\times 被试(A)}$

与被试内因素 B 与 C 有关的平方和,其均方作为 BC 和 ABC 交互效应 F 检验的误差项。

(3) 平方和的分解与自由度的计算

平方和的分解与自由度的计算如图 5-3-1 所示。

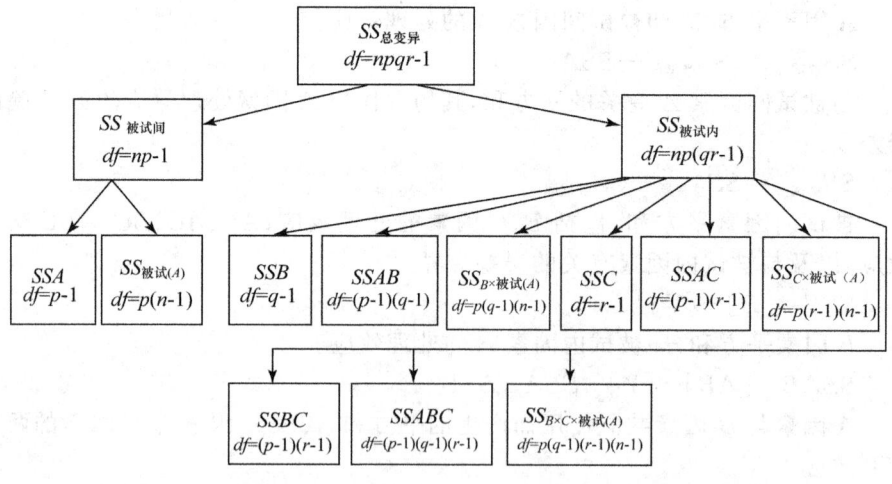

图 5-3-1　平方和的分解与自由度的计算

(4) 计算 F 统计量

各效应 F 统计量的计算公式如下：

① 与被试间变量有关的 F 检验：

$$F_A = \frac{MS_A}{MS_{被试(A)}} = \frac{SS_A/df_A}{SS_{被试(A)}/df_{被试(A)}}$$

② 与被试内变量有关的 F 检验：

$$F_B = \frac{MS_B}{MS_{B\times被试(A)}} = \frac{SS_B/df_B}{SS_{B\times被试(A)}/df_{B\times被试(A)}}$$

$$F_{AB} = \frac{MS_{AB}}{MS_{B\times被试(A)}} = \frac{SS_{AB}/df_{AB}}{SS_{B\times被试(A)}/df_{B\times被试(A)}}$$

$$F_C = \frac{MS_C}{MS_{C\times被试(A)}} = \frac{SS_C/df_C}{SS_{C\times被试(A)}/df_{C\times被试(A)}}$$

$$F_{AC} = \frac{MS_{AC}}{MS_{C\times被试(A)}} = \frac{SS_{AC}/df_{AC}}{SS_{C\times被试(A)}/df_{C\times被试(A)}}$$

$$F_{BC} = \frac{MS_{BC}}{MS_{B\times C\times被试(A)}} = \frac{SS_{BC}/df_{BC}}{SS_{B\times C\times被试(A)}/df_{B\times C\times被试(A)}}$$

$$F_{ABC} = \frac{MS_{ABC}}{MS_{B\times C\times被试(A)}} = \frac{SS_{ABC}/df_{ABC}}{SS_{B\times C\times被试(A)}/df_{B\times C\times被试(A)}}$$

(5) 统计推断

根据各 F 检验值所对应的 P 值，检验主效应、二阶交互效应与三阶交互效应在统计学上是否显著。如二阶与三阶交互效应显著，则进行简单与简单简单效应检验，具体方法如下所述。

三、用 SPSS 统计软件对重复测量两个因素的三因素混合实验设计进行数据处理

下面用例 5-3-1 数据，说明如何利用 SPSS 统计软件对重复测量两个因素的三因素混合实验设计进行数据处理。

（一）例题分析

该实验设计为 2×3×2 的重复测量两个因素的三因素混合实验设计，分析思路可分两部分：一是进行被试间变量 A 的主效应检验，二是进行被试内变量 B、C 的主效应检验、BA、CA、BC 三个二阶交互效应检验，以及 BCA 三阶交互效应的检验。由于被试内变量 B 有 3 个水平，如其主效应检验结果显著，则在 3 个水平上进行多重比较。另外，如二阶交互效应检验结果显著，则进行简单效应检验；三阶交互效应检验显著，则进行简单简单效应检验。对于检验结果，实验者可根据研究的实际需要进行取舍。

(二) SPSS 操作步骤及结果说明

1. 基本步骤

第一步,点击数据表格区域下方的 Variable View,定义与标记 a、b_1c_1、b_1c_2、b_2c_1、b_2c_2、b_3c_1、b_3c_2 七个变量,对 a 标记为有无干扰,a_1 为无干扰,a_2 为有干扰。点击数据表格区域下方的 Data View,进入数据输入窗口,将原始数据输入 SPSS 数据表格区域,建立数据文件,如图 5-3-3 所示。

File Edit View Data Transform Analyze Graphs Utilities Window Help

1 : a 1

	a	b1c1	b1c2	b2c1	b2c2	b3c1	b3c2
1	1.00	13.00	12.00	9.00	9.00	7.00	5.00
2	1.00	15.00	9.00	10.00	7.00	8.00	8.00
3	1.00	14.00	10.00	8.00	6.00	6.00	4.00
4	1.00	13.00	9.00	8.00	7.00	7.00	6.00
5	1.00	15.00	10.00	10.00	6.00	6.00	7.00
6	1.00	14.00	9.00	9.00	9.00	8.00	5.00
7	1.00	13.00	9.00	8.00	6.00	7.00	6.00
8	1.00	15.00	8.00	7.00	8.00	7.00	6.00
9	2.00	5.00	8.00	11.00	5.00	6.00	2.00
10	2.00	6.00	5.00	10.00	6.00	7.00	3.00
11	2.00	4.00	7.00	8.00	7.00	8.00	4.00
12	2.00	4.00	6.00	12.00	4.00	6.00	2.00
13	2.00	5.00	5.00	9.00	5.00	7.00	3.00
14	2.00	6.00	7.00	10.00	6.00	6.00	4.00
15	2.00	4.00	6.00	11.00	4.00	8.00	2.00
16	2.00	5.00	5.00	9.00	6.00	7.00	3.00

图 5-3-2 SPSS 数据结构表

说明:a 列下的数字代表实验组,a_1 为第一组,a_2 为第二组,b_1c_1、b_1c_2、b_2c_1、b_2c_2、b_3c_1、b_3c_2 下的数字是每位被试在各实验处理水平结合条件下的记忆成绩。以第二实验组的第 9 位被试为例,在有实验干扰(a_2),材料为实物图片,显示时间为 30 秒的条件下(b_1c_1),其记忆成绩为 5 分;在显示时间 15 秒的条件下(b_1c_2),其记忆成绩为 8 分;在材料为数字图片,显示时间为 30 秒的条件下(b_2c_1),其记忆成绩为 11 分;在显示时间 15 秒的条件下(b_2c_2),其记忆成绩为 5 分;在材料为符号图片,显示时间为 30 秒的条件下(b_3c_1),其记忆成绩为 6 分;在显示时间 15 秒的条件下(b_3c_2),其记忆成绩为 2 分。表 5-3-3 显示了重复测量两个因素的三因素混合实验设计的 SPSS 数据结构。

第二步,选用统计模块:Analyze(统计分析)\General Linear Model(一般线性模型)\Repeated Measures...(重复测量方差分析),如图 5-3-3 所示。

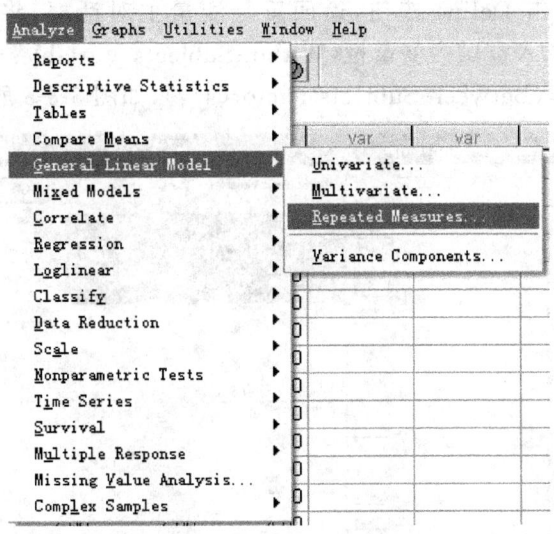

图 5-3-3　重复测量方差分析菜单

第三步，分别定义两个被试内变量名及其水平数，如图 5-3-4 所示。

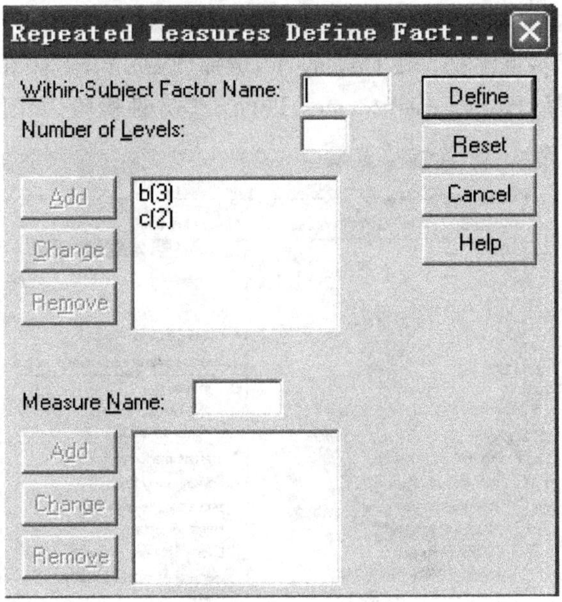

图 5-3-4　定义被试内变量名及其水平数

第四步，单击 Define 按钮，返回重复测量主对话框，将 b_1c_1、b_1c_2、b_2c_1、b_2c_2、b_3c_1、b_3c_2 选入被试内变量框（Within-Subjects Variables（b,c）：），将 a 选入被试间变量框（Between-Subjects Factor(s)：），如图 5-3-5 所示。

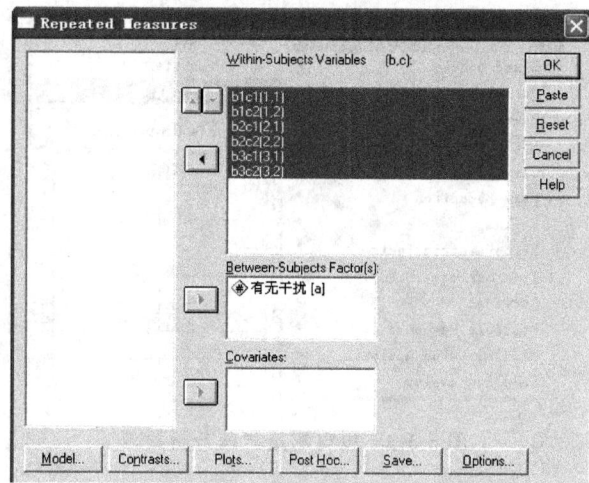

图 5-3-5　重复测量方差分析主对话框

第五步，单击选项（Options）按钮，在 Display Means for：下，选用 LSD（none）法对 b 因素进行多重比较。在 Display 下，选择（Descriptive statistics）对数据进行描述性统计；选择（Homogeneity testes）进行方差齐性检验，如图 5-3-6 所示。

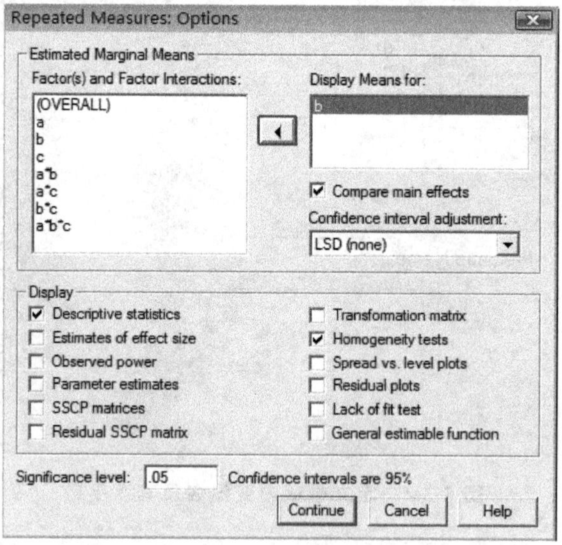

图 5-3-6　Options 选项对话框

第六步，单击选项(Continue)按钮，返回主对话框，点击 OK，执行程序。
2. 输出初步结果
(1) 描述性统计结果
描述性统计结果如表 5-3-3 所示。

表 5-3-3 描述性统计结果
Descriptive Statistics

	有无干扰	Mean	Std. Deviation	N
b1c1	1.00	14.0000	.92582	8
	2.00	4.8750	.83452	8
	Total	9.4375	4.78844	16
b1c2	1.00	9.5000	1.19523	8
	2.00	6.1250	1.12599	8
	Total	7.8125	2.07264	16
b2c1	1.00	8.6250	1.06066	8
	2.00	10.0000	1.30931	8
	Total	9.3125	1.35247	16
b2c2	1.00	7.2500	1.28174	8
	2.00	5.3750	1.06066	8
	Total	6.3125	1.49304	16
b3c1	1.00	7.0000	.75593	8
	2.00	6.8750	.83452	8
	Total	6.9375	.77190	16
b3c2	1.00	5.8750	1.24642	8
	2.00	2.8750	.83452	8
	Total	4.3750	1.85742	16

(2) Box's 方差齐性检验
方差齐性检验结果如表 5-3-4 所示。

表 5-3-4 方差齐性检验结果
Box's Test of Equality of Covariance Matrices[a]

Box's M	33.514
F	.825
df1	21
df2	720.888
Sig.	.690

Tests the null hypothesis that the observed covariance matrices of the dependent variables are equal across groups.

a. Design: Intercept+a
Within Subjects Design: b+c+b*c

检验结果表明：各组数据方差齐性（$P=0.690>0.05$）。
(3) 被试内变量多元方差分析检验
结果如表 5-3-5 所示。

表 5-3-5 多元方差分析结果

Multivariate Tests[b]

Effect		Value	F	Hypothesis df	Error df	Sig.
b	Pillai's Trace	.905	62.078[a]	2.000	13.000	.000
	Wilks' Lambda	.095	62.078[a]	2.000	13.000	.000
	Hotelling's Trace	9.550	62.078[a]	2.000	13.000	.000
	Roy's Largest Root	9.550	62.078[a]	2.000	13.000	.000
b * a	Pillai's Trace	.960	157.643[a]	2.000	13.000	.000
	Wilks' Lambda	.040	157.643[a]	2.000	13.000	.000
	Hotelling's Trace	24.253	157.643[a]	2.000	13.000	.000
	Roy's Largest Root	24.253	157.643[a]	2.000	13.000	.000
c	Pillai's Trace	.910	141.336[a]	1.000	14.000	.000
	Wilks' Lambda	.090	141.336[a]	1.000	14.000	.000
	Hotelling's Trace	10.095	141.336[a]	1.000	14.000	.000
	Roy's Largest Root	10.095	141.336[a]	1.000	14.000	.000
c * a	Pillai's Trace	.007	.096[a]	1.000	14.000	.761
	Wilks' Lambda	.993	.096[a]	1.000	14.000	.761
	Hotelling's Trace	.007	.096[a]	1.000	14.000	.761
	Roy's Largest Root	.007	.096[a]	1.000	14.000	.761
b * c	Pillai's Trace	.252	2.192[a]	2.000	13.000	.151
	Wilks' Lambda	.748	2.192[a]	2.000	13.000	.151
	Hotelling's Trace	.337	2.192[a]	2.000	13.000	.151
	Roy's Largest Root	.337	2.192[a]	2.000	13.000	.151
b * c * a	Pillai's Trace	.831	31.984[a]	2.000	13.000	.000
	Wilks' Lambda	.169	31.984[a]	2.000	13.000	.000
	Hotelling's Trace	4.921	31.984[a]	2.000	13.000	.000
	Roy's Largest Root	4.921	31.984[a]	2.000	13.000	.000

a. Exact statistic
b. Design: Intercept+a
Within Subjects Design: b+c+b*c

对被试内变量进行多元方差分析结果表明：B 的主效应极显著（$P=0.000,P<0.01$）；BA 的交互效应极显著（$P=0.000,P<0.01$）；C 的主效应极显著（$P=0.000,P<0.01$），CA 的交互效应不显著（$P=0.761,P>0.05$）；BC 的交互效应不显著（$P=0.151,P>0.05$）；BCA 的三阶交互效应极显著（$P=0.000,P<0.01$）。

（4）球形假设检验

结果如表 5-3-6 所示。

表 5-3-6 球形假设检验

Mauchly's Test of Sphericity

Measure: MEASURE_1

Within Subjects Effect	Mauchly's W	Approx. Chi-Square	df	Sig.	Epsilon[a]		
					Greenhouse-Geisser	Huynh-Feldt	Lower-bound
b	.767	3.453	2	.178	.811	.967	.500
c	1.000	.000	0		1.000	1.000	1.000
b * c	.962	.498	2	.780	.964	1.000	.500

Tests the null hypothesis that the error covariance matrix of the orthonormalized transformed dependent variables proportional to an identity matrix.

a. May be used to adjust the degrees of freedom for the averaged tests of significance. Corrected tests are dis the Tests of Within-Subjects Effects table.

b. Design: Intercept+a
Within Subjects Design: b+c+b*c

表 5-3-6 为被试内变量球形假设检验结果,由于 c 变量只有两个水平,故不做检验,$b(P=0.178, P>0.05)$、$b*c(P=0.780, P>0.05)$ 均满足球形假设。

(5) 被试内变量一元方差分析检验

结果如表 5-3-7 所示。

表 5-3-7 被试内变量效应检验结果
Tests of Within-Subjects Effects

Measure: MEASURE_1

Source		Type III Sum of Squares	df	Mean Square	F	Sig.
b	Sphericity Assumed	150.646	2	75.323	98.095	.000
	Greenhouse-Geisser	150.646	1.622	92.893	98.095	.000
	Huynh-Feldt	150.646	1.935	77.868	98.095	.000
	Lower-bound	150.646	1.000	150.646	98.095	.000
b * a	Sphericity Assumed	159.188	2	79.594	103.657	.000
	Greenhouse-Geisser	159.188	1.622	98.160	103.657	.000
	Huynh-Feldt	159.188	1.935	82.284	103.657	.000
	Lower-bound	159.188	1.000	159.188	103.657	.000
Error(b)	Sphericity Assumed	21.500	28	.768		
	Greenhouse-Geisser	21.500	22.704	.947		
	Huynh-Feldt	21.500	27.085	.794		
	Lower-bound	21.500	14.000	1.536		
c	Sphericity Assumed	137.760	1	137.760	141.336	.000
	Greenhouse-Geisser	137.760	1.000	137.760	141.336	.000
	Huynh-Feldt	137.760	1.000	137.760	141.336	.000
	Lower-bound	137.760	1.000	137.760	141.336	.000
c * a	Sphericity Assumed	.094	1	.094	.096	.761
	Greenhouse-Geisser	.094	1.000	.094	.096	.761
	Huynh-Feldt	.094	1.000	.094	.096	.761
	Lower-bound	.094	1.000	.094	.096	.761
Error(c)	Sphericity Assumed	13.646	14	.975		
	Greenhouse-Geisser	13.646	14.000	.975		
	Huynh-Feldt	13.646	14.000	.975		
	Lower-bound	13.646	14.000	.975		
b * c	Sphericity Assumed	7.896	2	3.948	2.606	.092
	Greenhouse-Geisser	7.896	1.928	4.096	2.606	.094
	Huynh-Feldt	7.896	2.000	3.948	2.606	.092
	Lower-bound	7.896	1.000	7.896	2.606	.129
b * c * a	Sphericity Assumed	103.688	2	51.844	34.223	.000
	Greenhouse-Geisser	103.688	1.928	53.792	34.223	.000
	Huynh-Feldt	103.688	2.000	51.844	34.223	.000
	Lower-bound	103.688	1.000	103.688	34.223	.000
Error(b*c)	Sphericity Assumed	42.417	28	1.515		
	Greenhouse-Geisser	42.417	26.986	1.572		
	Huynh-Feldt	42.417	28.000	1.515		
	Lower-bound	42.417	14.000	3.030		

表 5-3-7 显示的是被试内变量一元方差分析的统计结果,因为方差齐性,故参见标准一元方差分析(Sphericity Assumed)的结果,B 的主效应极显著($P=0.000, P<0.01$);BA 的交互效应极显著($P=0.000, P<0.01$);C 的主

效应极显著($P=0.000, P<0.01$);CA 的交互效应不显著($P=0.761, P>0.05$);BC 的交互效应不显著($P=0.092, P>0.05$);BCA 的三阶交互效应极显著($P=0.000, P<0.01$)。检验结果与多元方差分析结果相同。

(6) Levene's 方差齐性检验结果

Levene's 方差齐性检验结果见表 5-3-8 所示。

表 5-3-8 Levene's 方差齐性检验

Levene's Test of Equality of Error Variances

	F	df1	df2	Sig.
b1c1	.168	1	14	.688
b1c2	.009	1	14	.926
b2c1	.152	1	14	.702
b2c2	.467	1	14	.506
b3c1	.399	1	14	.538
b3c2	.610	1	14	.448

Tests the null hypothesis that the error variance of the dependent variable is equal across groups.

a. Design: Intercept+a
Within Subjects Design: b+c+b*c

结果表明:各组因变量方差齐性(P 值均大于 0.05)。

(7) 被试间变量效应检验

结果如表 5-3-9 所示。

表 5-3-9 被试间变量效应检验

Tests of Between-Subjects Effects

Measure: MEASURE_1
Transformed Variable: Average

Source	Type III Sum of Squares	df	Mean Square	F	Sig.
Intercept	5206.760	1	5206.760	4538.188	.000
a	173.344	1	173.344	151.086	.000
Error	16.063	14	1.147		

检验结果表明:A 的主效应极显著($P=0.000, P<0.01$)。

(8) b 因素的多重比较

b 因素的多重比较结果如表 5-3-10、5-3-11 所示。

表 5-3-10 描述统计结果
Estimates

Measure: MEASURE_1

b	Mean	Std. Error	95% Confidence Interval	
			Lower Bound	Upper Bound
1	8.625	.157	8.289	8.961
2	7.813	.159	7.471	8.154
3	5.656	.184	5.261	6.051

表 5-3-11 b 因素的多重比较结果
Pairwise Comparisons

Measure: MEASURE_1

(I) b	(J) b	Mean Difference (I-J)	Std. Error	Sig.a	95% Confidence Interval for Difference a	
					Lower Bound	Upper Bound
1	2	.813*	.163	.000	.463	1.162
	3	2.969*	.257	.000	2.417	3.521
2	1	-.813*	.163	.000	-1.162	-.463
	3	2.156*	.226	.000	1.671	2.642
3	1	-2.969*	.257	.000	-3.521	-2.417
	2	-2.156*	.226	.000	-2.642	-1.671

Based on estimated marginal means
*. The mean difference is significant at the .05 level.
a. Adjustment for multiple comparisons: Least Significant Difference (equivalent to no adjustments).

多重比较结果表明：b 因素的水平 1 和水平 2 差异极显著，即实物图片的记忆成绩极显著优于数字图片（$P=0.000<0.01$）；水平 1 和水平 3 差异极显著，即实物图片的记忆成绩极显著优于符号图片（$P=0.000<0.01$）；水平 2 和水平 3 差异极显著，即数字图片的记忆成绩极显著优于符号图片（$P=0.000<0.01$）。

从上述初步检验结果可知：由于 BA 二阶交互效应显著，需进行简单效应检验；BCA 三阶交互效应显著，还需进行简单简单效应检验。

3. 简单效应检验

（1）绘制均值图

为了直观地显示 ba 简单效应的检验结果，先绘制均值图。保留原设置不变，在主对话框中点击 Plots 按钮，选定 b 为横坐标（Horizontal Axis），选定 a 为独立折线（Sperate Lines）；单击 Add 按钮完成操作，具体见图 5-3-7 所示。

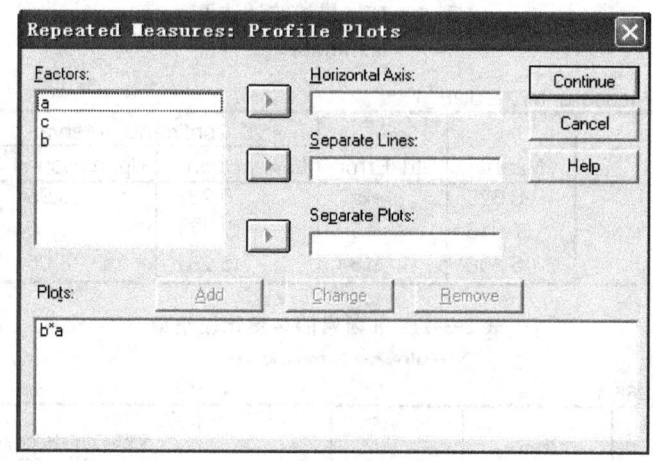

图 5-3-7　绘制均值图对话窗

(2) 改写语句

在主对话框中,单击 Paste 按钮,SPSS 会把原先的全部操作转换成为语句并粘贴到新打开的程序语句窗口中。在命令语句中,加入 EMMRANS 引导的语句,如图 5-3-8 所示。

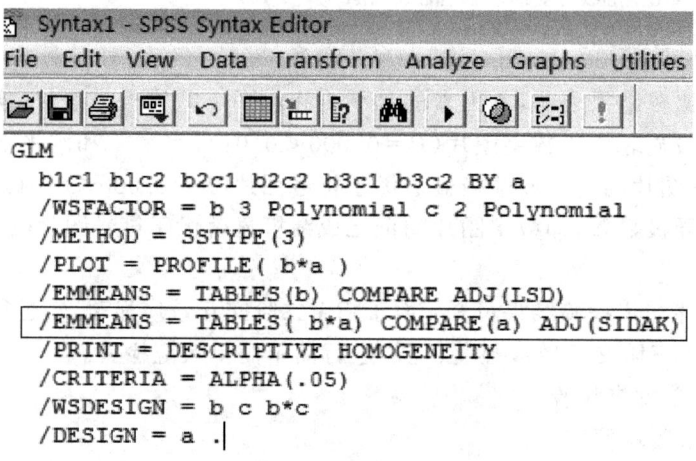

图 5-3-8　经修改的 SPSS 程序语句

(3) 简单效应检验结果

① $b*a$ 均值如图 5-3-9 所示。

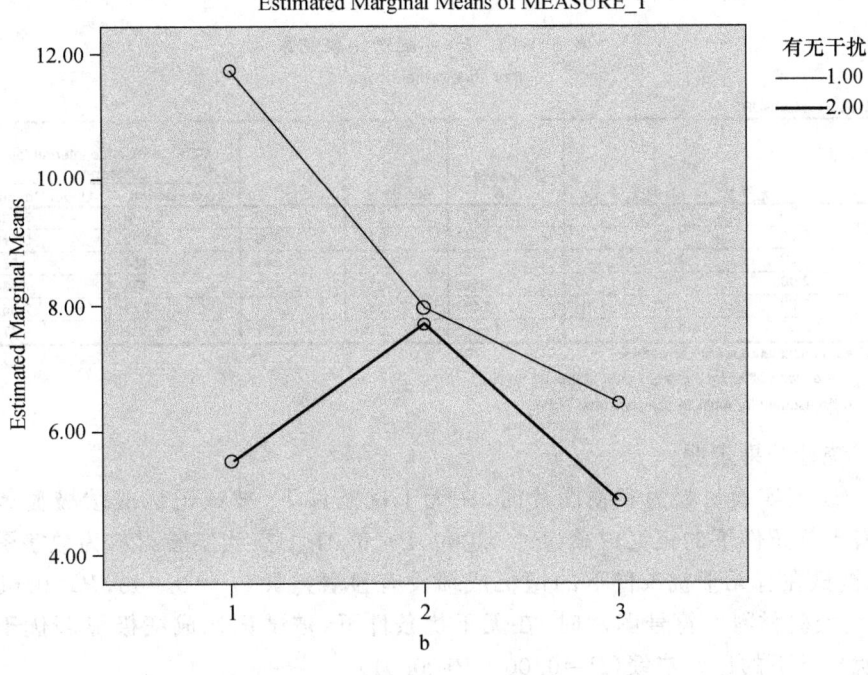

图 5-3-9 $b*a$ 均值显示

② $b*a$ 描述性统计结果如表 5-3-12 所示。

表 5-3-12 $b*a$ 描述性统计结果

Estimates

Measure: MEASURE_1

b	有无干扰	Mean	Std. Error	95% Confidence Interval	
				Lower Bound	Upper Bound
1	1.00	11.750	.222	11.275	12.225
	2.00	5.500	.222	5.025	5.975
2	1.00	7.938	.225	7.454	8.421
	2.00	7.688	.225	7.204	8.171
3	1.00	6.438	.260	5.879	6.996
	2.00	4.875	.260	4.317	5.433

③ $b*a$ 配对比较结果如表 5-3-13 所示。

表 5-3-13　$b*a$ 配对比较结果
Pairwise Comparisons

Measure: MEASURE_1

b	(I) 有无干扰	(J) 有无干扰	Mean Difference (I-J)	Std. Error	Sig.[a]	95% Confidence Interval for Difference[a]	
						Lower Bound	Upper Bound
1	1.00	2.00	6.250*	.313	.000	5.578	6.922
	2.00	1.00	-6.250*	.313	.000	-6.922	-5.578
2	1.00	2.00	.250	.319	.446	-.434	.934
	2.00	1.00	-.250	.319	.446	-.934	.434
3	1.00	2.00	1.563*	.368	.001	.773	2.352
	2.00	1.00	-1.563*	.368	.001	-2.352	-.773

Based on estimated marginal means
*. The mean difference is significant at the .05 level.
a. Adjustment for multiple comparisons: Sidak.

统计结果表明：

① 当实验材料为实物图片时，在无干扰条件下，被试记忆成绩极显著优于有干扰条件下的记忆成绩（$P=0.000, P<0.01$）；② 当实验材料为数字图片时，被试在有无干扰条件下的记忆成绩没有显著差异（$P=0.446, P>0.05$）；③ 当实验材料为符号图片时，在无干扰条件下，被试记忆成绩极显著优于有干扰条件下的记忆成绩（$P=0.001, P<0.01$）。

4. 简单简单效应检验

（1）绘制均值图

为了直观地显示 bca 简单简单效应的检验结果，绘制均值图。在主对话框中点击 Plots 按钮，将 b、c、a 分三次送入横坐标（Horizontal Axis）、独立折线（Sperate Lines）与独立图标（Sperate Plots）中，如：$b*c*a, c*a*b$, $a*b*c$，每次单击 Add 按钮完成操作，如图 5-3-10 所示。

说明：图 5-3-10 中 Horizontal Axis 为横轴，输入的变量有几个水平，图中的横轴上就有几个点；Sperate Lines 为独立折线，输入的变量有几个水平，图中就有几条折线；Sperate Plots 为独立图标，输入的变量有几个水平，就绘制几幅图。

（2）改写语句

SPSS 没有提供进行简单简单效应检验的菜单，必须通过编写语句来实现。回到主对话框，单击 Paste 按钮，SPSS 会把原先的全部操作转换成为语句并粘贴到打开的程序语句窗口中。在原程序语句中加入 EMMEANS 引导的语句，如图 5-3-11 所示。

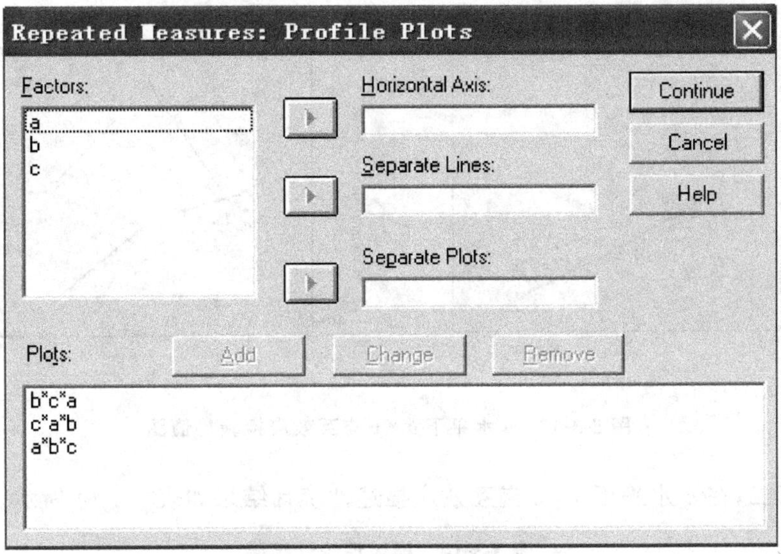

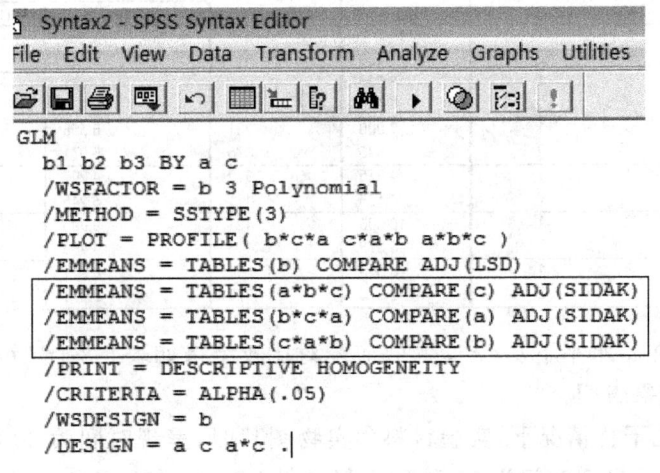

Repeated Measures: Profile Plots
Factors:
a
b
c
Horizontal Axis:
Separate Lines:
Separate Plots:
Continue
Cancel
Help
Plots:
Add
Change
Remove
b*c*a
c*a*b
a*b*c

图 5-3-10　绘制均值图对话框

Syntax2 - SPSS Syntax Editor
File Edit View Data Transform Analyze Graphs Utilities
GLM
b1 b2 b3 BY a c
/WSFACTOR = b 3 Polynomial
/METHOD = SSTYPE(3)
/PLOT = PROFILE(b*c*a c*a*b a*b*c)
/EMMEANS = TABLES(b) COMPARE ADJ(LSD)
/EMMEANS = TABLES(a*b*c) COMPARE(c) ADJ(SIDAK)
/EMMEANS = TABLES(b*c*a) COMPARE(a) ADJ(SIDAK)
/EMMEANS = TABLES(c*a*b) COMPARE(b) ADJ(SIDAK)
/PRINT = DESCRIPTIVE HOMOGENEITY
/CRITERIA = ALPHA(.05)
/WSDESIGN = b
/DESIGN = a c a*c .

图 5-3-11　经修改的 SPSS 程序语句

(3) 输出结果

① 在 a 水平下 $b*c$ 交互效应检验结果

第一,在 a 水平下 $b*c$ 交互效应检验均值图如图 5-3-12 所示。

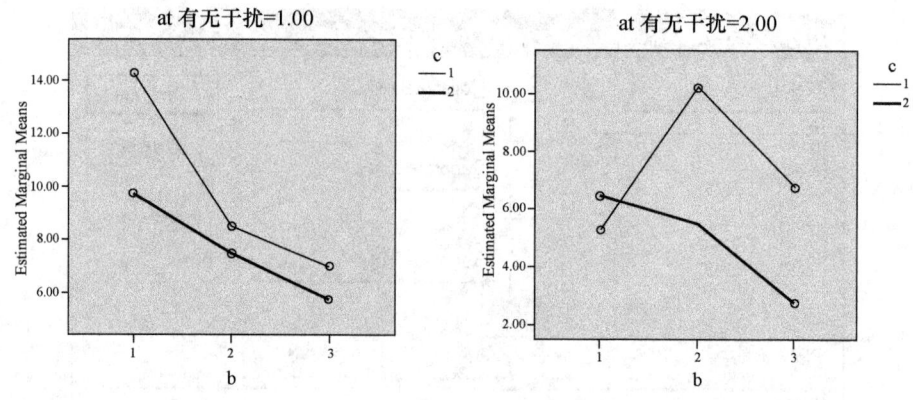

图 5-3-12　a 水平下 $b*c$ 交互效应检验均值图

第二,在 a 水平下 $b*c$ 交互效应描述性统计结果如表 5-3-14 所示。

表 5-3-14　描述性统计结果

Estimates

Measure: MEASURE_1

有无干扰	b	c	Mean	Std. Error	95% Confidence Interval	
					Lower Bound	Upper Bound
1.00	1	1	14.000	.312	13.332	14.668
		2	9.500	.411	8.620	10.380
	2	1	8.625	.421	7.721	9.529
		2	7.250	.416	6.358	8.142
	3	1	7.000	.281	6.396	7.604
		2	5.875	.375	5.071	6.679
2.00	1	1	4.875	.312	4.207	5.543
		2	6.125	.411	5.245	7.005
	2	1	10.000	.421	9.096	10.904
		2	5.375	.416	4.483	6.267
	3	1	6.875	.281	6.271	7.479
		2	2.875	.375	2.071	3.679

第三,在 a 水平下 $b*c$ 交互效应配对比较结果如表 5-3-15 所示。
统计结果表明:

① 在无干扰情况下,实验材料为实物图片时,呈现时间为 30 秒的记忆成绩极显著优于呈现时间为 15 秒的记忆成绩($P=0.000,P<0.01$);实验材料为数字图片时,呈现时间为 30 秒与 15 秒的记忆成绩无显著差异($P=0.072,P>0.05$);实验材料为符号图片时,呈现时间为 30 秒的记忆成绩显著优于呈现时间为 15 秒的记忆成绩($P=0.016,0.01<P<0.05$)。② 在有干扰情况下,实验材料为实物图片时,呈现时间为 30 秒的记忆成绩显著低于呈现时间为 15 秒的记忆成绩($P=0.049,P<0.05$);实验材料为数字图片时,呈现时间为 30 秒的记忆成绩极显著优于呈现时间为 15 秒的记忆成绩($P=0.000,P<$

0.01);实验材料为符号图片时,呈现时间为 30 秒的记忆成绩极显著优于呈现时间为 15 秒的记忆成绩($P=0.000, P<0.01$)。

表 5-3-15　a 水平下 $b*c$ 交互效应配对比较结果

Pairwise Comparisons

Measure: MEASURE_1

有无干扰	b	(I) c	(J) c	Mean Difference (I-J)	Std. Error	Sig.[a]	95% Confidence Interval for Difference[a]	
							Lower Bound	Upper Bound
1.00	1	1	2	4.500*	.579	.000	3.259	5.741
		2	1	-4.500*	.579	.000	-5.741	-3.259
	2	1	2	1.375	.706	.072	-.138	2.888
		2	1	-1.375	.706	.072	-2.888	.138
	3	1	2	1.125*	.411	.016	.245	2.005
		2	1	-1.125*	.411	.016	-2.005	-.245
2.00	1	1	2	-1.250*	.579	.049	-2.491	-.009
		2	1	1.250*	.579	.049	.009	2.491
	2	1	2	4.625*	.706	.000	3.112	6.138
		2	1	-4.625*	.706	.000	-6.138	-3.112
	3	1	2	4.000*	.411	.000	3.120	4.880
		2	1	-4.000*	.411	.000	-4.880	-3.120

Based on estimated marginal means

*. The mean difference is significant at the .05 level.

a. Adjustment for multiple comparisons: Sidak.

② 在 b 水平下 $c*a$ 交互效应检验结果

第一,在 b 水平下 $c*a$ 交互效应检验均值如图 5-3-13 所示。

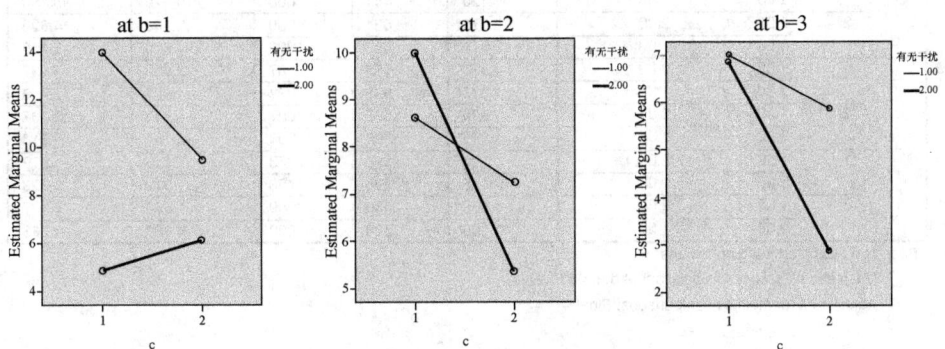

图 5-3-13　b 水平下 $c*a$ 交互效应检验均值图

第二,在 b 水平下 $c*a$ 交互效应检验描述性统计结果如表 5-3-16 所示。

表 5-3-16 描述性统计结果

Estimates

Measure: MEASURE_1

b	c	有无干扰	Mean	Std. Error	95% Confidence Interval Lower Bound	95% Confidence Interval Upper Bound
1	1	1.00	14.000	.312	13.332	14.668
		2.00	4.875	.312	4.207	5.543
	2	1.00	9.500	.411	8.620	10.380
		2.00	6.125	.411	5.245	7.005
2	1	1.00	8.625	.421	7.721	9.529
		2.00	10.000	.421	9.096	10.904
	2	1.00	7.250	.416	6.358	8.142
		2.00	5.375	.416	4.483	6.267
3	1	1.00	7.000	.281	6.396	7.604
		2.00	6.875	.281	6.271	7.479
	2	1.00	5.875	.375	5.071	6.679
		2.00	2.875	.375	2.071	3.679

第三,在 b 水平下 $c*a$ 交互效应的配对比较结果如表 5-3-17 所示。

表 5-3-17 b 水平下 $c*a$ 交互效应配对比较结果

Pairwise Comparisons

Measure: MEASURE_1

b	c	(I) 有无干扰	(J) 有无干扰	Mean Difference (I-J)	Std. Error	Sig.[a]	95% Confidence Interval for Difference[a] Lower Bound	95% Confidence Interval for Difference[a] Upper Bound
1	1	1.00	2.00	9.125*	.441	.000	8.180	10.070
		2.00	1.00	-9.125*	.441	.000	-10.070	-8.180
	2	1.00	2.00	3.375*	.581	.000	2.130	4.620
		2.00	1.00	-3.375*	.581	.000	-4.620	-2.130
2	1	1.00	2.00	-1.375*	.596	.037	-2.653	-.097
		2.00	1.00	1.375*	.596	.037	.097	2.653
	2	1.00	2.00	1.875*	.588	.007	.613	3.137
		2.00	1.00	-1.875*	.588	.007	-3.137	-.613
3	1	1.00	2.00	.125	.398	.758	-.729	.979
		2.00	1.00	-.125	.398	.758	-.979	.729
	2	1.00	2.00	3.000*	.530	.000	1.863	4.137
		2.00	1.00	-3.000*	.530	.000	-4.137	-1.863

Based on estimated marginal means

*. The mean difference is significant at the .05 level.

a. Adjustment for multiple comparisons: Sidak.

统计结果表明:

1) 在采用实物图片、呈现时间 30 秒,无干扰的记忆成绩极显著优于有干扰的记忆成绩($P=0.000, P<0.01$);呈现时间 15 秒,无干扰的记忆成绩极显著优于有干扰的记忆成绩($P=0.000, P<0.01$)。2) 在采用数字图片、呈现时间 30 秒,无干扰的记忆成绩显著低于有干扰的记忆成绩($P=0.037, P<0.05$);呈现时间 15 秒,无干扰的记忆成绩极显著优于有干扰的记忆成绩($P=$

$0.007, P < 0.01$)。3) 在采用符号图片、呈现时间 30 秒,有、无干扰的记忆成绩无显著差异($P=0.758, P>0.05$);呈现时间 15 秒,无干扰的记忆成绩极显著优于有干扰的记忆成绩($P=0.000, P<0.01$)。

③ 在 c 水平下 $a*b$ 交互效应检验结果

第一,在 c 水平下 $a*b$ 交互效应检验均值图如图 5-3-14 所示。

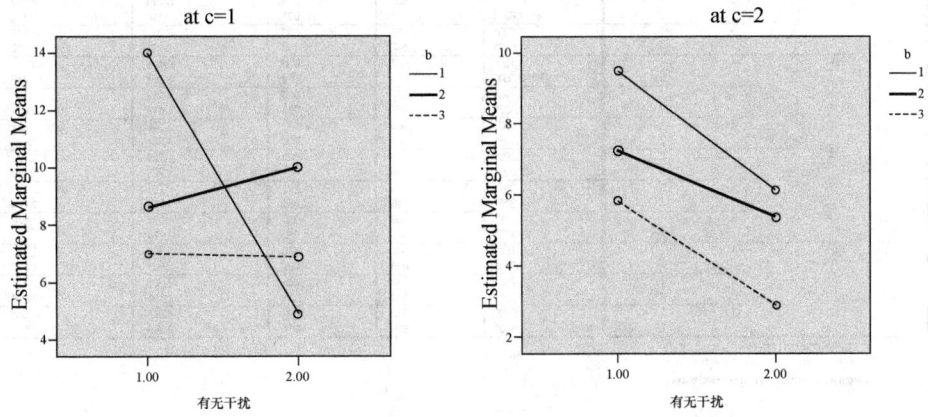

图 5-3-14　c 水平下 $a*b$ 交互效应检验均值图

第二,在 c 水平下 $a*b$ 交互效应的描述性统计结果如表 5-3-18 所示。

表 5-3-18　描述性统计结果

Estimates

Measure: MEASURE_1

c	有无干扰	b	Mean	Std. Error	95% Confidence Interval	
					Lower Bound	Upper Bound
1	1.00	1	14.000	.312	13.332	14.668
		2	8.625	.421	7.721	9.529
		3	7.000	.281	6.396	7.604
	2.00	1	4.875	.312	4.207	5.543
		2	10.000	.421	9.096	10.904
		3	6.875	.281	6.271	7.479
2	1.00	1	9.500	.411	8.620	10.380
		2	7.250	.416	6.358	8.142
		3	5.875	.375	5.071	6.679
	2.00	1	6.125	.411	5.245	7.005
		2	5.375	.416	4.483	6.267
		3	2.875	.375	2.071	3.679

第三，在 c 水平下 a * b 交互效应的配对比较结果如表 5-3-19 所示。

表 5-3-19 c 水平下 a * b 交互效应的配对比较结果

Pairwise Comparisons
Measure: MEASURE_1

c	有无干扰	(I) b	(J) b	Mean Difference (I-J)	Std. Error	Sig.a	95% Confidence Interval for Difference a	
							Lower Bound	Upper Bound
1	1.00	1	2	5.375*	.507	.000	4.002	6.748
			3	7.000*	.463	.000	5.746	8.254
		2	1	-5.375*	.507	.000	-6.748	-4.002
			3	1.625*	.557	.033	.116	3.134
		3	1	-7.000*	.463	.000	-8.254	-5.746
			2	-1.625*	.557	.033	-3.134	-.116
	2.00	1	2	-5.125*	.507	.000	-6.498	-3.752
			3	-2.000*	.463	.002	-3.254	-.746
		2	1	5.125*	.507	.000	3.752	6.498
			3	3.125*	.557	.000	1.616	4.634
		3	1	2.000*	.463	.002	.746	3.254
			2	-3.125*	.557	.000	-4.634	-1.616
2	1.00	1	2	2.250*	.543	.003	.779	3.721
			3	3.625*	.608	.000	1.978	5.272
		2	1	-2.250*	.543	.003	-3.721	-.779
			3	1.375	.516	.055	-.024	2.774
		3	1	-3.625*	.608	.000	-5.272	-1.978
			2	-1.375	.516	.055	-2.774	.024
	2.00	1	2	.750	.543	.466	-.721	2.221
			3	3.250*	.608	.000	1.603	4.897
		2	1	-.750	.543	.466	-2.221	.721
			3	2.500*	.516	.001	1.101	3.899
		3	1	-3.250*	.608	.000	-4.897	-1.603
			2	-2.500*	.516	.001	-3.899	-1.101

Based on estimated marginal means
*. The mean difference is significant at the .05 level.
a. Adjustment for multiple comparisons: Sidak.

统计结果表明：

① 在呈现时间 30 秒，无干扰的实验条件下，被试对实物图片的记忆成绩极显著优于对数字图片（$P=0.000, P<0.01$）与对符号图片的记忆成绩（$P=0.000, P<0.01$）；对数字图片的记忆成绩显著优于对符号图片的记忆成绩（$P=0.033, P<0.05$）。在呈现时间 30 秒，有干扰的实验条件下，被试对实物图片的记忆成绩极显著低于对数字图片（$P=0.000, P<0.01$）与符号图片的记忆成绩（$P=0.002, P<0.01$）；对数字图片的记忆成绩极显著优于对符号图片的记忆成绩（$P=0.000, P<0.01$）。② 在呈现时间 15 秒，无干扰的实验条件下，被试对实物图片的记忆成绩极显著优于对数字图片（$P=0.003, P<0.01$）与对符号图片的记忆成绩（$P=0.000, P<0.01$）；对数字图片与符号图片的记忆成绩无差异（$P=0.055, P>0.05$）。在呈现时间 15 秒，有干扰的实验条件下，被试对实物图片与数字图片的记忆成绩无差异（$P=0.466, P>0.05$），对实物图片的记忆成绩极显著优于对符号图片的记忆成绩（$P=0.000, P<0.01$）；对数字图片的记忆成绩极显著优于对符号图片的记忆成绩（$P=0.001, P<0.01$）。

四、重复测量两个因素的三因素混合实验设计方差分析流程图

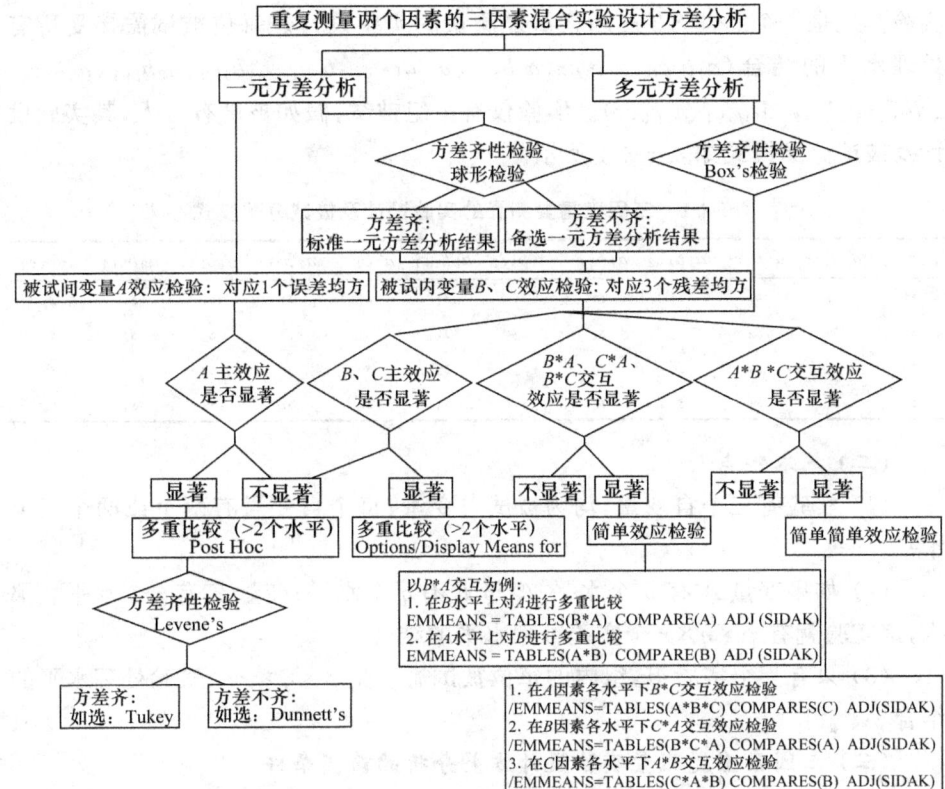

图 5-3-15　重复测量两因素的三因素混合实验设计方差分析流程图

第 4 节　三因素重复测量的实验设计及数据处理

本节将对三因素重复测量实验设计的特点与模式、方差分析的原理与步骤，以及如何利用 SPSS 统计软件对其实验结果进行数据处理等问题进行叙述与说明。

一、三因素重复测量实验设计的基本特点

（一）实验设计及被试分配模式

例如：有一项"阅读理解能力相关影响因素的实验研究"。其中，阅读成绩是因变量，相关影响因素为 A、B、C 均是被试内变量。A 为有无标记，a_1 为

有标记,a_2 为无标记;B 为文章长短,b_1 为约 500 字,b_2 为约 750 字,b_3 为约 1000 字;C 为是否回视,c_1 为可回视,c_2 为不可回视,被试通过操作电脑完成实验。这是一个 2×3×2 三因素重复测量的实验设计。每位被试需接受所有处理水平的结合($a_1b_1c_1$、$a_1b_1c_2$、$a_1b_2c_1$、$a_1b_2c_2$、$a_1b_3c_1$、$a_1b_3c_2$、$a_2b_1c_1$、$a_2b_1c_2$、$a_2b_2c_1$、$a_2b_2c_2$、$a_2b_3c_1$、$a_2b_3c_2$)。实验仅有一组被试,假如被试有 4 人,其实验设计及被试分配模式如表 5-4-1 所示。

表 5-4-1　三因素重复测量的实验设计及被试分配模式

$a_1b_1c_1$	$a_1b_1c_2$	$a_1b_2c_1$	$a_1b_2c_2$	$a_1b_3c_1$	$a_1b_3c_2$	$a_2b_1c_1$	$a_2b_1c_2$	$a_2b_2c_1$	$a_2b_2c_2$	$a_2b_3c_1$	$a_2b_3c_2$
s_1	s_1	s_1	s_1	s_1	s_1	s_1	s_1	s_1	s_1	s_1	s_1
s_2	s_2	s_2	s_2	s_2	s_2	s_2	s_2	s_2	s_2	s_2	s_2
s_3	s_3	s_3	s_3	s_3	s_3	s_3	s_3	s_3	s_3	s_3	s_3
s_4	s_4	s_4	s_4	s_4	s_4	s_4	s_4	s_4	s_4	s_4	s_4

(二) 基本特点

(1) 实验有三个自变量,均为被试内变量,每个自变量有两个或两个以上水平。

(2) 如果变量 A 有 p 个水平;变量 B 有 q 个水平;变量 C 有 r 个水平。那么,该实验就有 $p×q×r$ 个实验处理水平的结合。

(3) 只有一个实验组,组内的每位被试需接受 $p×q×r$ 个实验处理水平的结合。

(三) 三因素重复测量实验设计方差分析的前提条件

在重复测量三个因素的三因素实验设计中,如果被试内变量只有 2 个水平,则只进行标准的一元的方差分析,如超过 2 个以上水平,则执行三种检验:即标准一元方差分析;备选一元方差分析与多元方差分析。所以,从一元方差分析与多元方差分析两方面提出假设前提。

(1) 一元方差分析假设前提

① 正态性。因变量在实验单元内呈正态分布。若样本量达到 15 人或以上则可不受正态分布的条件限制。

② 方差齐性。因变量在因素任意两个水平间的差值变异(方差)相等。备选方差分析和多元方差分析不受方差齐性条件的限制。

③ 独立性与随机性。样本必须从总体中随机抽取获得,被试间相互独立。

(2) 多元方差分析的假设前提

① 多元正态性。每个差值变量都呈正态分布,大样本不受限制。

② 随机性与独立性。样本从总体中随机抽取获得，各差值之间相互独立。

二、三因素重复测量实验设计的原理与计算步骤

（一）三因素重复测量实验设计的基本原理

在三因素重复测量实验设计的方差分析中，总变异被分解为被试间变异和被试内变异。由于实验设计中没有被试间变量，所以这里的被试间变异主要指实验中的一些随机误差。被试内变异包括：被试内因素 A 的主效应引起的变异以及与其有关的误差变异，该误差变异的均方用作 A 的主效应 F 检验的误差项；被试内因素 B 的主效应引起的变异以及与其有关的误差变异，该误差变异的均方用作 B 的主效应 F 检验的误差项；被试内因素 C 的主效应引起的变异以及与其有关的误差变异，该误差变异的均方用作 C 的主效应 F 检验的误差项；被试内变量 AB 交互效应引起的变异以及与其有关的误差变异，该误差变异的均方用作 AB 交互效应 F 检验的误差项；被试内变量 AC 交互效应引起的变异以及与其有关的误差变异，该误差变异的均方用作 AC 交互效应 F 检验的误差项；被试内变量 BC 交互效应引起的变异以及与其有关的误差变异，该误差变异的均方用作 BC 交互效应 F 检验的误差项；被试内变量 ABC 三阶交互效应引起的变异以及与其有关的误差变异，该误差变异的均方用作 ABC 交互效应 F 检验的误差项。

在三因素完全随机实验的方差分析中，对 7 个 F 检验，只用 1 个误差项。在重复测量一个因素的三因素混合实验设计的方差分析中，对 7 个 F 检验，用 2 个误差项，即与被试内因素有关的误差变异和与被试间因素有关的误差变异。在重复测量两个因素的三因素混合实验设计的方差分析中，对 7 个 F 检验，用 4 个误差项，即与被试内因素有关的 3 个误差变异和与被试间因素有关的 1 个误差变异。在三因素重复测量实验设计中，对 7 个 F 检验，用 7 个误差变异。因此，从实验设计的精度上讲，在三因素实验设计中，三因素重复测量实验设计的精度最高。

（二）三因素重复测量实验设计的计算步骤

例 5-4-1

某研究者欲进行一项有关记忆能力的实验研究。实验中的因变量为记忆成绩，A、B、C 三个自变量均为被试内变量。A 为实验中有无干扰，a_1 为无干扰，a_2 为有干扰；B 为材料类型，b_1 为实物图片，b_2 为数字图片，b_3 为符号图片；C 为材料显示时间，c_1 为显示时间 30 秒，c_2 为显示时间 15 秒。该实验设计为 $2×3×2$ 的三因素重复测量实验设计，实验只有 1 组，如被试为 4 人，则

每位被试要接受12种实验处理水平的结合。实验原始数据如表5-4-2所示。

表 5-4-2　三因素重复测量实验设计及被试分配模式

$a_1b_1c_1$	$a_1b_1c_2$	$a_1b_2c_1$	$a_1b_2c_2$	$a_1b_3c_1$	$a_1b_3c_2$	$a_2b_1c_1$	$a_2b_1c_2$	$a_2b_2c_1$	$a_2b_2c_2$	$a_2b_3c_1$	$a_2b_3c_2$	$\sum$
13	12	9	9	7	5	5	8	11	5	6	2	92
15	9	10	7	8	8	6	5	10	6	7	3	94
14	10	8	6	6	4	4	7	8	7	7	4	85
15	8	7	8	7	6	6	6	12	4	6	2	87

三因素重复测量实验设计的方差分析大致分为以下三个步骤：

1. 提出假设

（1）A 因素主效应不显著，即实验中有无干扰对记忆成绩没有显著影响；

（2）B 因素主效应不显著，即三种实验材料类型对记忆成绩没有显著影响；

（3）C 因素主效应不显著，即材料显示时间对记忆成绩没有显著影响；

（4）AB 二阶交互效应不显著，即有无干扰与实验材料类型对记忆成绩的交互效应不显著；

（5）AC 二阶交互效应不显著，即有无干扰与显示时间与记忆成绩的交互效应不显著。

（6）BC 二阶交互效应不显著，即实验材料类型与显示时间对记忆成绩的交互效应不显著。

（7）ABC 三阶交互效应不显著，即有无干扰、材料类型与显示时间对记忆成绩的交互效应不显著。

2. 计算 F 统计量

在计算 F 统计量前，需计算各种基本量、平方和及自由度。

（1）基本量的计算

可先将表 5-4-2 中的数据汇总为 ABC 表、AB 表、AC 表、BC 表、ABS 表、ACS 表、BCS 表、AS 表、BS 表及 CS 表（具体略），然后按如下公式计算基本量：

所有数据之和：$\sum_{i=1}^{n}\sum_{j=1}^{p}\sum_{k=1}^{q}\sum_{l=1}^{r}Y_{ijkl}$

所有数据和之平方的均数：$\dfrac{(\sum_{i=1}^{n}\sum_{j=1}^{p}\sum_{k=1}^{q}\sum_{l=1}^{r}Y_{ijkl})^2}{npqr}=[Y]$

所有数据平方和：$\sum_{i=1}^{n}\sum_{j=1}^{p}\sum_{k=1}^{q}\sum_{l=1}^{r}Y_{ijkl}^{2}=[ABCS]$

$$\sum_{j=1}^{p} \frac{(\sum_{i=1}^{n}\sum_{k=1}^{q}\sum_{l=1}^{r}Y_{ijkl})^2}{nqr} = [A]$$

$$\sum_{k=1}^{q} \frac{(\sum_{i=1}^{n}\sum_{j=1}^{p}\sum_{l=1}^{r}Y_{ijkl})^2}{npr} = [B]$$

$$\sum_{l=1}^{r} \frac{(\sum_{i=1}^{n}\sum_{j=1}^{p}\sum_{k=1}^{q}Y_{ijkl})^2}{npq} = [C]$$

$$\sum_{j=1}^{p}\sum_{k=1}^{q} \frac{(\sum_{i=1}^{n}\sum_{l=1}^{r}Y_{ijkl})^2}{nr} = [AB]$$

$$\sum_{j=1}^{p}\sum_{l=1}^{r} \frac{(\sum_{i=1}^{n}\sum_{k=1}^{q}Y_{ijkl})^2}{nq} = [AC]$$

$$\sum_{k=1}^{q}\sum_{l=1}^{r} \frac{(\sum_{i=1}^{n}\sum_{j=1}^{p}Y_{ijkl})^2}{np} = [BC]$$

$$\sum_{j=1}^{p}\sum_{k=1}^{q}\sum_{l=1}^{r} \frac{(\sum_{i=1}^{n}Y_{ijkl})^2}{n} = [ABC]$$

$$\sum_{i=1}^{n} \frac{(\sum_{j=1}^{p}\sum_{k=1}^{q}\sum_{l=1}^{r}Y_{ijkl})^2}{npr} = [S]$$

$$\sum_{i=1}^{n}\sum_{j=1}^{p}\sum_{k=1}^{q} \frac{(\sum_{l=1}^{r}Y_{ijkl})^2}{r} = [ABS]$$

$$\sum_{i=1}^{n}\sum_{j=1}^{p}\sum_{l=1}^{r} \frac{(\sum_{k=1}^{q}Y_{ijkl})^2}{q} = [ACS]$$

$$\sum_{i=1}^{n}\sum_{k=1}^{q}\sum_{l=1}^{r} \frac{(\sum_{j=1}^{p}Y_{ijkl})^2}{p} = [BCS]$$

$$\sum_{i=1}^{n}\sum_{j=1}^{p} \frac{(\sum_{k=1}^{q}\sum_{l=1}^{r}Y_{ijkl})^2}{qr} = [AS]$$

$$\sum_{i=1}^{n}\sum_{k=1}^{q}\frac{(\sum_{j=1}^{p}\sum_{l=1}^{r}Y_{ijkl})^2}{pr}=[BS]$$

$$\sum_{i=1}^{n}\sum_{l=1}^{r}\frac{(\sum_{j=1}^{p}\sum_{k=1}^{q}Y_{ijkl})^2}{pq}=[CS]$$

（2）根据基本量计算各平方和

平方和的分解：

$SS_{总变异}=SS_{被试间}+SS_{被试内}=SS_{被试间}+(SSA+SS_{A\times 被试}+SSB+SS_{B\times 被试}+SSC+SS_{C\times 被试}+SSAB+SS_{A\times B\times 被试}+SSAC+SS_{A\times C\times 被试}+SSBC+SS_{B\times C\times 被试}+SSABC+SS_{A\times B\times C\times 被试}$

平方和的计算：

$SS_{总变异}=[ABCS]-[Y]$

$SS_{被试间}=[S]-[Y]$

被试间平方和指所有由被试个体差异引起的变异。

$SS_{被试内}=SS_{总变异}-SS_{被试间}$

被试内平方和包括所有由实验处理引起的变异，如 SSA、SSB、SSC、$SSAB$、$SSAC$、$SSBC$、$SSABC$，以及所有实验中的误差变异。

$SSA=[A]-[Y]$

A 因素平方和，表示被试内因素 A 的处理效应。

$SS_{A\times 被试}=[AS]-[Y]-SS_{被试间}-SSA$

误差平方和，其均方作为 A 因素处理效应的 F 检验的误差项。

$SSB=[B]-[Y]$

B 因素平方和，表示被试内因素 B 的处理效应。

$SS_{B\times 被试}=[BS]-[Y]-SS_{被试间}-SSB$

误差平方和，其均方作为 B 因素处理效应的 F 检验的误差项。

$SSC=[C]-[Y]$

C 因素平方和，表示被试内因素 C 的处理效应。

$SS_{C\times 被试}=[CS]-[Y]-SS_{被试间}-SSC$

误差平方和，其均方作为 C 因素处理效应的 F 检验的误差项。

$SSAB=[AB]-[Y]-SSA-SSB$

A 与 B 因素共同作用产生的平方和，代表 A 因素与 B 因素的两阶交互效应。

$SS_{A\times B\times 被试}=[ABS]-[Y]-SS_{被试间}-SSA-SSB-SSAB-SS_{A\times 被试}-SS_{B\times 被试}$

误差平方和,其均方作为 A 与 B 因素两阶交互效应 F 检验的误差项。

$SSAC=[AC]-[Y]-SSA-SSC$

A 因素与 C 因素共同作用而产生的平方和,代表 A 因素与 C 因素的两阶交互效应。

$$SS_{A\times C\times 被试}=[ACS]-[Y]-SS_{被试间}-SSA-SSC-SSAC-SS_{A\times 被试}-SS_{C\times 被试}$$

误差平方和,其均方作为 A 与 C 因素两阶交互效应 F 检验的误差项。

$SSBC=[BC]-[Y]-SSB-SSC$

B 因素与 C 因素共同作用而产生的平方和,代表 B 因素与 C 因素的两阶交互效应。

$$SS_{B\times C\times 被试}=[BCS]-[Y]-SS_{被试间}-SSB-SSC-SSBC-SS_{B\times 被试}-SS_{C\times 被试}$$

误差平方和,其均方作为 B 与 C 因素两阶交互效应 F 检验的误差项。

$SSABC=[ABC]-[Y]-SSA-SSB-SSC-SSAB-SSAC-SSBC$

A、B 与 C 三因素共同作用而产生的平方和,代表 A、B 与 C 因素的三阶交互效应。

$$SS_{A\times B\times C\times 被试}=SS_{被试内}-SSA-SS_{A\times 被试}-SSB-SS_{B\times 被试}-SSC-SS_{C\times 被试}-SSAB-SS_{A\times B\times 被试}-SSAC-SS_{A\times C\times 被试}-SSBC-SS_{B\times C\times 被试}-SSABC$$

误差平方和,其均方作为 ABC 三阶交互效应 F 检验的误差项。

(3) 平方和的分解与自由度的计算

平方和的分解与自由度的计算如图 5-4-1 所示。

(4) 计算 F 统计量

各效应 F 统计量的计算公式如下:

$$F_A=\frac{MS_A}{MS_{A\times 被试}}=\frac{SS_A/df_A}{SS_{A\times 被试}/df_{A\times 被试}}$$

$$F_B=\frac{MS_B}{MS_{B\times 被试}}=\frac{SS_B/df_B}{SS_{B\times 被试}/df_{B\times 被试}}$$

$$F_C=\frac{MS_C}{MS_{C\times 被试}}=\frac{SS_C/df_C}{SS_{C\times 被试}/df_{C\times 被试}}$$

$$F_{AB}=\frac{MS_{AB}}{MS_{A\times B\times 被试}}=\frac{SS_{AB}/df_{AB}}{SS_{A\times B\times 被试}/df_{A\times B\times 被试}}$$

$$F_{AC}=\frac{MS_{AC}}{MS_{A\times C\times 被试}}=\frac{SS_{AC}/df_{AC}}{SS_{A\times C\times 被试}/df_{A\times C\times 被试}}$$

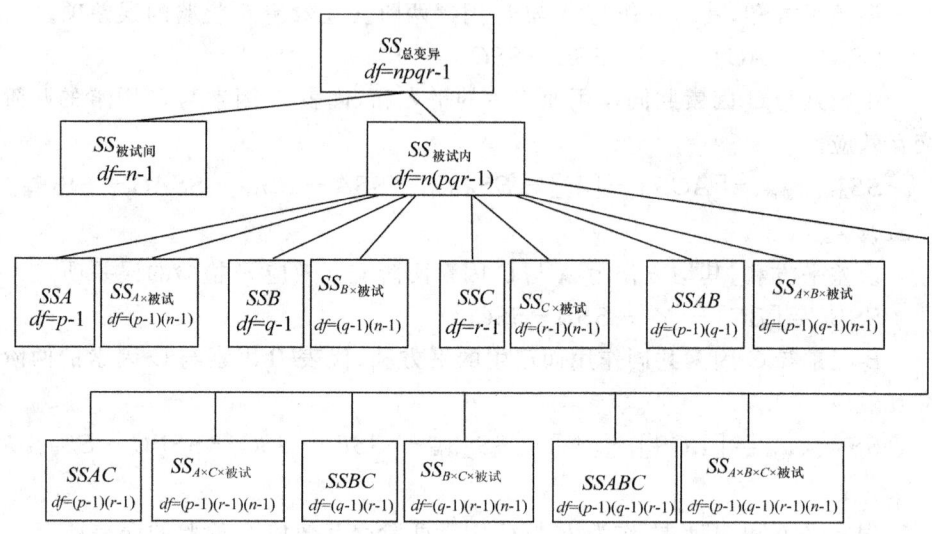

图 5-4-1　平方和的分解与自由度的计算

$$F_{BC}=\frac{MS_{BC}}{MS_{B\times C\times 被试}}=\frac{SS_{BC}/df_{BC}}{SS_{B\times C\times 被试}/df_{B\times C\times 被试}}$$

$$F_{ABC}=\frac{MS_{ABC}}{MS_{A\times B\times C\times 被试}}=\frac{SS_{ABC}/df_{ABC}}{SS_{A\times B\times C\times 被试}/df_{A\times B\times C\times 被试}}$$

3．统计推断

根据各 F 检验值所对应的 P 值，可以检验主效应、二阶交互效应与三阶交互效应在统计学上是否显著。

三、用 SPSS 统计软件对三因素重复测量实验设计进行数据处理

下面用例 5-4-1 数据，说明如何利用 SPSS 统计软件对三因素重复测量的实验设计进行数据处理。

（一）例题分析

该实验为 $2\times3\times2$ 的三因素重复测量的实验设计，分析思路为：对被试内变量 a、b、c 进行主效应检验；对 ab、ac、bc 进行二阶交互效应检验；对 abc 进行三阶交互效应的检验。由于被试内变量 b 有 3 个水平，如其主效应检验结果显著，其他交互效应不显著，则需在 3 个水平上进行多重比较。另外，如二阶交互效应检验结果显著，做简单效应检验；三阶交互效应检验显著，做简单简单效应检验。

（二）SPSS 操作步骤及结果说明

1．基本步骤

第一步，点击数据表格区域下方的 Variable View，定义 $a_1b_1c_1$、$a_1b_1c_2$、$a_1b_2c_1$、$a_1b_2c_2$、$a_1b_3c_1$、$a_1b_3c_2$、$a_2b_1c_1$、$a_2b_1c_2$、$a_2b_2c_1$、$a_2b_2c_2$、$a_2b_3c_1$、$a_2b_3c_2$ 十二个变量，点击数据表格区域下方的 Data View，进入数据输入窗口，将原始数据输入 SPSS 表格区域，建立数据文件，如图 5-4-2 所示。

	a1b1c1	a1b1c2	a1b2c1	a1b2c2	a1b3c1	a1b3c2	a2b1c1	a2b1c2	a2b2c1	a2b2c2	a2b3c1	a2b3c2
1	13.00	12.00	9.00	9.00	7.00	5.00	5.00	8.00	11.00	5.00	6.00	2.00
2	15.00	9.00	10.00	7.00	8.00	8.00	6.00	5.00	10.00	6.00	7.00	3.00
3	14.00	10.00	8.00	6.00	6.00	4.00	4.00	7.00	8.00	7.00	7.00	4.00
4	15.00	8.00	7.00	8.00	7.00	6.00	6.00	6.00	12.00	4.00	6.00	2.00

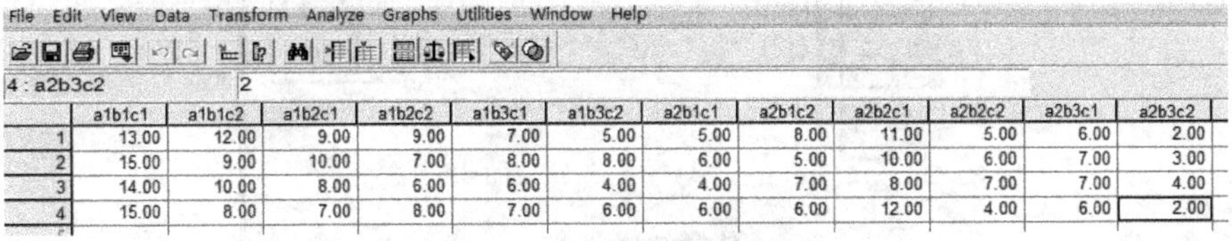

图 5-4-2　SPSS 数据结构表

说明：变量名下的数字代表被试在三种实验处理水平结合下的记忆成绩。以第 2 名被试为例，在 $a_1b_1c_1$ 实验条件下，其记忆成绩为 15 分；在 $a_1b_1c_2$ 下为 9 分；在 $a_1b_2c_1$ 下为 10 分；在 $a_1b_2c_2$ 下为 7 分；在 $a_1b_3c_1$ 下为 8 分；在 $a_1b_3c_2$ 下为 8 分；在 $a_2b_1c_1$ 下为 6 分；在 $a_2b_1c_2$ 下为 5 分；在 $a_2b_2c_1$ 下为 10 分；在 $a_2b_2c_2$ 下为 6 分；在 $a_2b_3c_1$ 下为 7 分；在 $a_2b_3c_2$ 下为 3 分，其余类同。图 5-4-2 显示了重复测量三个因素的三因素实验设计的 SPSS 数据结构。

第二步，选用模块：Analyze（统计分析）\General Linear Model（一般线性模型）\Repeated Measures...（重复测量方差分析），如图 5-4-3 所示。

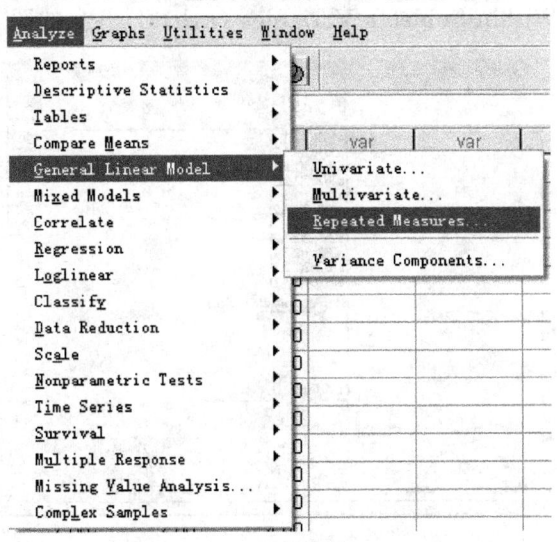

图 5-4-3　重复测量分析模块

第三步，定义三个被试内变量名及其水平数，如图 5-4-4 所示。

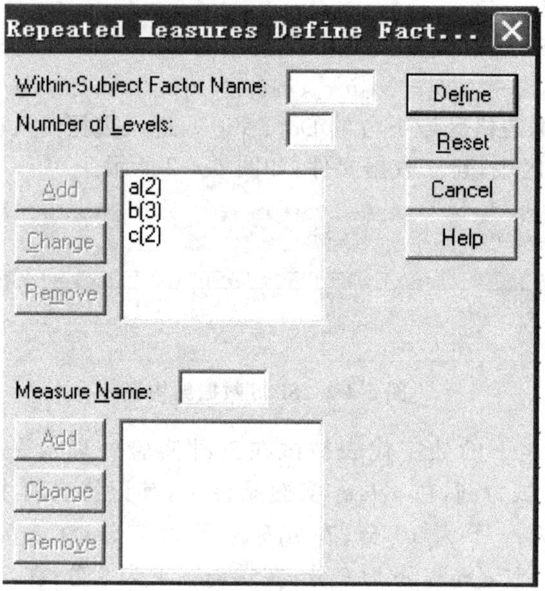

图 5-4-4　定义被试内变量名及其水平数

第四步，单击 Define 按钮，返回重复测量主对话框，将 $a_1b_1c_1$、$a_1b_1c_2$、$a_1b_2c_1$、$a_1b_2c_2$、$a_1b_3c_1$、$a_1b_3c_2$、$a_2b_1c_1$、$a_2b_1c_2$、$a_2b_2c_1$、$a_2b_2c_2$、$a_2b_3c_1$、$a_2b_3c_2$ 选入被试内变量框[Within-Subjects Variables（a,b,c）:]内，如图 5-4-5 所示。

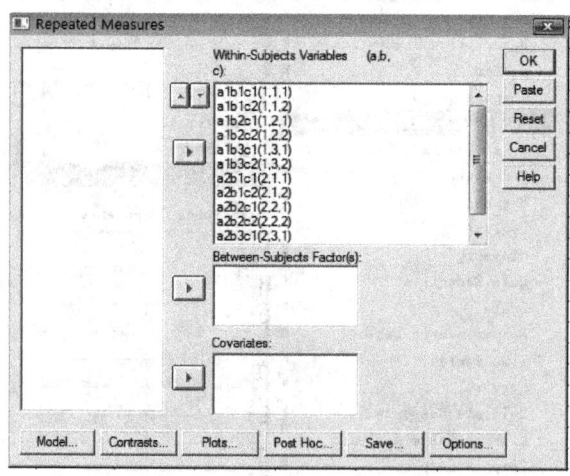

图 5-4-5　重复测量方差分析主对话框

第五步,单击选项(Options)按钮,将 b 选入 Display Means for: 下,选用 LSD(none)法对 b 进行多重比较;在 Display 下,选择(Descriptive statistics)对数据进行描述性统计,如图 5-4-6 所示。

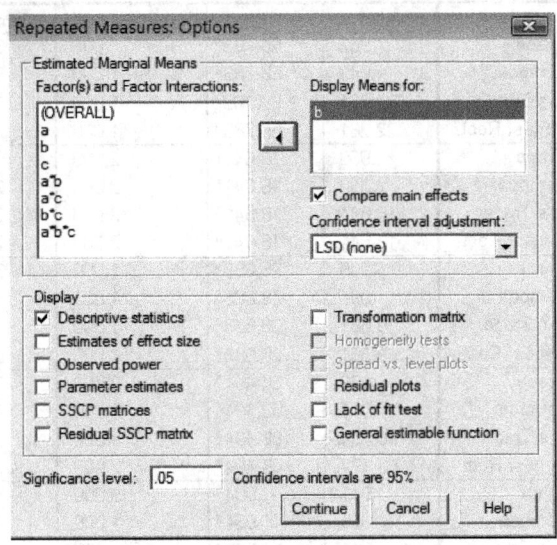

图 5-4-6　Options 选项对话框

说明:由于本例没有被试间变量,所以不能选择(Homogeneity testes)进行方差齐性检验,球形检验是系统默认的,不用选择。

第六步,单击选项(Continue)按钮,返回主对话框,点击 OK,执行程序。

2. 输出初步结果

(1) 描述性统计结果如表 5-4-3 所示。

表 5-4-3　描述性统计结果

Descriptive Statistics

	Mean	Std. Deviation	N
a1b1c1	14.2500	.95743	4
a1b1c2	9.7500	1.70783	4
a1b2c1	8.5000	1.29099	4
a1b2c2	7.5000	1.29099	4
a1b3c1	7.0000	.81650	4
a1b3c2	5.7500	1.70783	4
a2b1c1	5.2500	.95743	4
a2b1c2	6.5000	1.29099	4
a2b2c1	10.2500	1.70783	4
a2b2c2	5.5000	1.29099	4
a2b3c1	6.5000	.57735	4
a2b3c2	2.7500	.95743	4

(2) 被试内变量多元方差分析结果如表 5-4-4 所示。

表 5-4-4 多元方差分析结果

Multivariate Tests[b]

Effect		Value	F	Hypothesis df	Error df	Sig.
a	Pillai's Trace	.957	66.783[a]	1.000	3.000	.004
	Wilks' Lambda	.043	66.783[a]	1.000	3.000	.004
	Hotelling's Trace	22.261	66.783[a]	1.000	3.000	.004
	Roy's Largest Root	22.261	66.783[a]	1.000	3.000	.004
b	Pillai's Trace	.950	18.841[a]	2.000	2.000	.050
	Wilks' Lambda	.050	18.841[a]	2.000	2.000	.050
	Hotelling's Trace	18.841	18.841[a]	2.000	2.000	.050
	Roy's Largest Root	18.841	18.841[a]	2.000	2.000	.050
c	Pillai's Trace	.905	28.683[a]	1.000	3.000	.013
	Wilks' Lambda	.095	28.683[a]	1.000	3.000	.013
	Hotelling's Trace	9.561	28.683[a]	1.000	3.000	.013
	Roy's Largest Root	9.561	28.683[a]	1.000	3.000	.013
a * b	Pillai's Trace	.989	88.494[a]	2.000	2.000	.011
	Wilks' Lambda	.011	88.494[a]	2.000	2.000	.011
	Hotelling's Trace	88.494	88.494[a]	2.000	2.000	.011
	Roy's Largest Root	88.494	88.494[a]	2.000	2.000	.011
a * c	Pillai's Trace	.011	.034[a]	1.000	3.000	.866
	Wilks' Lambda	.989	.034[a]	1.000	3.000	.866
	Hotelling's Trace	.011	.034[a]	1.000	3.000	.866
	Roy's Largest Root	.011	.034[a]	1.000	3.000	.866
b * c	Pillai's Trace	.560	1.271[a]	2.000	2.000	.440
	Wilks' Lambda	.440	1.271[a]	2.000	2.000	.440
	Hotelling's Trace	1.271	1.271[a]	2.000	2.000	.440
	Roy's Largest Root	1.271	1.271[a]	2.000	2.000	.440
a * b * c	Pillai's Trace	.969	31.265[a]	2.000	2.000	.031
	Wilks' Lambda	.031	31.265[a]	2.000	2.000	.031
	Hotelling's Trace	31.265	31.265[a]	2.000	2.000	.031
	Roy's Largest Root	31.265	31.265[a]	2.000	2.000	.031

a. Exact statistic

b. Design: Intercept
   Within Subjects Design: a+b+c+a*b+a*c+b*c+a*b*c

多元方差分析结果显示：a 的主效应极显著($P=0.004,P<0.01$)；b 的主效应临界显著($P=0.050$)；c 的主效应显著($P=0.013,P<0.05$)；ab 的交互效应显著($P=0.011,P<0.05$)；ac 的交互效应不显著($P=0.866,P>0.05$)；bc 的交互效应不显著($P=0.440,P>0.05$)；abc 的三阶交互效应显著($P=0.031,P<0.05$)。

(3) 球形假设检验结果如表 5-4-5 所示。

表 5-4-5 球形假设检验结果
Mauchly's Test of Sphericity

Measure: MEASURE_1

Within Subjects	Mauchly's W	Approx. Chi-Square	df	Sig.	Epsilon		
					Greenhouse-Geisser	Huynh-Feldt	Lower-bound
a	1.000	.000	0	.	1.000	1.000	1.000
b	.452	1.590	2	.452	.646	.927	.500
c	1.000	.000	0	.	1.000	1.000	1.000
a * b	.412	1.772	2	.412	.630	.873	.500
a * c	1.000	.000	0	.	1.000	1.000	1.000
b * c	.314	2.316	2	.314	.593	.757	.500
a * b * c	.341	2.152	2	.341	.603	.786	.500

Tests the null hypothesis that the error covariance matrix of the orthonormalized transformed proportional to an identity matrix.

a. May be used to adjust the degrees of freedom for the averaged tests of significance. C the Tests of Within-Subjects Effects table.

b.
Design: Intercept
Within Subjects Design: a+b+c+a*b+a*c+b*c+a*b*c

表 5-4-5 为被试内变量球形假设检验结果，由于 a 与 c 变量只有两个水平，故不做检验，$b(P=0.452, P>0.05)$、$a*b(P=0.412, P>0.05)$、$b*c(P=0.314, P>0.05)$、$a*b*c(P=0.341, P>0.05)$ 均满足球形假设。

(4) 被试内变量一元方差分析结果如表 5-4-6 所示。

被试内变量一元方差分析结果显示：a 的主效应极显著($P=0.004, P<0.01$)；b 的主效应极显著($P=0.000, P<0.01$)；c 的主效应极显著($P=0.013, P<0.05$)；ab 的交互效应极显著($P=0.000, P<0.01$)；ac 的交互效应不显著($P=0.866, P>0.05$)；bc 的交互效应不显著($P=0.471, P>0.05$)；abc 的三阶交互效应极显著($P=0.005, P<0.01$)。

表 5-4-6 被试内变量效应检验结果

Tests of Within-Subjects Effects

Measure: MEASURE_1

Source		Type III Sum of Squares	df	Mean Square	F	Sig.
a	Sphericity Assumed	85.333	1	85.333	66.783	.004
	Greenhouse-Geisser	85.333	1.000	85.333	66.783	.004
	Huynh-Feldt	85.333	1.000	85.333	66.783	.004
	Lower-bound	85.333	1.000	85.333	66.783	.004
Error(a)	Sphericity Assumed	3.833	3	1.278		
	Greenhouse-Geisser	3.833	3.000	1.278		
	Huynh-Feldt	3.833	3.000	1.278		
	Lower-bound	3.833	3.000	1.278		
b	Sphericity Assumed	100.042	2	50.021	46.471	.000
	Greenhouse-Geisser	100.042	1.292	77.456	46.471	.002
	Huynh-Feldt	100.042	1.853	53.977	46.471	.000
	Lower-bound	100.042	1.000	100.042	46.471	.006
Error(b)	Sphericity Assumed	6.458	6	1.076		
	Greenhouse-Geisser	6.458	3.875	1.667		
	Huynh-Feldt	6.458	5.560	1.162		
	Lower-bound	6.458	3.000	2.153		
c	Sphericity Assumed	65.333	1	65.333	28.683	.013
	Greenhouse-Geisser	65.333	1.000	65.333	28.683	.013
	Huynh-Feldt	65.333	1.000	65.333	28.683	.013
	Lower-bound	65.333	1.000	65.333	28.683	.013
Error(c)	Sphericity Assumed	6.833	3	2.278		
	Greenhouse-Geisser	6.833	3.000	2.278		
	Huynh-Feldt	6.833	3.000	2.278		
	Lower-bound	6.833	3.000	2.278		
a*b	Sphericity Assumed	77.042	2	38.521	39.906	.000
	Greenhouse-Geisser	77.042	1.260	61.156	39.906	.003
	Huynh-Feldt	77.042	1.746	44.116	39.906	.001
	Lower-bound	77.042	1.000	77.042	39.906	.008
Error(a*b)	Sphericity Assumed	5.792	6	.965		
	Greenhouse-Geisser	5.792	3.779	1.532		
	Huynh-Feldt	5.792	5.239	1.105		
	Lower-bound	5.792	3.000	1.931		
a*c	Sphericity Assumed	.083	1	.083	.034	.866
	Greenhouse-Geisser	.083	1.000	.083	.034	.866
	Huynh-Feldt	.083	1.000	.083	.034	.866
	Lower-bound	.083	1.000	.083	.034	.866
Error(a*c)	Sphericity Assumed	7.417	3	2.472		
	Greenhouse-Geisser	7.417	3.000	2.472		
	Huynh-Feldt	7.417	3.000	2.472		
	Lower-bound	7.417	3.000	2.472		
b*c	Sphericity Assumed	3.292	2	1.646	.856	.471
	Greenhouse-Geisser	3.292	1.186	2.775	.856	.435
	Huynh-Feldt	3.292	1.513	2.175	.856	.452
	Lower-bound	3.292	1.000	3.292	.856	.423
Error(b*c)	Sphericity Assumed	11.542	6	1.924		
	Greenhouse-Geisser	11.542	3.559	3.243		
	Huynh-Feldt	11.542	4.540	2.542		
	Lower-bound	11.542	3.000	3.847		
a*b*c	Sphericity Assumed	53.292	2	26.646	14.264	.005
	Greenhouse-Geisser	53.292	1.206	44.207	14.264	.022
	Huynh-Feldt	53.292	1.573	33.887	14.264	.011
	Lower-bound	53.292	1.000	53.292	14.264	.033
Error(a*b*c)	Sphericity Assumed	11.208	6	1.868		
	Greenhouse-Geisser	11.208	3.617	3.099		
	Huynh-Feldt	11.208	4.718	2.376		
	Lower-bound	11.208	3.000	3.736		

(5) 多重比较结果如表 5-4-7、表 5-4-8 所示。

表 5-4-7　描述性统计结果

Estimates

Measure: MEASURE_1

b	Mean	Std. Error	95% Confidence Interval	
			Lower Bound	Upper Bound
1	8.938	.188	8.341	9.534
2	7.938	.277	7.055	8.820
3	5.500	.339	4.423	6.577

表 5-4-8　多重比较结果

Pairwise Comparisons

Measure: MEASURE_1

(I) b	(J) b	Mean Difference (I-J)	Std. Error	Sig.[a]	95% Confidence Interval for Difference[a]	
					Lower Bound	Upper Bound
1	2	1.000*	.204	.016	.350	1.650
	3	3.438*	.461	.005	1.971	4.904
2	1	-1.000*	.204	.016	-1.650	-.350
	3	2.438*	.387	.008	1.206	3.669
3	1	-3.438*	.461	.005	-4.904	-1.971
	2	-2.438*	.387	.008	-3.669	-1.206

Based on estimated marginal means

*. The mean difference is significant at the .05 level.

a. Adjustment for multiple comparisons: Least Significant Difference (equivalent to no adjustments).

多重比较结果表明：b 因素的水平 1 和水平 2 差异显著（$P=0.016<0.05$），即实物图片的记忆成绩显著优于数字图片；水平 1 和水平 3 差异极显著（$P=0.005<0.01$），即实物图片的记忆成绩极显著优于符号图片；水平 2 和水平 3 差异极显著（$P=0.008<0.01$），即数字图片的记忆成绩显著优于符号图片。

由上述分析结果可知：ab 二阶交互效应显著，abc 三阶交互效应显著，以下进行简单效应与简单简单效应的检验。

3. 简单效应检验

(1) 绘制均值图

为了直观地显示 ab 简单效应的检验结果，绘制均值图。保留原设置不变，在主对话框中点击 Plots 按钮,选定 b 为横坐标(Horizontal Axis),a 为独立折线(Sperate Lines);单击 Add 按钮完成操作,具体见图 5-4-7 所示。

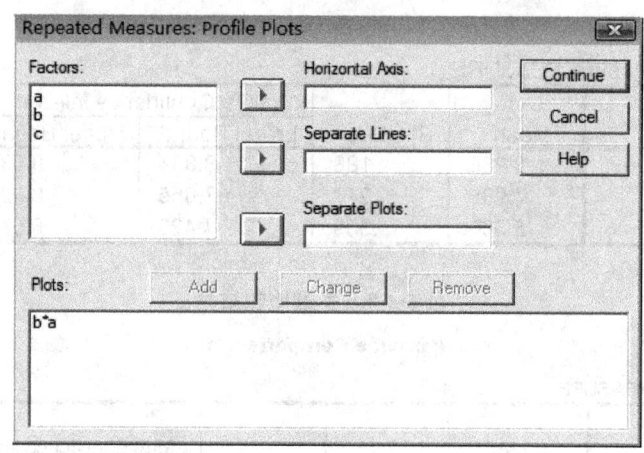

图 5-4-7　绘制均值图对话窗

(2) 改写语句

在主对话框中,单击 Paste 按钮,SPSS 会把原先的全部操作转换成为语句并粘贴到新打开的程序语句窗口中。在命令语句中,加入 EMMRANS 引导的语句,如图 5-4-8 所示。

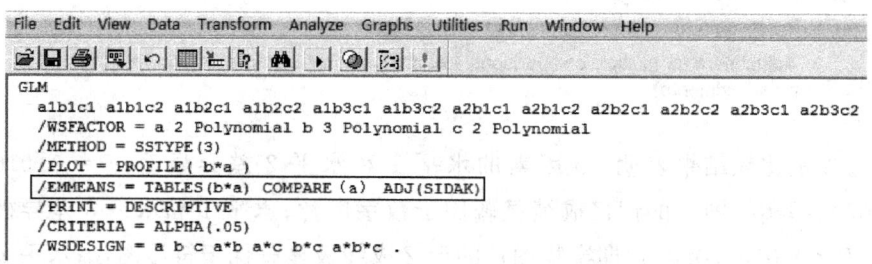

图 5-4-8　经修改的 SPSS 程序语句

(3) 简单效应检验结果

① $b*a$ 均值显示如图 5-4-9 所示。

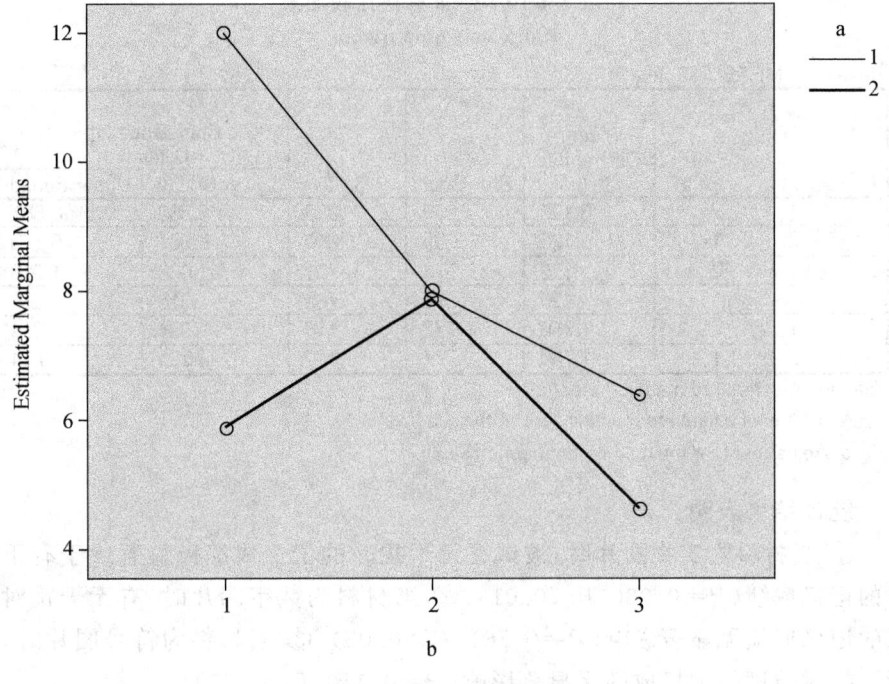

图 5-4-9 $b*a$ 均值图

② $b*a$ 描述性统计结果如表 5-4-9 所示。

表 5-4-9 $b*a$ 描述性统计结果

Estimates

Measure: MEASURE_1

b	a	Mean	Std. Error	95% Confidence Interval	
				Lower Bound	Upper Bound
1	1	12.000	.204	11.350	12.650
	2	5.875	.239	5.113	6.637
2	1	8.000	.456	6.547	9.453
	2	7.875	.125	7.477	8.273
3	1	6.375	.625	4.386	8.364
	2	4.625	.375	3.432	5.818

③ $b*a$ 配对比较结果如表 5-4-10 所示。

表 5-4-10　$b*a$ 配对比较结果

Pairwise Comparisons

Measure: MEASURE_1

b	(I) a	(J) a	Mean Difference (I-J)	Std. Error	Sig.[a]	95% Confidence Interval for Difference[a]	
						Lower Bound	Upper Bound
1	1	2	6.125*	.239	.000	5.363	6.887
	2	1	-6.125*	.239	.000	-6.887	-5.363
2	1	2	.125	.375	.761	-1.068	1.318
	2	1	-.125	.375	.761	-1.318	1.068
3	1	2	1.750	.777	.110	-.724	4.224
	2	1	-1.750	.777	.110	-4.224	.724

Based on estimated marginal means

*. The mean difference is significant at the .05 level.

a. Adjustment for multiple comparisons: Sidak.

统计结果表明：

① 当材料为实物图片时，被试在无干扰时的记忆成绩极显著优于有干扰时的记忆成绩（$P=0.000, P<0.01$）；② 当材料为数字图片时，有无干扰对被试的记忆成绩无显著影响（$P=0.761, P>0.05$）；③ 当材料为符号图片时，有无干扰对被试的记忆成绩无显著影响（$P=0.110, P>0.05$）。

4. 简单简单效应检验

（1）绘制均值图

为了更直观地显示 abc 简单简单效应的检验结果，绘制均值图。在主对话框中点击 Plots 按钮，将 a、b、c 分三次送入横坐标（Horizontal Axis）、独立折线（Sperate Lines）与独立图标（Sperate Plots）中，如：$b*c*a, c*a*b, a*b*c$，每次单击 Add 按钮完成操作，见图 5-4-10 所示。

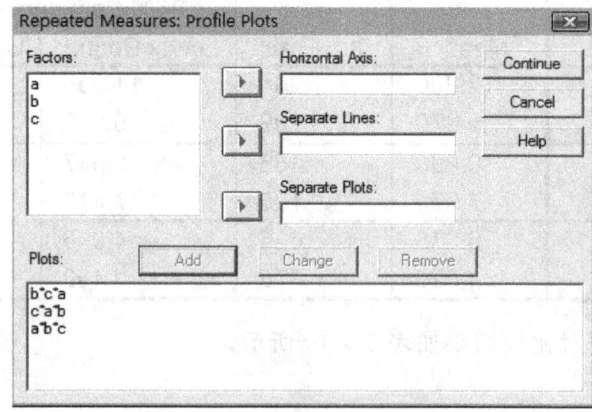

图 5-4-10　绘制均值图对话框

说明：图 5-4-10 中 Horizontal Axis 为横轴，输入的变量有几个水平，横轴上就有几个点；Sperate Lines 为独立折线，输入的变量有几个水平，图中就有几条折线；Sperate Plots 为独立图标，输入的变量有几个水平，就绘制几幅图。

（2）改写语句

SPSS 没有提供进行简单简单效应检验的菜单，必须通过编写语句来实现。回到主对话框，单击 Paste 按钮，SPSS 会把全部操作转换成为语句并粘贴到新打开的程序语句窗口中。在原程序语句中加入 EMMEANS 引导的语句，如图 5-4-11 所示。

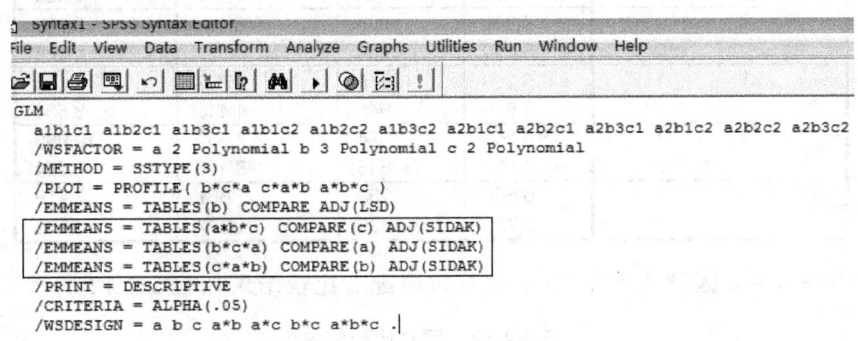

图 5-4-11　经修改的 SPSS 程序语句

（3）输出结果

① 在 a 因素水平下 $b*c$ 交互效应检验结果

第一，在 a 因素水平下 $b*c$ 交互效应均值如图 5-4-12 所示。

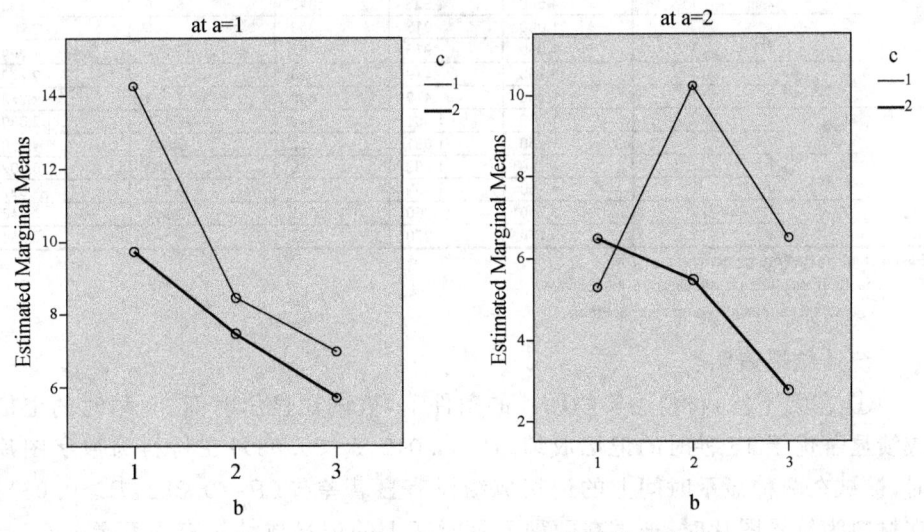

图 5-4-12　a 因素水平下 $b*c$ 交互效应均值图

第二,在 a 因素水平下 $b*c$ 交互效应描述性统计结果如表 5-4-11 所示。

表 5-4-11 描述性统计结果

Estimates

Measure: MEASURE_1

a	b	c	Mean	Std. Error	95% Confidence Interval	
					Lower Bound	Upper Bound
1	1	1	14.250	.479	12.727	15.773
		2	9.750	.854	7.032	12.468
	2	1	8.500	.645	6.446	10.554
		2	7.500	.645	5.446	9.554
	3	1	7.000	.408	5.701	8.299
		2	5.750	.854	3.032	8.468
2	1	1	5.250	.479	3.727	6.773
		2	6.500	.645	4.446	8.554
	2	1	10.250	.854	7.532	12.968
		2	5.500	.645	3.446	7.554
	3	1	6.500	.289	5.581	7.419
		2	2.750	.479	1.227	4.273

第三,在 a 因素水平下 $b*c$ 交互效应配对比较结果如表 5-4-12 所示。

表 5-4-12 配对比较结果

Pairwise Comparisons

Measure: MEASURE_1

a	b	(I) c	(J) c	Mean Difference (I-J)	Std. Error	Sig.[a]	95% Confidence Interval for Difference[a]	
							Lower Bound	Upper Bound
1	1	1	2	4.500*	1.323	.042	.290	8.710
		2	1	-4.500*	1.323	.042	-8.710	-.290
	2	1	2	1.000	.913	.353	-1.905	3.905
		2	1	-1.000	.913	.353	-3.905	1.905
	3	1	2	1.250	.479	.080	-.273	2.773
		2	1	-1.250	.479	.080	-2.773	.273
2	1	1	2	-1.250	1.031	.312	-4.530	2.030
		2	1	1.250	1.031	.312	-2.030	4.530
	2	1	2	4.750	1.493	.050	-.002	9.502
		2	1	-4.750	1.493	.050	-9.502	.002
	3	1	2	3.750*	.250	.001	2.954	4.546
		2	1	-3.750*	.250	.001	-4.546	-2.954

Based on estimated marginal means

*. The mean difference is significant at the .05 level.

a. Adjustment for multiple comparisons: Sidak.

统计结果表明:

① 在无干扰,材料为实物图片的条件下,被试在显示时间 30 秒时的记忆成绩显著优于 15 秒时的记忆成绩($P=0.042,P<0.05$);在材料为数字图片时,被试在两种显示时间上的记忆成绩没有显著差异($P=0.353,P>0.05$);在材料为符号图片时,被试在两种显示时间上的记忆成绩没有显著差异($P=$

0.080, $P>0.05$)。② 在有干扰,材料为实物图片的条件下,被试在显示时间30秒与15秒时的记忆成绩无差异($P=0.312, P>0.05$);在材料为数字图片时,被试在两种显示时间上的记忆成绩差异显著($P=0.050, P\leqslant 0.05$);在材料为符号图片时,被试在两种显示时间上的记忆成绩有极显著差异($P=0.001, P<0.01$)。

② 在 b 因素下 $c*a$ 交互效应检验结果

第一,在 b 因素下 $c*a$ 交互效应检验均值如图 5-4-13 所示。

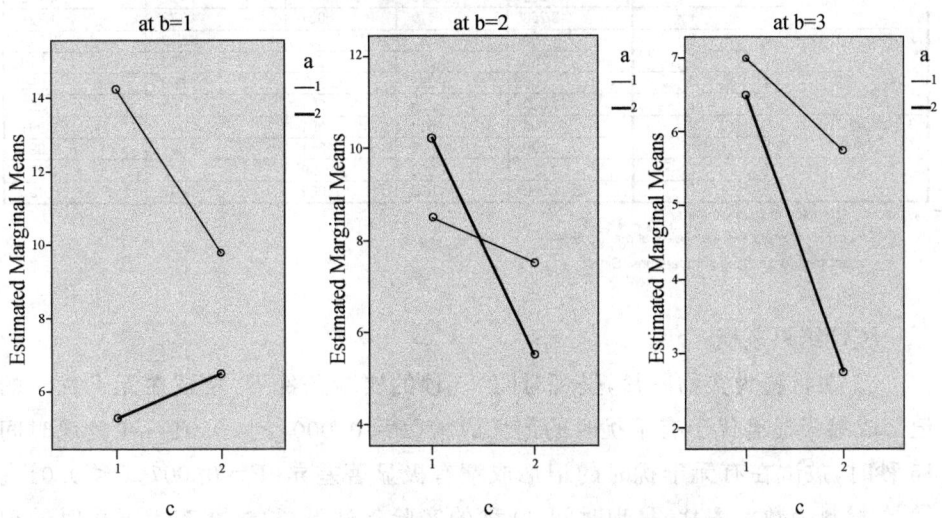

图 5-4-13 b 因素下 $c*a$ 交互效应检验均值图

第二,在 b 因素下 $c*a$ 交互效应描述性统计结果如表 5-4-13 所示。

表 5-4-13 描述性统计结果

Estimates

Measure: MEASURE_1

b	c	a	Mean	Std. Error	95% Confidence Interval	
					Lower Bound	Upper Bound
1	1	1	14.250	.479	12.727	15.773
		2	5.250	.479	3.727	6.773
	2	1	9.750	.854	7.032	12.468
		2	6.500	.645	4.446	8.554
2	1	1	8.500	.645	6.446	10.554
		2	10.250	.854	7.532	12.968
	2	1	7.500	.645	5.446	9.554
		2	5.500	.645	3.446	7.554
3	1	1	7.000	.408	5.701	8.299
		2	6.500	.289	5.581	7.419
	2	1	5.750	.854	3.032	8.468
		2	2.750	.479	1.227	4.273

第三,在 b 因素下 $c*a$ 交互效应配对比较结果如表 5-4-14 所示。

表 5-4-14　配对比较结果

Pairwise Comparisons

Measure: MEASURE_1

b	c	(I) a	(J) a	Mean Difference (I-J)	Std. Error	Sig.[a]	95% Confidence Interval for Difference[a]	
							Lower Bound	Upper Bound
1	1	1	2	9.000*	.408	.000	7.701	10.299
		2	1	-9.000*	.408	.000	-10.299	-7.701
	2	1	2	3.250*	.479	.007	1.727	4.773
		2	1	-3.250*	.479	.007	-4.773	-1.727
2	1	1	2	-1.750	1.181	.235	-5.510	2.010
		2	1	1.750	1.181	.235	-2.010	5.510
	2	1	2	2.000	1.225	.201	-1.898	5.898
		2	1	-2.000	1.225	.201	-5.898	1.898
3	1	1	2	.500	.500	.391	-1.091	2.091
		2	1	-.500	.500	.391	-2.091	1.091
	2	1	2	3.000	1.080	.069	-.437	6.437
		2	1	-3.000	1.080	.069	-6.437	.437

Based on estimated marginal means

*. The mean difference is significant at the .05 level.

a. Adjustment for multiple comparisons: Sidak.

统计结果表明:

① 在材料为实物图片,呈现时间 30 秒的实验条件下,被试在无干扰时的记忆成绩极显著优于有干扰时的记忆成绩($P=0.000, P<0.01$);在呈现时间 15 秒时,被试在有无干扰时的记忆成绩有极显著差异($P=0.007, P<0.01$)。② 在材料为数字图片,呈现时间 30 秒的实验条件下,被试在有无干扰时的记忆成绩没有显著差异($P=0.235, P>0.05$);在呈现时间 15 秒时,被试在有无干扰时的记忆成绩无显著差异($P=0.201, P>0.05$)。③ 在材料为符号图片,呈现时间 30 秒的实验条件下,被试在有无干扰时的记忆成绩没有显著差异($P=0.391, P>0.05$);在呈现时间 15 秒时,被试在有无干扰时的记忆成绩也没有显著差异($P=0.069, P>0.05$)。

③ 在 c 因素下 $a*b$ 交互效应检验结果

第一,在 c 因素下 $a*b$ 交互效应均值如图 5-4-14 所示。

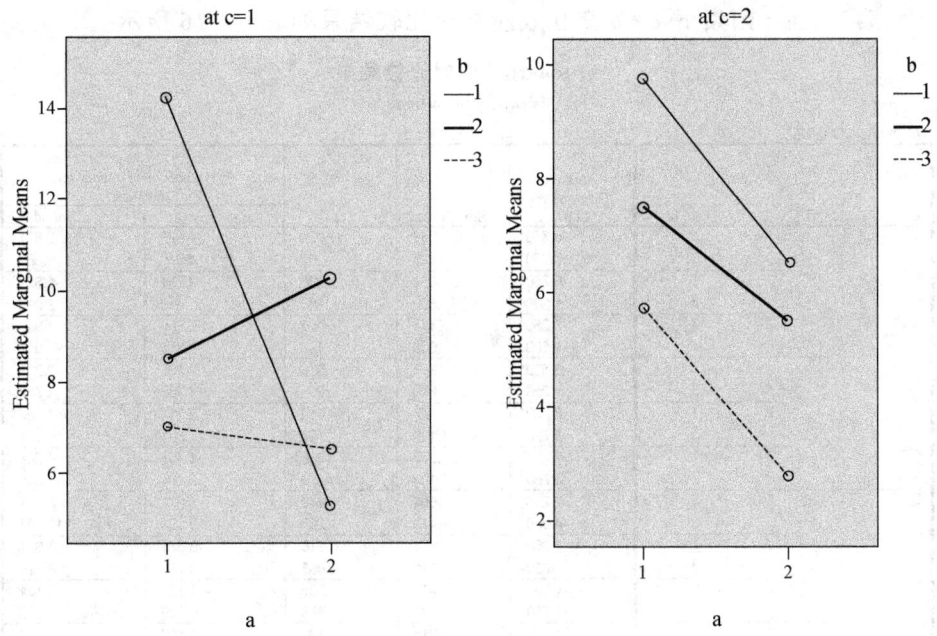

图 5-4-14　c 因素下 $a*b$ 交互效应均值图

第二,在 c 因素下 $a*b$ 交互效应描述性统计结果如表 5-4-15 所示。

表 5-4-15　描述性统计结果

Estimates

Measure: MEASURE_1

c	a	b	Mean	Std. Error	95% Confidence Interval	
					Lower Bound	Upper Bound
1	1	1	14.250	.479	12.727	15.773
		2	8.500	.645	6.446	10.554
		3	7.000	.408	5.701	8.299
	2	1	5.250	.479	3.727	6.773
		2	10.250	.854	7.532	12.968
		3	6.500	.289	5.581	7.419
2	1	1	9.750	.854	7.032	12.468
		2	7.500	.645	5.446	9.554
		3	5.750	.854	3.032	8.468
	2	1	6.500	.645	4.446	8.554
		2	5.500	.645	3.446	7.554
		3	2.750	.479	1.227	4.273

第三,在 c 因素下 $a*b$ 交互效应配对比较结果如表 5-4-16 所示。

表 5-4-16　配对比较结果

Pairwise Comparisons

Measure: MEASURE_1

c	a	(I) b	(J) b	Mean Difference (I-J)	Std. Error	Sig.[a]	95% Confidence Interval for Difference[a]	
							Lower Bound	Upper Bound
1	1	1	2	5.750*	.854	.020	1.629	9.871
			3	7.250*	.479	.002	4.940	9.560
		2	1	-5.750*	.854	.020	-9.871	-1.629
			3	1.500	.500	.163	-.913	3.913
		3	1	-7.250*	.479	.002	-9.560	-4.940
			2	-1.500	.500	.163	-3.913	.913
	2	1	2	-5.000*	.577	.010	-7.787	-2.213
			3	-1.250	.629	.366	-4.287	1.787
		2	1	5.000*	.577	.010	2.213	7.787
			3	3.750	1.109	.124	-1.601	9.101
		3	1	1.250	.629	.366	-1.787	4.287
			2	-3.750	1.109	.124	-9.101	1.601
2	1	1	2	2.250	.854	.216	-1.871	6.371
			3	4.000	1.472	.203	-3.104	11.104
		2	1	-2.250	.854	.216	-6.371	1.871
			3	1.750	1.031	.465	-3.225	6.725
		3	1	-4.000	1.472	.203	-11.104	3.104
			2	-1.750	1.031	.465	-6.725	3.225
	2	1	2	1.000	.913	.730	-3.406	5.406
			3	3.750	.854	.064	-.371	7.871
		2	1	-1.000	.913	.730	-5.406	3.406
			3	2.750*	.250	.005	1.543	3.957
		3	1	-3.750	.854	.064	-7.871	.371
			2	-2.750*	.250	.005	-3.957	-1.543

Based on estimated marginal means

*. The mean difference is significant at the .05 level.

a. Adjustment for multiple comparisons: Sidak.

统计结果表明:

① 在呈现时间 30 秒,无干扰的实验条件下,被试对实物图片的记忆成绩显著优于对数字图片的记忆成绩($P=0.02,P<0.05$),也极显著优于对符号图片的记忆成绩($P=0.002,P<0.01$),对数字图片与符号图片的记忆成绩无显著差异($P=0.163,P>0.05$);在呈现时间 30 秒,有干扰的实验条件下,被试对实物图片的记忆成绩显著低于对数字图片的记忆成绩($P=0.010,P<0.05$);对实物图片与符号图片的记忆成绩无显著差异($P=0.366,P>0.05$);对数字图片与符号图片的记忆成绩无显著差异($P=0.124,P>0.05$)。

② 在呈现时间 15 秒,无干扰的实验条件下,被试对实物图片与数字图片的记忆成绩无显著差异($P=0.216,P>0.05$),对实物图片与符号图片的记忆成绩无显著差异($P=0.203,P>0.05$),对数字图片与符号图片的记忆成绩无显著差异($P=0.465,P>0.05$);在呈现时间 15 秒,有干扰的实验条件下,被试对实物图片与数字图片的记忆成绩无显著差异($P=0.730,P>0.05$);对实物图片与符号图片的记忆成绩无显著差异($P=0.064,P>0.05$);对数字图片

的记忆成绩极显著优于对符号图片的记忆成绩($P=0.005, P<0.01$)。

四、三因素重复测量实验设计方差分析流程图

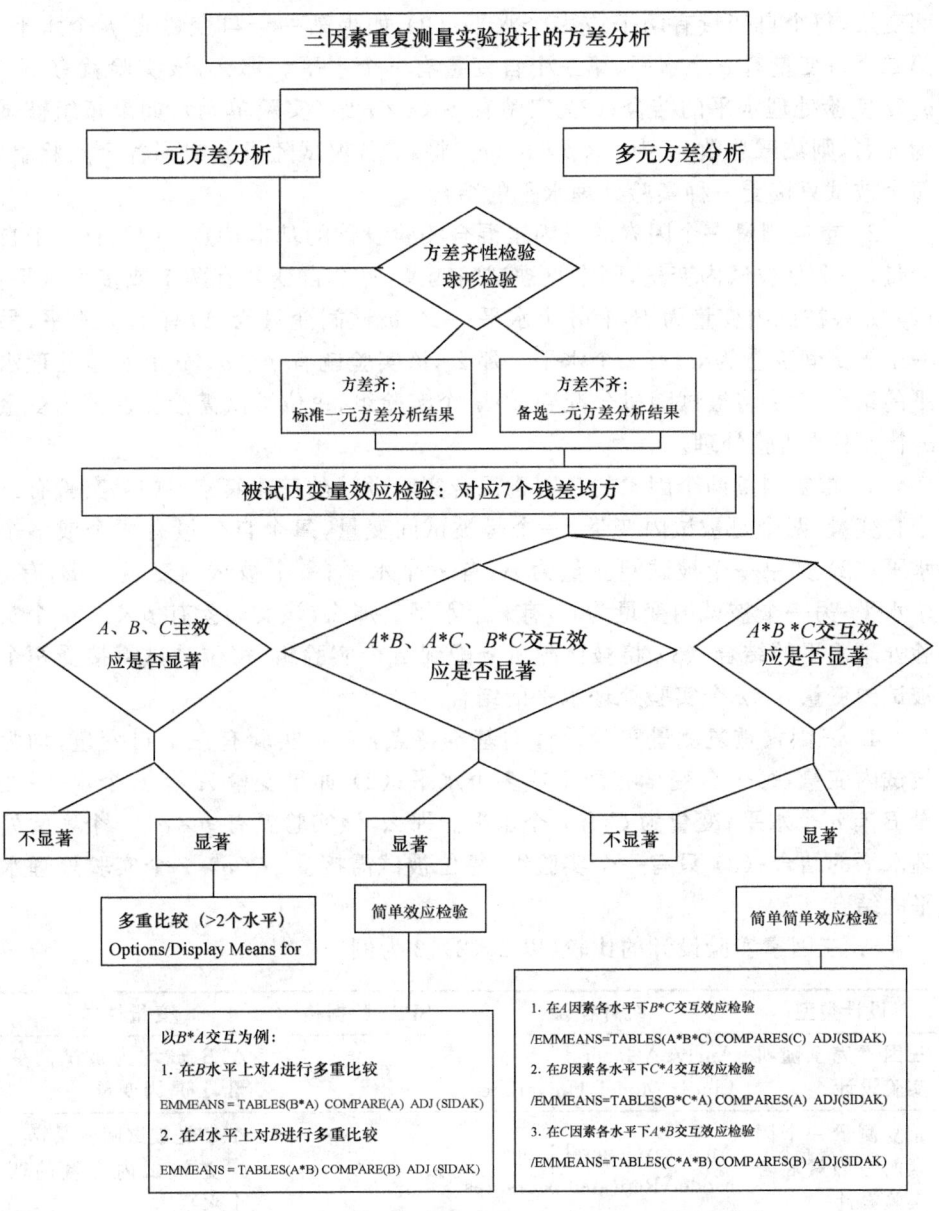

图 5-4-15　三因素重复测量实验设计方差分析流程图

本章小结

1. 三因素完全随机实验设计的基本特点：(1) 有三个自变量，均为被试间变量，每个自变量有两个或多个水平；(2) 如果第一个自变量有 p 个水平，第二个自变量有 q 个水平，第三个自变量有 r 个水平。那么，该实验就有 $p \times q \times r$ 实验处理水平的结合；(3) 实验有 $p \times q \times r$ 组（实验单元），如果每组被试为 n 名，则被试总数 N 为 $n \times p \times q \times r$。将 N 名被试随机分配到各个实验组，每个被试只接受一种实验处理水平的结合。

2. 重复测量一个因素的三因素混合实验设计的基本特点：(1) 有三个自变量，一个是被试内变量，两个是被试间变量，每个自变量有两个或多个水平；(2) 如果被试内变量为 B，有 q 个水平；一个被试间变量为 A，有 p 个水平，另一个被试间变量为 C，有 r 个水平。那么，该实验就有 $p \times q \times r$ 个实验处理水平的结合；(3) 将被试随机分配到 $p \times r$ 个实验组，每位被试需接受被试内变量 q 个水平的实验处理。

3. 重复测量两个因素的三因素混合实验设计的基本特点：(1) 实验有三个自变量，两个是被试内变量，一个是被试间变量，每个自变量有两个或多个水平；(2) 如果一个被试间变量为 A，有 p 个水平；一个被试内变量为 B，有 q 个水平；另一个被试内变量为 C，有 r 个水平。那么，该实验就有 $p \times q \times r$ 个实验处理水平的结合；(3) 将被试随机分配到 p 个实验组，每位被试需接受两个被试内变量 $q \times r$ 个实验处理水平的结合。

4. 三因素重复测量实验设计的基本特点：(1) 实验有三个自变量，均为被试内变量，每个自变量有两个或多个水平；(2) 如果变量 A 有 p 个水平；变量 B 有 q 个水平；变量为 C 有 r 个水平。那么，该实验就有 $p \times q \times r$ 个实验处理水平的结合；(3) 只有一个实验组，每位被试需接受 $p \times q \times r$ 个实验处理水平的结合。

5. 三因素实验设计的比较（以 $2 \times 2 \times 2$ 为例）

设计类型	统计模块	SPSS 数据格式	变量性质
三因素完全随机实验设计	Analyze\General Linear Model\Univariate	A B C Y	A、B、C 均为被试间变量，Y 是因变量
重复测量一个因素的三因素混合实验设计	Analyze\General Linear Model\Repeated Measures	A C b_1 b_2	A、C 是被试间变量，b_1、b_2 是被试内变量的两个水平

续表

设计类型	统计模块	SPSS 数据格式	变量性质
重复测量两个因素的三因素混合实验设计	Analyze\General Linear Model\Repeated Measures	A $\quad b_1c_1 \quad b_1c_2$ $\quad\quad b_2c_1 \quad b_2c_2$	A 是被试间变量，B、C 是被试内变量，b_1c_1、b_1c_2、b_2c_1、b_2c_2 是被试内变量水平的结合
三因素重复测量实验设计	Analyze\General Linear Model\Repeated Measures	$a_1b_1c_1 \quad a_1b_2c_1$ $a_1b_1c_2 \quad a_1b_2c_2$ $a_2b_1c_1 \quad a_2b_2c_1$ $a_2b_1c_2 \quad a_2b_2c_2$	A、B、C 均为被试内变量，$a_1b_1c_1$、$a_1b_2c_1$、$a_1b_1c_2$、$a_1b_2c_2$、$a_2b_1c_1$、$a_2b_2c_1$、$a_2b_1c_2$、$a_2b_2c_2$ 是被试内变量水平的结合

6. 各实验设计误差变异(error variance)的比较

实验设计类型	变量性质	单元内误差(within-cell error)	残差(residual error)
单因素完全	1个被试间	1个(组内误差)	
单因素重复	1个被试内		1个
两因素完全	2个被试间	1个	
两因素混合	1个被试间 1个被试内	1个	1个
两因素重复	2个被试内		3个
三因素完全随机实验设计	3个被试间	1个	
重复测量一个因素的三因素混合实验设计	1个被试内 2个被试间	1个	1个
重复测量两个因素的三因素混合实验设计	2个被试内 1个被试间	1个	3个
三因素重复测量实验设计	3个被试内		7个

说明：误差变异是指总变异中不能由自变量或明显无关变量解释的那部分变异，有两种误差变异，即单元内误差与残差。单元内误差是指当多个被试接受同样条件的实验处理时，个体之间产生的差异；残差是指误差变异中除了单元内误差以外的误差，一般是由实验中的测量误差造成的，如被试瞬间的情

绪波动，实验环境的变化，实验仪器的不稳定等。

如果实验设计中只有被试间变量，即完全随机实验设计，其误差变异就是单元内误差。如果实验设计中只有被试内变量，即重复测量的实验设计，其误差变异就是残差。这是因为，在重复测量的实验设计中，由于被试间的个体差异被排除，因此误差变异中就只有残差。如果实验设计中既有被试间变量又有被试内变量，即混合实验设计，其误差变异就既有单元内误差也有残差。

7. 各实验设计中多元方差分析及方差齐性检验的比较

实验设计类型	变量性质	多元方差分析	Leven's检验	球形检验	Box's检验
单因素完全随机	1个被试间	×	√	×	×
单因素重复	1个被试内	√	×	√	×
两因素完全随机	2个被试间	×	√	×	×
两因素重复	2个被试内	√	×	√	×
两因素混合	1个被试内	√	√	√	√
	1个被试间				
三因素完全随机	3个被试间	×	√	×	×
重测一因素混合	1个被试内	√	√	√	√
	2个被试间				
重测两因素混合	2个被试内	√	√	√	√
	1个被试间				
三因素重复测量	3个被试内	√	×	√	×

说明：

（1）多元方差分析：在实验设计中，只要含有被试内变量，SPSS就会进行多元方差分析。如：重复测量实验设计与混合实验设计。

（2）Leven's检验：该检验的零假设为：因变量在各实验单元内方差相等。在实验设计中，只要含有被试间变量，SPSS就会进行Leven's方差齐性检验。如：完全随机实验设计、混合实验设计。

（3）球形检验：该检验的零假设为：因变量误差协方差矩阵（已标准化与正交化）近似单位矩阵，球形检验实际上是对同一个体多次测量结果之间是否存在相关性进行检验。在实验设计中，只要含有被试内变量，SPSS就会进行球形方差齐性检验。如：重复测量实验设计、混合实验设计。

（4）Box's检验：该检验的零假设为：因变量在各实验单元内（自变量的不同水平上）方差协方差矩阵相等。在实验设计中，如果既有被试内变量又有被试间变量，SPSS就会进行Box's方差齐性检验。如混合实验设计。

综上所述，对于完全随机实验设计，只给出 Leven's 方差齐性检验结果；对于重复测量实验设计，只给出球形方差齐性检验结果；对于混合实验设计，同时给出 Leven's、球形与 Box's 方差齐性检验结果。

思考与练习

1. 请以表格形式表示三因素完全随机、重复测量一个因素的三因素混合、重复测量两个因素的三因素混合与重复测量三个因素的实验设计及被试分配模式。

2. 为什么在实验设计中，只要含有被试内变量，SPSS 就会输出多元方差分析的结果？

3. 为什么在完全随机与重复测量的实验设计中，SPSS 不会输出 Box's 检验结果？

4. 在三因素实验设计的四种类型中，哪种设计类型的统计精度最高，哪种最低，为什么？

5. 有一个三因素重复测量的实验设计，A 有两个水平，B 有三个水平，C 有两个水平，如按下图数据输入数据，会出现问题吗？如有问题，请说明原因。

	a1b1c1	a1b2c1	a1b3c1	a1b1c2	a1b2c2	a1b3c2	a2b1c1	a2b2c1	a2b3c1	a2b1c2	a2b2c2	a2b3c2
1	13.00	9.00	7.00	12.00	9.00	5.00	5.00	11.00	6.00	8.00	5.00	2.00
2	15.00	10.00	8.00	9.00	7.00	8.00	6.00	10.00	7.00	5.00	6.00	3.00
3	14.00	8.00	6.00	10.00	6.00	4.00	4.00	8.00	8.00	7.00	7.00	4.00
4	15.00	7.00	7.00	8.00	8.00	6.00	6.00	12.00	6.00	6.00	4.00	2.00

6. 运用本章所学内容，结合专业知识，进行四种三因素实验设计（模拟数据），用 SPSS 统计软件进行数据处理，并写出数据处理的过程及结果。

第6章 多元方差分析实验设计与数据处理

在前几章所述的实验类型中,因变量只有一个。在心理与教育实验研究中,如果所测量的因变量有多个,就涉及多元方差分析的实验设计。在实验设计与数据处理中,"元"有时指因变量,有时指自变量,如在多元回归中的"元"是指自变量,而多元方差分析中的"元"是指因变量。本章中,将以单因素两元与两因素两元实验设计为例来叙述与说明如何进行多元方差分析。

第1节 单因素两元实验设计与数据处理

一、单因素两元实验设计的模式与特点

(一) 实验设计及被试分配模式

以"文章标记方式对阅读理解与阅读监控影响的实验研究"为例。其中,两个因变量是阅读理解成绩与阅读监控成绩;文章标记方式是自变量,有三个水平,1=无标记,2=画线标记,3=斜体标记。被试按自变量水平随机分为3组,如果每组4人,则总被试量为12人。这是一个单因素两元(两个因变量)实验设计。其实验设计及被试分配模式如表6-1-1所示。

表6-1-1 实验设计及被试分配模式

		阅读理解成绩(因变量1)	阅读监控成绩(因变量2)
第1组	S_1	D_{11}	D_{12}
	S_2	D_{21}	D_{22}
	S_3	D_{31}	D_{32}
	S_4	D_{41}	D_{42}
第2组	S_5	D_{51}	D_{52}
	S_6	D_{61}	D_{62}
	S_7	D_{71}	D_{72}
	S_8	D_{81}	D_{82}
第3组	S_9	D_{91}	D_{92}
	S_{10}	D_{101}	D_{102}
	S_{11}	D_{111}	D_{112}
	S_{12}	D_{121}	D_{122}

表 6-1-1 中，S 代表被试，其下标代表被试编号；D 的第 1 个下标代表被试编号，第 2 个下标代表其与第几个因变量对应的数据。例如：S_3 表示第 1 组的第 3 名被试，D_{31} 表示其阅读理解成绩，D_{32} 表示其阅读监控成绩，余类同。

（二）实验设计的基本特点

1. 实验中有多个因变量。有一个自变量，且有两个或多个水平。

2. 如自变量有 p 水平，则有 p 个实验组，随机选取 N 名被试分配到这 p 个实验组。

3. 在形式上，可将单因素多元实验设计看成 p 个单因素重复测量实验设计的结合。以表 6-1-1 为例，可将 2 个因变量看成是一个被试内变量的 2 个水平，而该实验包括了 3 个单因素重复测量的实验设计。

（三）多元方差分析需要满足以下假设

1. 相关性。由于有多个因变量，多元方差分析要求各因变量之间有一定强度的相关。

2. 正态性。对应所有因变量的总体必须呈正态分布。每个单独的因变量是正态分布，并不能保证它们的联合分布也是正态分布，多元方差分析要求各正态分布的联合分布也是正态分布。

3. 等方差性。各组的因变量分布具有相同的方差。

4. 独立性。样本从总体中随机抽取，样本观测值之间相互独立。

二、单因素多元方差分析的基本原理

以下从一元方差分析与多元方差分析的区别来简要说明多元方差分析的基本原理。

先举一个例子，有同年级三个平行班，同时对其进行语文与数学测验。问：从整体上看，三个班级在主要学科（语文与数学）成绩上是否有显著差异？对于这个问题可用多元方差分析来解决，其中有两个因变量，即语文成绩与数学成绩；自变量是分组变量，有三个水平（三个班级），假设多元方差分析结果显著，则表明：从整体上说，三个班级的主要学科成绩存在显著差异。如果进行两个一元方差分析，可能会有四种结果：(1) 三个班级语文与数学成绩的差异均显著；(2) 三个班级语文成绩差异显著，数学成绩差异不显著；(3) 三个班级数学成绩差异显著，语文成绩差异不显著；(4) 三个班级语文与数学成绩差异均不显著。对于前三种结果，尚能理解。但为什么有可能出现第四种结果呢？即在几个一元方差分析结果均不显著的情况下，将其联合起来进行多元方差分析，结果就可能显著了呢？要说明这个问题，还是先从方差分析的基本原理说起。这里需说明两点：一是多元方差分析是通过组间方差与组内方差及残差方差的合计方差比值的大小来判断差异是否显著的,残差方差是因素间交互效应产生的方差,在单因素多元方差分析中,由于只有一个因素,没有交互效应,所以此时残差方差为零,组内方差及残差方差的合计方差中只有组内方差。二是在进行多元方差分析时,是将几个因变量联合起来同时进行计算,首先计算出表示组间差异与组内差异的 SSCP 矩阵(离均差平方和与交乘积和矩阵),然后将组间 SSCP 矩阵所对应的行列式值比组内 SSCP 矩阵所对应的行列式值,从而得到 F 值(由于整个过程需要进行大量的矩阵运算,步骤繁琐,在此就不予以演示了)。我们已知:如果一元方差分析结果不显著,那就表明:其组间差异相对较小,组内差异相对较大,这样 F 值就较小,实验效果不显著;而当将多个一元方差分析联合起来进行多元方差分析时,是在多维联合分布的基础上进行的,这时可以通过坐标变换的方法,扩大组间差异,缩小组内差异,如此对应的 F 值变大,从而使多元方差分析从整体上显示出其实验效果(详细内容可参考有关书籍)。

另外,如果将一个多元方差分析分解成几个一元方差分析,那么多次统计检验会导致犯错误的可能性增加,即降低检验结果的可信度。这如同在进行多组均数差异的显著性检验时,首先进行 F 检验,而不是两两配对的 t 检验。类似地,在多元方差分析过程中,首先进行多元方差分析,然后再进行逐一的一元方差分析。有人建议采用 Bonferroni 法对 p 值进行校正,该方法是将 0.05 的显著性水平除以因变量的个数,如在单因素二元方差分析中,则在两个单因变量的一元方差分析中,将 p 值校正为 $0.05/2=0.025$,在以下的例题中,采用了这种校正方法。

三、用 SPSS 统计软件对单因素两元实验设计进行数据处理

例 6-1-1

某教师要分析某小学四年级 3 个平行班学生语文与数学成绩是否存在显著性差异。这是一个单因素二元方差分析的问题,其中,有两个因变量,一是语文成绩,二是数学成绩。自变量为班级,有三个水平:(1)四年级(1)班,(2)四年级(2)班,(3)四年级(3)班。每班随机选取 10 名学生,30 名学生语文与数学成绩如表 6-1-2 所示。

表 6-1-2 原始数据

		语文成绩	数学成绩
四(1)班	S_1	48	72
	S_2	52	80
	S_3	54	84

续表

		语文成绩	数学成绩
	S_4	59	86
	S_5	62	92
	S_6	70	95
	S_7	74	98
	S_8	77	90
	S_9	61	86
	S_{10}	62	87
四(2)班	S_{11}	54	73
	S_{12}	55	77
	S_{13}	61	78
	S_{14}	62	84
	S_{15}	65	88
	S_{16}	73	90
	S_{17}	75	94
	S_{18}	79	83
	S_{19}	65	84
	S_{20}	64	82
四(3)班	S_{21}	56	67
	S_{22}	59	72
	S_{23}	65	73
	S_{24}	66	78
	S_{25}	70	79
	S_{26}	71	83
	S_{27}	78	88
	S_{28}	80	92
	S_{29}	68	89
	S_{30}	69	90

下面用表 6-1-2 中的数据,说明如何利用 SPSS 统计软件对单因素两元实验设计进行数据处理。

(一)例题分析

1. 该实验有两个因变量,一个自变量(3 个水平),是一个单因素两元方差分析的实验设计。

2. 先进行多元方差分析,再进行两个一元方差分析。

3. 如一元方差分析结果显著,则在自变量的 3 个水平上进行多重比较。

(二) SPSS 操作步骤及结果说明

1. 基本步骤

第一步,点击数据表格区域下方的 Variable View,定义班级、语文成绩和数学成绩 3 个变量,点击数据表格区域下方的 Data View,进入数据窗口,将原始数据输入数据表格区域,建立数据文件,如图 6-1-1 所示。

	班级	语文成绩	数学成绩
1	1.00	48.00	72.00
2	1.00	52.00	80.00
3	1.00	54.00	84.00
4	1.00	59.00	86.00
5	1.00	62.00	92.00
6	1.00	70.00	95.00
7	1.00	74.00	98.00
8	1.00	77.00	90.00
9	1.00	61.00	86.00
10	1.00	62.00	87.00
11	2.00	54.00	73.00
12	2.00	55.00	77.00
13	2.00	61.00	78.00
14	2.00	62.00	84.00
15	2.00	65.00	88.00
16	2.00	73.00	90.00
17	2.00	75.00	94.00
18	2.00	79.00	83.00
19	2.00	65.00	84.00
20	2.00	64.00	82.00
21	3.00	56.00	67.00
22	3.00	59.00	72.00
23	3.00	65.00	73.00
24	3.00	66.00	78.00
25	3.00	70.00	79.00
26	3.00	71.00	83.00
27	3.00	78.00	88.00
28	3.00	80.00	92.00
29	3.00	68.00	89.00
30	3.00	69.00	90.00

图 6-1-1　SPSS 数据结构表

第二步，选用模块：Analyze(统计分析)\General Linear Model(一般线性模型)\ Multivariate...(多元方差分析)，如图 6-1-2 所示。

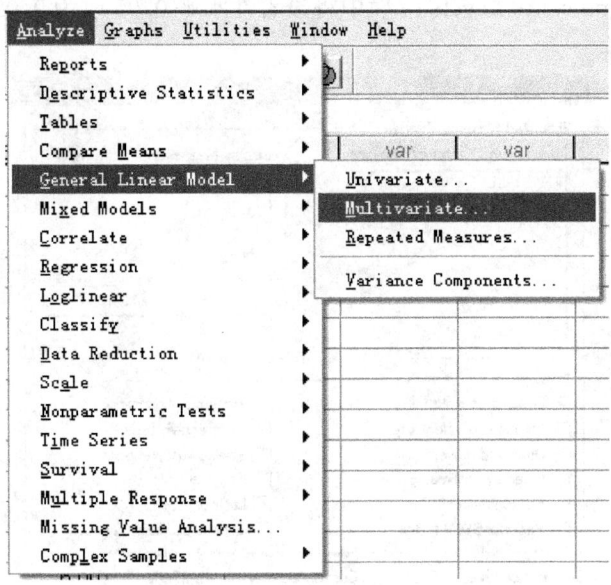

图 6-1-2　多元方差分析菜单

第三步，在主对话框中，将语文成绩、数学成绩选入因变量框（Dependent Variables:)内，将班级选入（Fixed Factor:)固定变量（自变量）框内，如图 6-1-3 所示。

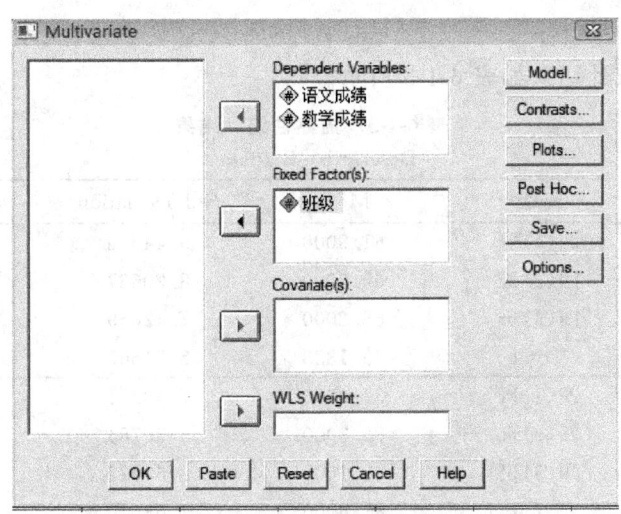

图 6-1-3　多元方差分析主对话框

第四步，返回主对话框，单击选项 Options 按钮，选择 Display 命令下的 Descriptive statistics 进行描述性统计；选择 Homogeneity tests 命令进行方差齐性检验；在 Significance Level：一栏中将显著性水平 0.05 改为 0.025(0.05/2)，如图 6-1-4 所示。

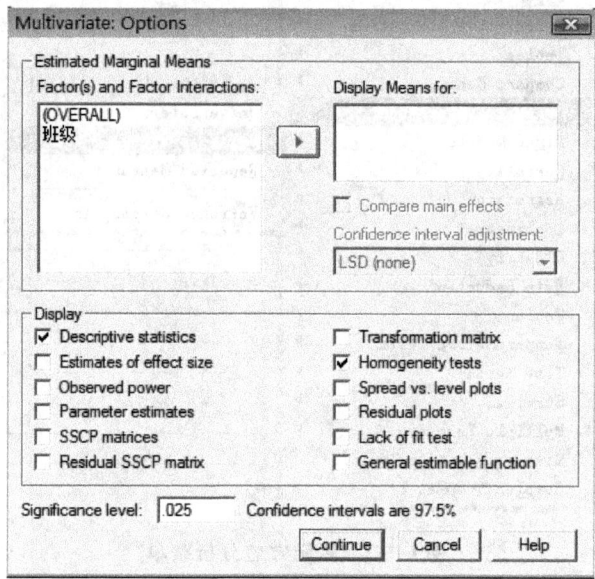

图 6-1-4　Options 子对话框

第五步，返回主对话框，点击 OK，执行程序。

2．输出结果

（1）描述性统计

描述性统计结果如表 6-1-3 所示。

表 6-1-3　描述性统计结果

Descriptive Statistics

	班级	Mean	Std. Deviation	N
语文成绩	四(1)班	61.9000	9.44516	10
	四(2)班	65.3000	8.20637	10
	四(3)班	68.2000	7.42069	10
	Total	65.1333	8.51665	30
数学成绩	四(1)班	87.0000	7.48331	10
	四(2)班	83.3000	6.30784	10
	四(3)班	81.1000	8.64677	10
	Total	83.8000	7.68519	30

(2) 多元方差齐性检验

Box's 方差齐性检验结果如表 6-1-4 所示。

表 6-1-4 Box's 多元方差齐性检验结果

Box's Test of Equality of Covariance Matrices[a]

Box's M	3.529
F	.525
df1	6
df2	18168.923
Sig.	.790

Tests the null hypothesis that the observed covariance matrices of the dependent variables are equal across groups.

a. Design: Intercept+班级

检验结果表明：方差齐性（$P=0.790>0.05$）。在实际应用中，如各组数据大于 15，则不需要考虑方差是否齐性。

(3) 多元方差分析

多元方差分析结果如表 6-1-5。

表 6-1-5 多元方差分析结果

Multivariate Tests[c]

Effect		Value	F	Hypothesis df	Error df	Sig.
Intercept	Pillai's Trace	.993	1857.585[a]	2.000	26.000	.000
	Wilks' Lambda	.007	1857.585[a]	2.000	26.000	.000
	Hotelling's Trace	142.891	1857.585[a]	2.000	26.000	.000
	Roy's Largest Root	142.891	1857.585[a]	2.000	26.000	.000
班级	Pillai's Trace	.543	5.035	4.000	54.000	.002
	Wilks' Lambda	.457	6.233[a]	4.000	52.000	.000
	Hotelling's Trace	1.189	7.428	4.000	50.000	.000
	Roy's Largest Root	1.188	16.041[b]	2.000	27.000	.000

a. Exact statistic

b. The statistic is an upper bound on F that yields a lower bound on the significance level.

c. Design: Intercept+班级

结果表明：从整体上讲，三个班级在语文与数学成绩上有极显著差异（$P<0.01$）。

(4) 一元方差齐性检验

Levene's 方差齐性检验结果如表 6-1-6。

表 6-1-6　Levene's 方差齐性检验结果
Levene's Test of Equality of Error Variances

	F	df1	df2	Sig.
语文成绩	.270	2	27	.765
数学成绩	.998	2	27	.382

Tests the null hypothesis that the error variance of the dependent variable is equal across groups.
a. Design: Intercept+班级

结果表明：语文成绩方差齐性（$P=0.765>0.05$），数学成绩方差齐性（$P=0.382>0.05$）。

（5）一元方差分析

一元方差分析结果如表 6-1-7 所示。

表 6-1-7　一元方差分析结果
Tests of Between-Subjects Effects

Source	Dependent Variable	Type III Sum of Squares	df	Mean Square	F	Sig.
Corrected Model	语文成绩	198.867[a]	2	99.433	1.410	.262
	数学成绩	177.800[b]	2	88.900	1.564	.228
Intercept	语文成绩	127270.533	1	127270.533	1804.213	.000
	数学成绩	210673.200	1	210673.200	3705.652	.000
班级	语文成绩	198.867	2	99.433	1.410	.262
	数学成绩	177.800	2	88.900	1.564	.228
Error	语文成绩	1904.600	27	70.541		
	数学成绩	1535.000	27	56.852		
Total	语文成绩	129374.000	30			
	数学成绩	212386.000	30			
Corrected Total	语文成绩	2103.467	29			
	数学成绩	1712.800	29			

a. R Squared = .095 (Adjusted R Squared = .027)
b. R Squared = .104 (Adjusted R Squared = .037)

一元方差分析结果表明：三个班级的语文成绩没有显著差异（$P=0.262>0.025$）；数学成绩也没有显著差异（$P=0.228>0.025$）。

从以上分析可见：多元方差分析结果表明：从总体上说三个班级在语文与数学成绩上有极显著差异，而一元方差分析结果却表明：三个班级的语文成绩与数学成绩均没有显著差异。

第2节 两因素两元实验设计与数据处理

一、两因素两元实验设计的模式与特点

(一) 实验设计及被试分配模式

有一项实验研究，其中有两个因变量，即 y_1 与 y_2。有两个自变量 A 与 B，A 有两个水平：a_1 与 a_2；B 有三个水平：b_1、b_2 与 b_3。这是一个两因素两元方差分析的实验设计。实验共有 6 组。如果每组 4 名被试，则总被试量为 24 人。其实验设计及被试分配模式如表 6-2-1 所示。

表 6-2-1 实验设计及被试分配模式

	b_1		b_2		b_3	
	y_1	y_2	y_1	y_2	y_1	y_2
a_1	s_1	s_1	s_5	s_5	s_9	s_9
	s_2	s_2	s_6	s_6	s_{10}	s_{10}
	s_3	s_3	s_7	s_7	s_{11}	s_{11}
	s_4	s_4	s_8	s_8	s_{12}	s_{12}
a_2	s_{13}	s_{13}	s_{17}	s_{17}	s_{21}	s_{21}
	s_{14}	s_{14}	s_{18}	s_{18}	s_{22}	s_{22}
	s_{15}	s_{15}	s_{19}	s_{19}	s_{23}	s_{23}
	s_{16}	s_{16}	s_{20}	s_{20}	s_{24}	s_{24}

(二) 实验设计的基本特点

1. 实验中有两个因变量。有两个自变量，每个自变量有两个或多个水平。

2. 如自变量 A 有 p 个水平，B 有 q 个水平，则有 $p*q$ 个实验组，随机选取 N 名被试，并随机分配到这 $p*q$ 个实验组，每一被试有两个因变量值。

(三) 多元方差分析需要满足以下假设

1. 相关性。由于有多个因变量，多元方差分析要求各因变量之间有一定强度的相关。

2. 正态性。对应所有因变量的总体必须正态分布。每个单独的因变量是正态分布，并不能保证它们的联合分布是正态分布，多元方差分析要求这些正态分布的联合分布也是正态分布。

3. 等方差性。各组因变量的分布具有相同的方差。

4. 独立性。样本从总体中随机抽取,样本观测值之间相互独立。

二、多因素多元方差分析的基本原理

在多因素多元方差分析时应遵循一条原则,即先采用全模型进行方差分析,所谓全模型即指检验所有因素的主效应与各因素之间的交互效应。如交互效应显著,则表明采用全模型恰当。如果交互效应不显著,则应该采用选模型进行方差分析,所谓选模型,即指只检验所有因素的主效应,而不检验各因素之间的交互效应。这样做的理由是:在多因素多元方差分析中,总方差由三部分组成,即组间方差、组内方差与交互效应方差(残差)。在进行各效应检验时,是将组内方差作为误差项来处理的,那么,交互效应的方差(残差)是作为误差项,还是作为与组间方差相同的由模型所解释的方差来对待,那就取决于模型中的交互效应是否显著。当交互效应显著时,误差项就是组内方差;当交互效应不显著时,误差项等于组内方差加交互效应方差(残差)。也就是说,在采用选模型时,误差项增大,相应的误差自由度也相应增大,综合的结果是误差均方相应减小,F 值增大,所以对各因素主效应的检验将更为敏感。在 SPSS 软件中,全模型是系统的默认方式,选模型则需要通过 Model 子对话框来设置,具体操作及说明见下文。

三、全模型的 SPSS 数据处理

例题 6-2-1

有一项题为"性别、阅读策略训练方式对阅读理解成绩与阅读记忆水平影响的实验研究"。其中,有两个因变量,一是阅读理解成绩,二是阅读记忆成绩。有两个自变量,一是性别,分别标记为 1=男;2=女,二是阅读策略训练方式,有三个水平:分别标记为:1=对照组,2=画线策略训练组,3=组织策略训练组。该实验共有六组,如每组 4 人,则总被试数为 24 人。随机选择 24 名被试参加实验,其中男女各半,随机分配到 6 个实验组,训练方式为第 1 组的被试不参加训练,第 2、3 组参加为期 2 周的训练,训练结束后,对所有被试进行阅读理解与阅读记忆测验。测验结果如图 6-2-1 所示。

(一)例题分析

1. 该实验有两个因变量,两个自变量,是一个两因素两元实验设计。

2. 先用全模型进行多元方差分析,如交互效应显著,则采用全模型的统计结果;如交互效应不显著,则采用选模型进行多元方差分析。

（二）SPSS 操作步骤及结果说明

1. 基本步骤

第一步，点击数据表格区域下方的 Variable View，定义性别、训练方式、阅读理解成绩和阅读记忆成绩 4 个变量，点击数据表格区域下方的 Data View，进入数据输入窗口，将原始数据输入数据表格区域，建立数据文件，如图 6-2-1 所示。

	性别	训练方式	理解成绩	记忆成绩
1	1.00	1.00	44.00	9.00
2	1.00	1.00	51.00	16.00
3	1.00	1.00	61.00	29.00
4	1.00	1.00	69.00	32.00
5	1.00	2.00	53.00	10.00
6	1.00	2.00	54.00	14.00
7	1.00	2.00	64.00	25.00
8	1.00	2.00	72.00	27.00
9	1.00	3.00	55.00	5.00
10	1.00	3.00	58.00	9.00
11	1.00	3.00	69.00	16.00
12	1.00	3.00	70.00	20.00
13	2.00	1.00	55.00	23.00
14	2.00	1.00	61.00	26.00
15	2.00	1.00	75.00	37.00
16	2.00	1.00	78.00	39.00
17	2.00	2.00	62.00	17.00
18	2.00	2.00	63.00	23.00
19	2.00	2.00	76.00	33.00
20	2.00	2.00	80.00	34.00
21	2.00	3.00	66.00	12.00
22	2.00	3.00	67.00	17.00
23	2.00	3.00	79.00	27.00
24	2.00	3.00	81.00	32.00

图 6-2-1　SPSS 数据结构

第二步，选用统计模块：Analyze(统计分析)\General Linear Model(一般线性模型)\ Multivartiate...(多元方差分析)。在主对话框中，将理解成绩、记忆成绩选入因变量框(Dependent Variables:)内，将性别、训练方式选入(Fixed Factor:)固定变量(自变量)框内，如图 6-2-2 所示。

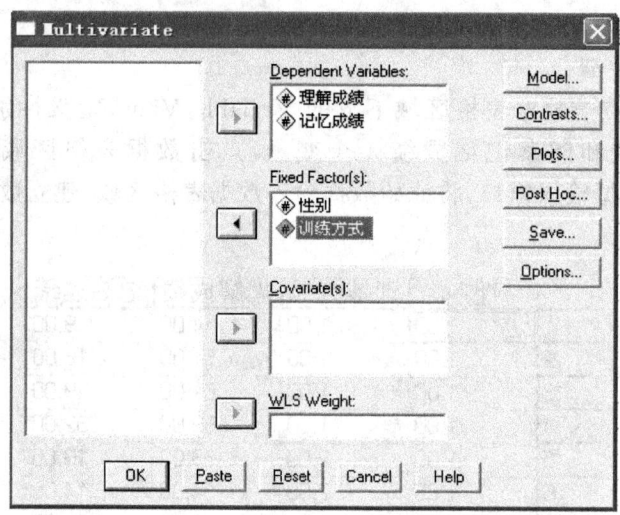

图 6-2-2　Multivartiate(多元方差分析)主对话框

第三步,在主对话框内,单击选项(Options)按钮,选择 Display 命令下的 Descriptive statistics 进行描述性统计;选择(Observed of power)进行统计检验力检验;选择 Homogeneity tests 命令进行方差齐性检验。这里,显著性水平仍用 0.05,也可改为 0.025。如图 6-2-3 所示。

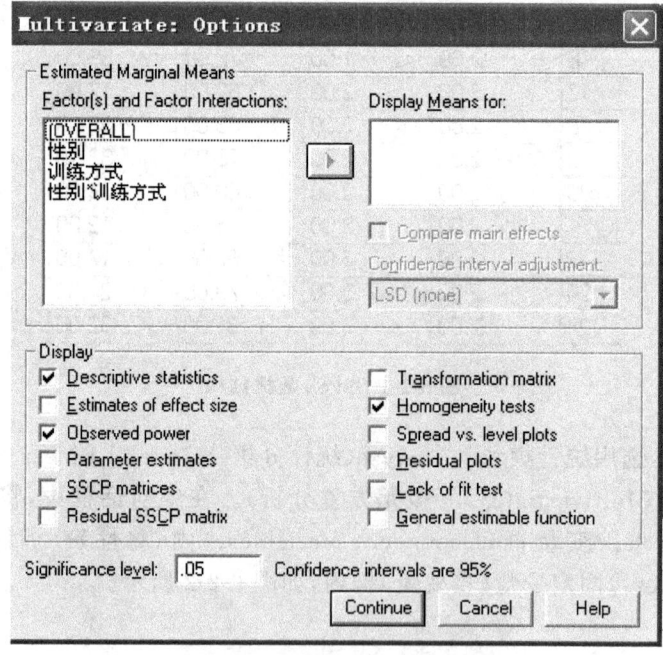

图 6-2-3　Options 子对话框

第四步,返回主对话框,点击 OK,执行程序。
2. 输出结果及说明
(1) 描述性统计结果
描述性统计结果如表 6-2-2 所示。

表 6-2-2 描述性统计结果
Descriptive Statistics

	性别	训练方式	Mean	Std. Deviation	N
理解成绩	男	对照组	56.2500	10.99621	4
		划线组	60.7500	8.99537	4
		策略组	63.0000	7.61577	4
		Total	60.0000	8.91373	12
	女	对照组	67.2500	11.02648	4
		划线组	70.2500	9.10586	4
		策略组	73.2500	7.84750	4
		Total	70.2500	8.89458	12
	Total	对照组	61.7500	11.76860	8
		划线组	65.5000	9.79796	8
		策略组	68.1250	9.01487	8
		Total	65.1250	10.16093	24
记忆成绩	男	对照组	21.5000	10.84743	4
		划线组	19.0000	8.28654	4
		策略组	12.5000	6.75771	4
		Total	17.6667	8.88649	12
	女	对照组	31.2500	7.93200	4
		划线组	26.7500	8.18026	4
		策略组	22.0000	9.12871	4
		Total	26.6667	8.58469	12
	Total	对照组	26.3750	10.22514	8
		划线组	22.8750	8.67570	8
		策略组	17.2500	9.00397	8
		Total	22.1667	9.70283	24

(2) 多元方差齐性检验
Box's 方差齐性检验结果如表 6-2-3 所示。

表 6-2-3 Box's 多元方差齐性检验结果
Box's Test of Equality of Covariance Matrices[a]

Box's M	12.493
F	.592
df1	15
df2	1772.187
Sig.	.883

Tests the null hypothesis that the observed covariance matrices of the dependent variables are equal across groups.
a. Design: Intercept+性别+训练方式+性别 * 训练方式

检验结果:$P=0.883>0.05$,表明各组因变量方差齐性。
(3) 全模型多元方差分析
全模型多元方差分析结果如表 6-2-4 所示。

233

表 6-2-4 多元方差分析

Multivariate Tests[d]

Effect		Value	F	Hypothesis df	Error df	Sig.	Noncent. Parameter	Observed Power[a]
Intercept	Pillai's Trace	.998	3416.635[b]	2.000	17.000	.000	6833.271	1.000
	Wilks' Lambda	.002	3416.635[b]	2.000	17.000	.000	6833.271	1.000
	Hotelling's Trace	401.957	3416.635[b]	2.000	17.000	.000	6833.271	1.000
	Roy's Largest Root	401.957	3416.635[b]	2.000	17.000	.000	6833.271	1.000
性别	Pillai's Trace	.286	3.402[b]	2.000	17.000	.057	6.805	.560
	Wilks' Lambda	.714	3.402[b]	2.000	17.000	.057	6.805	.560
	Hotelling's Trace	.400	3.402[b]	2.000	17.000	.057	6.805	.560
	Roy's Largest Root	.400	3.402[b]	2.000	17.000	.057	6.805	.560
训练方式	Pillai's Trace	.909	7.505	4.000	36.000	.000	30.018	.992
	Wilks' Lambda	.093	19.438[b]	4.000	34.000	.000	77.750	1.000
	Hotelling's Trace	9.782	39.127	4.000	32.000	.000	156.507	1.000
	Roy's Largest Root	9.780	88.016[c]	2.000	18.000	.000	176.031	1.000
性别 * 训练方式	Pillai's Trace	.014	.065	4.000	36.000	.992	.262	.062
	Wilks' Lambda	.986	.062[b]	4.000	34.000	.993	.248	.061
	Hotelling's Trace	.015	.059	4.000	32.000	.993	.234	.060
	Roy's Largest Root	.014	.124[c]	2.000	18.000	.884	.248	.066

a. Computed using alpha = .05
b. Exact statistic
c. The statistic is an upper bound on F that yields a lower bound on the significance level.
d. Design: Intercept+性别+训练方式+性别 * 训练方式

全模型多元方差分析结果显示：性别无显著性差异，四项检验的 P 值均为 $0.057>0.05$；训练方式有极显著差异，四项检验的 P 值均为 $0.000<0.01$；性别与训练方式无交互效应，四项检验的 P 值均 >0.05。

（4）一元方差齐性检验

Levene's 方差齐性检验结果如表 6-2-5 所示。

表 6-2-5 Levene's 方差齐性检验结果

Levene's Test of Equality of Error Variances

	F	df1	df2	Sig.
理解成绩	.684	5	18	.642
记忆成绩	.903	5	18	.501

Tests the null hypothesis that the error variance of the dependent variable is equal across groups.

a. Design: Intercept+性别+训练方式+性别 * 训练方式

结果表明：阅读理解成绩方差齐性（$P=0.642>0.05$），记忆成绩方差齐性（$P=0.501>0.05$）。

（5）全模型一元方差分析

全模型一元方差分析结果如表 6-2-6 所示。

表 6-2-6 一元方差分析结果

Tests of Between-Subjects Effects

Source	Dependent Variable	Type III Sum of Squares	df	Mean Square	F	Sig.	Noncent. Parameter	Observed Power[a]
Corrected Model	理解成绩	796.875[b]	5	159.375	1.818	.160	9.091	.487
	记忆成绩	829.833[c]	5	165.967	2.237	.085	11.185	.585
Intercept	理解成绩	101790.375	1	101790.375	1161.291	.000	1161.291	1.000
	记忆成绩	11792.667	1	11792.667	158.943	.000	158.943	1.000
性别	理解成绩	630.375	1	630.375	7.192	.015	7.192	.718
	记忆成绩	486.000	1	486.000	6.550	.020	6.550	.678
训练方式	理解成绩	164.250	2	82.125	.937	.410	1.874	.187
	记忆成绩	339.083	2	169.542	2.285	.131	4.570	.403
性别 * 训练方式	理解成绩	2.250	2	1.125	.013	.987	.026	.052
	记忆成绩	4.750	2	2.375	.032	.969	.064	.054
Error	理解成绩	1577.750	18	87.653				
	记忆成绩	1335.500	18	74.194				
Total	理解成绩	104165.000	24					
	记忆成绩	13958.000	24					
Corrected Total	理解成绩	2374.625	23					
	记忆成绩	2165.333	23					

a. Computed using alpha = .05
b. R Squared = .336 (Adjusted R Squared = .151)
c. R Squared = .383 (Adjusted R Squared = .212)

检验结果显示：性别在理解成绩上有显著性差异（$P=0.015<0.05$）；在记忆成绩上也有显著差异（$P=0.020<0.05$）。

训练方式在理解成绩上无显著差异（$P=0.410>0.05$）；在记忆成绩上也无显著差异（$P=0.131>0.05$）。

性别与训练方式在理解成绩上无交互效应（$P=0.987>0.05$），在记忆成绩上也无交互效应（$P=0.969>0.05$）。

比较多元与一元方差分析的结果可见：（1）多元方差分析结果表明：从整体上看，性别在理解与记忆上无显著性差异，而一元方差分析的结果表明：性别在理解与记忆上均有差异；（2）多元方差分析结果表明：从整体上看，训练方式在理解与记忆上有极显著差异，而一元方差分析结果表明：训练方式在理解与记忆成绩上均无显著差异；（3）多元与一元方差分析的结果均表明：性别与训练方式之间交互效应不显著。当交互效应不显著时，应采用选模型进行多元方差分析。

四、选模型的 SPSS 数据处理

（一）例题分析

上述全模型方差分析结果表明：性别与训练方式无交互效应，故采用选模型进行方差分析。

(二) SPSS 操作步骤及结果与说明

1. SPSS 操作步骤

第一步,在主对话框中,单击"Model"按钮,打开"Multivariate:Model"对话框。选择 Custom(选模型),在 Factors & Covariate:中,分别选择性别与训练方式,将其移入 Model:栏中,点击旁边 Build Term[s]一栏中的向下箭头,选择 Main effects 进行两因素主效应检验,如图 6-2-4 所示。单击"Continue"按钮,返回主对话框。

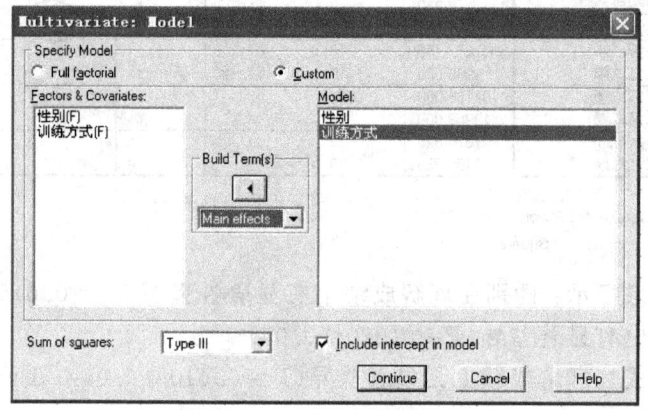

图 6-2-4　Multivariate:Model 子对话框

第二步,在主对话框中,单击"Plots"按钮,展开 Multivariate:Profile Plots 绘图对话框。将 Factors:栏中的变量性别移入 Horizontal Axis 中,将变量训练方式移入 Separate Lines 中,单击"Add"按钮,将所选择的两变量移入下面的 Plots 框中。单击"Continue"按钮,返回主对话框,如图 6-2-5 所示。

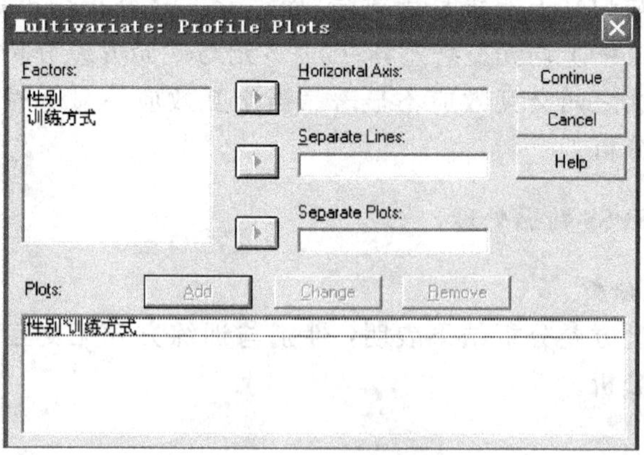

图 6-2-5　Multivariate:Profile Plots 绘图子对话框

第三步，在主对话框中，单击"Options"按钮，打开 Multivariate：Options 对话框。在 Display 栏中，选择 Observed power 进行统计检验力检验、选择 Residual SSCP matrix 进行两因变量相关程度检验、选择 Homogeneity tests 进行方差齐性检验，如图 6-2-6 所示。单击"Continue"按钮，返回主对话框。

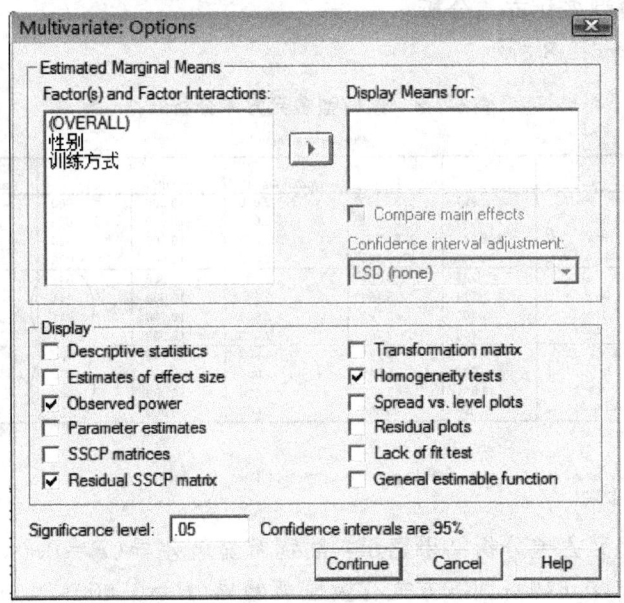

图 6-2-6　Multivariate：Options 子对话框

第四步，在主对话框中，单击"OK"按钮，提交运行。

2. 输出结果与说明

（1）Bartlett's 球形检验

检验结果如表 6-2-7 所示。

表 6-2-7　Bartlett's 球形检验结果

Bartlett's Test of Sphericity[a]

Likelihood Ratio	.000
Approx. Chi-Square	51.077
df	2
Sig.	.000

Tests the null hypothesis that the residual covariance matrix is proportional to an identity matrix.

a. Design: Intercept+性别+训练方式

该检验的零假设为：残差协方差矩阵为单位矩阵（identity matrix），单位矩阵是指对角线上的元素为1，其他元素为0的矩阵。检验结果为：$P=0.000<0.01$，拒绝零假设，即表明阅读理解成绩与记忆成绩这两个因变量是相关的，符合进行多元方差分析的假设条件。

（2）选模型多元方差分析

结果如表6-2-8所示。

表6-2-8 选模型多元方差分析结果

Multivariate Tests[d]

Effect		Value	F	Hypothesis df	Error df	Sig.	Noncent. Parameter	Observed Power[a]
Intercept	Pillai's Trace	.997	3783.293[b]	2.000	19.000	.000	7566.586	1.000
	Wilks' Lambda	.003	3783.293[b]	2.000	19.000	.000	7566.586	1.000
	Hotelling's Trace	398.241	3783.293[b]	2.000	19.000	.000	7566.586	1.000
	Roy's Largest Root	398.241	3783.293[b]	2.000	19.000	.000	7566.586	1.000
性别	Pillai's Trace	.286	3.798[b]	2.000	19.000	.041	7.596	.619
	Wilks' Lambda	.714	3.798[b]	2.000	19.000	.041	7.596	.619
	Hotelling's Trace	.400	3.798[b]	2.000	19.000	.041	7.596	.619
	Roy's Largest Root	.400	3.798[b]	2.000	19.000	.041	7.596	.619
训练方式	Pillai's Trace	.908	8.321	4.000	40.000	.000	33.282	.997
	Wilks' Lambda	.094	21.548[b]	4.000	38.000	.000	86.194	1.000
	Hotelling's Trace	9.661	43.473	4.000	36.000	.000	173.892	1.000
	Roy's Largest Root	9.659	96.585[c]	2.000	20.000	.000	193.170	1.000

a. Computed using alpha = .05
b. Exact statistic
c. The statistic is an upper bound on F that yields a lower bound on the significance level.
d. Design: Intercept+性别+训练方式

选模型多元方差分析结果显示：性别有显著差异（$P=0.041<0.05$），统计检验力较高（0.619）；训练方式有极显著差异（$P=0.000<0.01$），统计检验力高（0.997）。

全模型多元方差分析结果表明性别无显著性差异（$P=0.057>0.05$），统计检验力为0.560；而选模型多元方差分析结果却显示性别有显著差异（$P=0.041<0.05$），统计检验力为0.619。遵循前述多元方差分析的原则，这里应采用选模型方差分析的结果。

（3）一元方差齐性检验

Levene's方差齐性检验结果如表6-2-9所示。

表6-2-9 Levene's方差齐性检验结果

Levene's Test of Equality of Error Variances[a]

	F	df1	df2	Sig.
理解成绩	.672	5	18	.650
记忆成绩	.864	5	18	.524

Tests the null hypothesis that the error variance of the dependent variable is equal across groups.

a. Design: Intercept+性别+训练方式

结果表明：阅读理解成绩方差齐性（$P=0.650>0.05$），记忆成绩方差齐性（$P=0.524>0.05$）。

（4）选模型一元方差分析

结果如表 6-2-10 所示。

表 6-2-10 一元方差分析结果

Tests of Between-Subjects Effects

Source	Dependent Variable	Type III Sum of Squares	df	Mean Square	F	Sig.	Noncent. Parameter	Observed Power[a]
Corrected Model	理解成绩	794.625[b]	3	264.875	3.353	.039	10.059	.671
	记忆成绩	825.083[c]	3	275.028	4.104	.020	12.312	.766
Intercept	理解成绩	101790.375	1	101790.375	1288.486	.000	1288.486	1.000
	记忆成绩	11792.667	1	11792.667	175.977	.000	175.977	1.000
性别	理解成绩	630.375	1	630.375	7.979	.010	7.979	.766
	记忆成绩	486.000	1	486.000	7.252	.014	7.252	.726
训练方式	理解成绩	164.250	2	82.125	1.040	.372	2.079	.206
	记忆成绩	339.083	2	169.542	2.530	.105	5.060	.447
Error	理解成绩	1580.000	20	79.000				
	记忆成绩	1340.250	20	67.013				
Total	理解成绩	104165.000	24					
	记忆成绩	13958.000	24					
Corrected Total	理解成绩	2374.625	23					
	记忆成绩	2165.333	23					

a. Computed using alpha = .05
b. R Squared = .335 (Adjusted R Squared = .235)
c. R Squared = .381 (Adjusted R Squared = .288)

选模型一元方差分析结果显示：性别在理解成绩上有显著性差异（$P=0.010<0.05$），从描述统计结果可知：女生高于男生；在记忆成绩上也有显著差异（$P=0.014<0.05$），同样女生高于男生。训练方式在理解成绩上无显著差异（$P=0.372>0.05$）；在记忆成绩上也无显著差异（$P=0.105>0.05$）。

（5）残差 SSCP 矩阵

如表 6-2-11 所示。

表 6-2-11 残差 SSCP 矩阵

Residual SSCP Matrix

		理解成绩	记忆成绩
Sum-of-Squares and Cross-Products	理解成绩	1580.000	1404.500
	记忆成绩	1404.500	1340.250
Covariance	理解成绩	79.000	70.225
	记忆成绩	70.225	67.013
Correlation	理解成绩	1.000	.965
	记忆成绩	.965	1.000

Based on Type III Sum of Squares

表中包括两个因变量的三个矩阵，即：平方和与交乘积矩阵、协方差矩阵与相关系数矩阵。从相关系数矩阵中可见，阅读理解成绩与记忆成绩的相关系数为 0.965，具有较高的相关，这里，再一次证明了数据符合进行多元方差分析的假设条件。

（6）阅读理解与记忆成绩均值图

阅读理解与记忆成绩均值如图 6-2-7 所示。

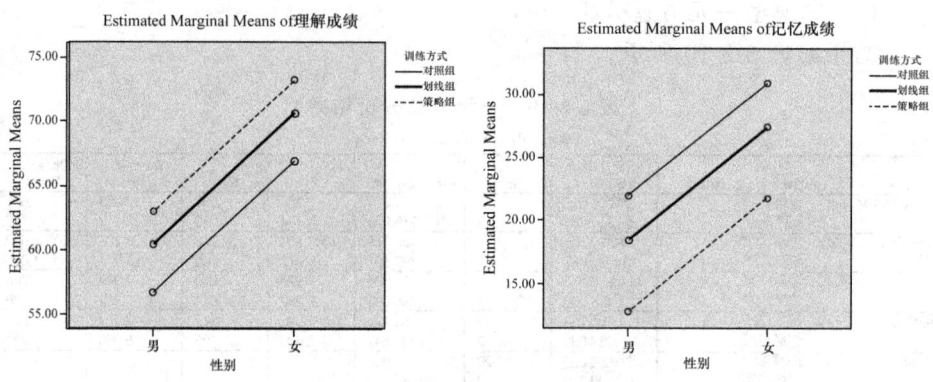

图 6-2-7　阅读理解与记忆成绩均值图

从上图可见，两图中的三条直线平行，提示性别与训练方式之间的交互效应不显著。从性别上看，女生在阅读理解成绩与记忆成绩上均高于男生，这与数据统计结果相一致。从训练方式上看，对理解成绩而言，组织策略组最高、画线组中等、对照组最低；而对记忆成绩而言，对照组最高、画线组中等、策略组最低，但数据统计结果显示：在理解成绩与记忆成绩上三组均数均无显著性差异。

五、关于多元方差分析假设条件的检验

1. 关于因变量之间是否具有一定强度相关的检验：

在上述分析中，对因变量之间的相关性采用了两种检验方法：（1）Bartlett's 球形检验，表 6-2-7 的检验结果为：$P=0.000<0.01$，拒绝零假设，表明阅读理解成绩与记忆成绩这两个因变量是显著相关的。（2）残差 SSCP 矩阵，从表 6-2-11 中的相关系数矩阵可以看出：阅读理解成绩与记忆成绩的相关系数为 0.965，具有较高的相关。

2. 关于因变量是否具有相同方差的检验：

在上述分析中，对因变量是否具有相同方差采用了两种检验，一是 Box's M 多元方差齐性检验，表 6-2-3 检验结果为：$P=0.883>0.05$，表明各组因变量方差齐性；二是 Levene's 一元方差齐性检验，表 6-2-9 的检验结果为：阅读理解成绩方差齐性（$P=0.650>0.05$），记忆成绩方差齐性（$P=0.524>0.05$）。另外，也可以通过操作路径 Options/Display/Residual plots，输出标准

残差散点图进行直观的判断。

3. 关于因变量是否服从正态分布的检验

关于因变量是否服从正态分布,一般有两种检验方法,分述如下。

一种方法是,依据相关的统计图进行经验判断。SPSS 提供的相应图形有:各因变量的残差正态描绘图(Normal Q-Q Plot of Residual)与各因变量的残差去趋势正态描绘图(Detrended Normal Q-Q Plot)。现结合上例,具体操作与解释如下。

(1) 操作步骤

在数据窗口中,选择 Graphs 绘图模块,在其下拉菜单中选择 Q-Q…子模块,打开 Q-Q Plot 对话框,选择理解成绩与记忆成绩两个因变量,其他项保持系统默认状态。点击 OK 按钮执行。

(2) 结果与解释

① 两因变量的残差正态描绘图

两因变量的残差正态描绘图如图 6-2-8 所示。

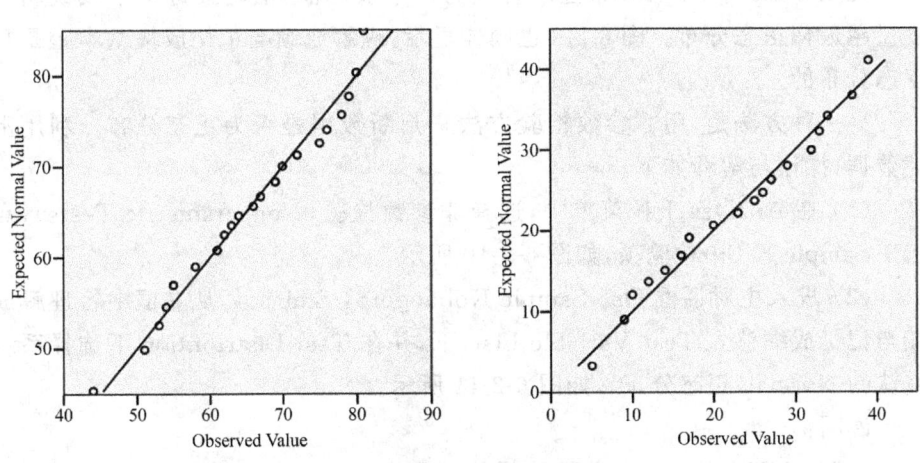

图 6-2-8　两因变量残差正态描绘图

图 6-2-8 是通过比较观察值与表示正态分布基准直线(斜向)的接近程度来判定因变量是否服从正态分布的,观察值越接近直线说明该变量越近似正态分布。图 6-2-8 显示:理解成绩与记忆成绩基本上是呈正态分布的。

② 两因变量的残差去趋势正态描绘图

两因变量的残差去趋势正态描绘图如图 6-2-9 所示。

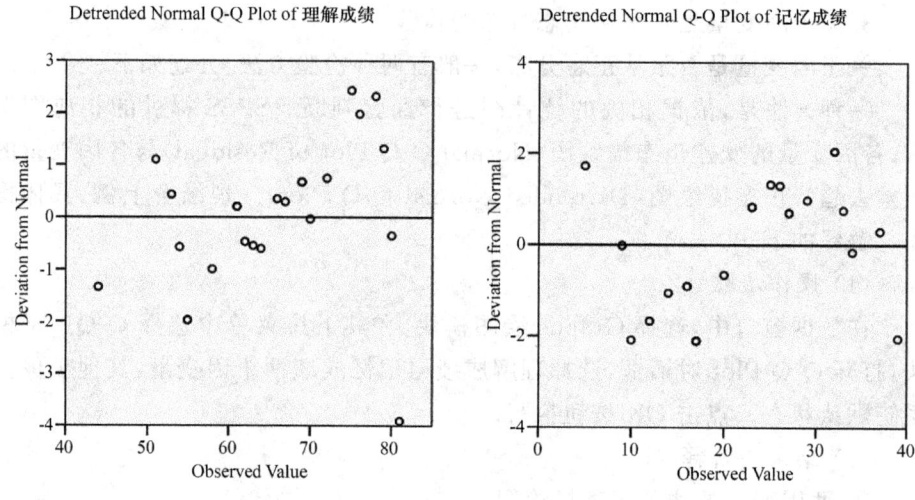

图 6-2-9 两因变量残差去趋势正态描绘图

在图 6-2-9 中，正态分布基准直线为水平线，观察值越接近水平线说明该变量越近似正态分布。图 6-2-9 也同样显示：理解成绩与记忆成绩基本上是呈正态分布的。

另一种方法是，用非参数检验方法来判断数据是否为正态分布。利用上述数据，操作与解释如下。

(1) 在 Analyze 下拉菜单中，选择非参数检验(Nonparametric Tests)，点击 1-Sample K-S…检验项，如图 6-2-10 所示。

(2) 进入主对话框 One-Sample Kolmogorov-Smirnov，从左框中将理解成绩与记忆成绩移入 Test Variable List：下，并在 Test Distribution 下选择系统默认的 Normal(正态分布)，如图 6-2-11 所示。

说明：

在 Test Distribution 下，可选择检验四种分布：Normal(正态分布)、Uniform(均匀分布)、Poisson(普阿松分布)与 Exponential(指数分布)。由于本例是正态分布检验，故仅选用 Normal。

(3) 在主对话框中，单击 Exact…，进入选择检验方法的子对话框，如图 6-2-12 所示。

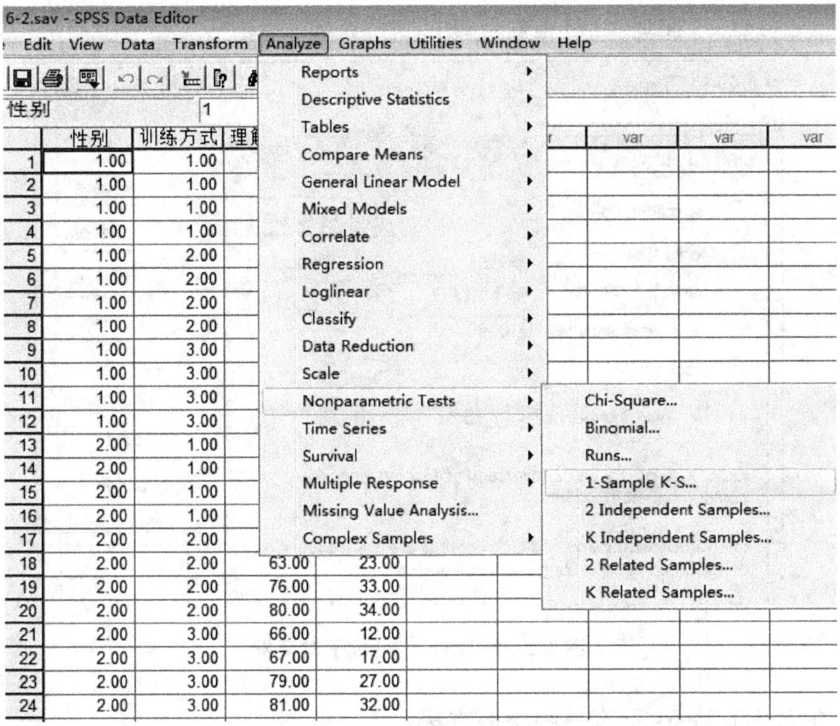

第6章 多元方差分析实验设计与数据处理

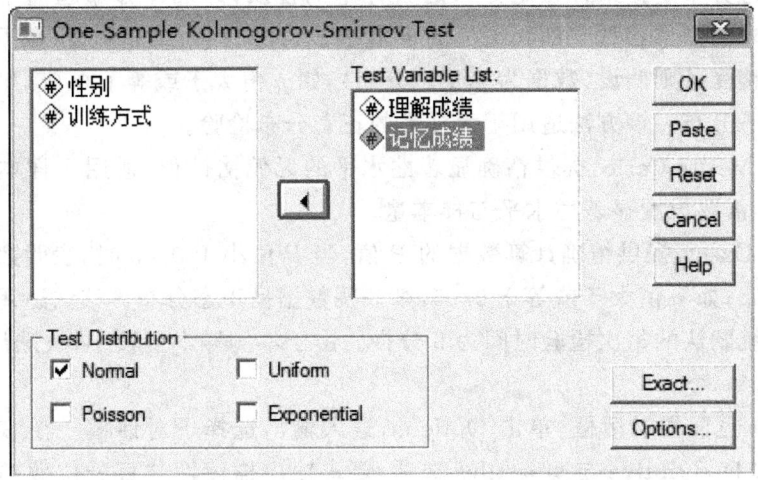

图 6-2-10 非参数单样本 S-K 检验菜单

图 6-2-11 One-Sample Kolmogorov-Smirnov Test 对话框

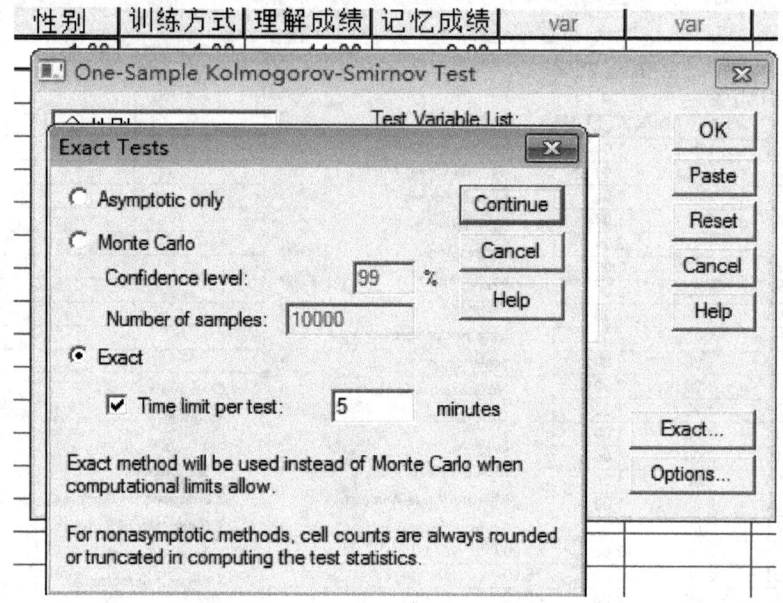

图 6-2-12　Exact Tests 子对话框

在 Exact Tests 下有三种检验方法。

① Asymptotic only：是一种可提供基于渐进分布的显著性检验指标，所谓的渐进分布是指某种特定分布的大样本的性质，即抽样分布趋向于正态分布所要求的样本容量。如其给出的 p 值小于 0.05，则拒绝零假设（数据呈正态分布），接受备则假设（数据为非正态分布），如 p 值大于或等于 0.05，则表明数据呈正态分布。该方法适用于大样本的正态分布检验。

② Monte Carlo：提供精确显著性水平的无偏估计值，适用于样本量过大的情况，需要设置显著性水平与样本量。

③ Exact：提供精确计算数据的 P 值，当 P 值小于 0.05 时，表明数据呈非正态分布；如 p 值大于或等于 0.05，则表明数据呈正态分布。该法适用于小样本。系统默认的每次检验时间为 5 分钟。由于本例样本量较小，故选用 Exact 检验法。

（4）返回主对话框，单击 Options，进入输出选择子对话框。在 Statistics 下，勾选 Descriptive 与 Quartiles 选项，要求输出描述性与百分位数的统计结果，如图 6-2-13 所示。

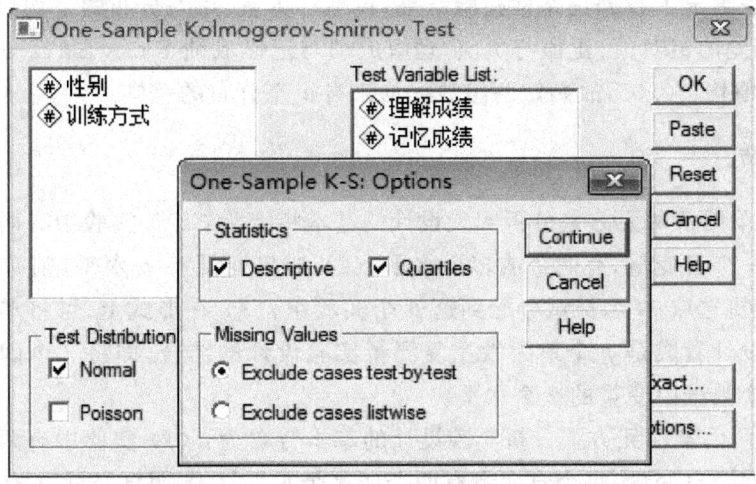

图 6-2-13 One-Sample K-S:Options 子对话框

(5) 返回主对话框，执行程序

① 描述性统计结果

Descriptive Statistics

	N	Mean	Std. Deviation	Minimum	Maximum	Percentiles		
						25th	50th (Median)	75th
理解成绩	24	65.1250	10.16093	44.00	81.00	55.7500	65.0000	74.2500
记忆成绩	24	22.1667	9.70283	5.00	39.00	14.5000	23.0000	31.2500

上表中包括变量名、样本量、均值、标准差、最小值与最大值以及三个百分位数。

② 正态性检验结果

One-Sample Kolmogorov-Smirnov Test

		理解成绩	记忆成绩
N		24	24
Normal Parameters[a,b]	Mean	65.1250	22.1667
	Std. Deviation	10.16093	9.70283
Most Extreme Differences	Absolute	.090	.119
	Positive	.090	.119
	Negative	-.084	-.095
Kolmogorov-Smirnov Z		.443	.585
Asymp. Sig. (2-tailed)		.989	.883
Exact Sig. (2-tailed)		.979	.843
Point Probability		.000	.000

a. Test distribution is Normal.

b. Calculated from data.

上表给出了数据正态性检验结果,包括样本量、正态分布的平均数与标准差、极端差的绝对值、正值与负值,理解成绩与记忆成绩 Exact Sig(2-tailed) 检验的 P 值均>0.05,故判定两组数据均来自正态分布的总体。

本章小结

1. 单因素两元方差分析实验设计的基本特点为:(1) 实验中有两个因变量。有一个自变量,有两个或多个水平;(2) 如自变量有 p 水平,则有 p 个实验组,随机选取 N 名被试分配到这 p 个实验组;(3) 在形式上,可将单因素二元实验设计看成是 p 个单因素重复测量实验设计的结合,即将 2 个因变量看成是一个被试内变量的 2 个水平。

2. 两因素两元方差分析实验设计的基本特点为:(1) 实验中有两个因变量。有两个自变量,每个自变量有两个或多个水平;(2) 如自变量 A 有 p 个水平,B 有 q 个水平,则有 $p*q$ 个实验组,随机选取 N 名被试,并随机分配到这 $p*q$ 个实验组;(3) 在形式上,可将两因素两元实验设计看成是 $p*q$ 个单因素重复测量实验设计的结合,将 2 个因变量看成是一个被试内变量的 2 个水平。以上所述,可推广到多因素多元方差分析实验设计中去。

3. 在进行多因素多元方差分析时应遵循一条原则,即先用全模型进行方差分析,所谓全模型即指检验所有因素的主效应与各因素之间的交互效应。如交互效应显著,则表明选用全模型恰当。如果交互效应不显著,则应该用选模型来进行方差分析,所谓选模型,即指只检验所有因素的主效应,而不检验各因素之间的交互效应。为简明起见,将上述内容总结如下:

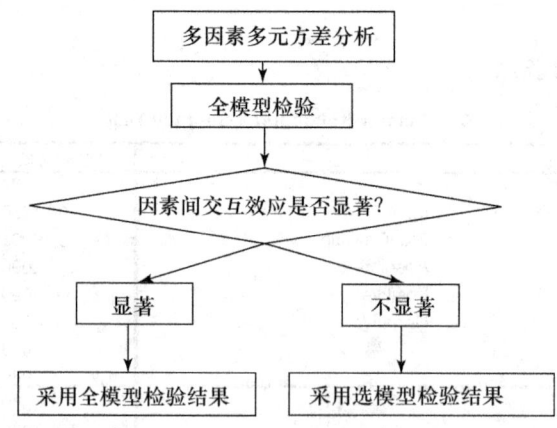

4. 由于单因素或多因素多元方差分析实验设计在形式上相当于混合实

验设计,因此,SPSS 给出多元与一元方差分析结果,并同时给出 Leven's、球形与 Box's 方差齐性检验结果。

思考与练习

1. 什么是全模型与选模型?
2. 在什么样的实验条件下,要采用选模型? 为什么?
3. 为什么说单因素或多因素多元方差分析的实验设计相当于混合实验设计?
4. 运用本章所学内容,结合专业知识,进行单因素多元方差分析和两因素多元方差分析实验设计(模拟数据),并写出数据处理的过程及结果。

第7章 追踪研究的实验设计与数据处理

第1节 追踪研究概述与追踪数据的方差分析

一、追踪研究概述

(一) 追踪研究与横断研究

在心理与教育研究中,常采用两类研究模式,即横断研究和追踪研究。横断研究是指在同一时间点,对被试的一个或多个变量进行测量,所得的测量结果是横断数据。追踪研究是指在多个时间点,对被试的一个或多个变量进行测量,所得的测量结果是追踪数据。追踪研究与横断研究相比,在研究目的与结果解释上有很大的区别。横断研究的目的主要在于检验自变量对因变量是否有影响;追踪研究的主要目的在于对被试的某一或某些行为或属性的发展趋势进行分析。从对研究结果的解释上看,横断研究无法推论变量之间的因果关系;而追踪研究可探讨变量之间的因果关系以及分析事物的发展规律。当然,追踪研究的时间较长,容易造成被试流失、数据缺失、费用过大、研究效度降低等问题。

(二) 追踪研究的设计类型与统计方法

追踪研究设计大致分为五类:① 同时性横断研究设计;② 趋势研究(重复横断研究);③ 时间序列研究;④ 干预研究;⑤ 群组序列设计。同时性横断研究设计是指:对不同年龄组的样本进行同时测量。例如,对3岁、4岁、5岁与6岁儿童同时进行认知能力测量。其设计特点是,可在短时间内了解不同年龄儿童认知能力的发展水平及趋势,但不能了解个体的发展趋势。趋势研究是指:对一个相同的年龄群体分别在不同时间进行多次测量,但每次测量都是对同一个年龄群体中抽取的不同被试进行,即所用的样本都不相同。与同时性横断研究类似,此设计也不能了解个体的发展趋势。时间序列研究是指:对相同被试在不同时间点上进行多次测量。例如,对同一组5岁儿童每隔3个月进行一次认知能力测验,连续测验4次。其设计特点是:既可分析总体发展趋势,也可分析个体的发展趋势以及发展趋势之间的差异。干预研究是指:将被试分为两组,每组被试分别接受不同的实验处理,然后分别对两组被试进行多次测量。例如,将5岁儿童随机分为两组,一组接受儿童科学教育,另一组接受常识教育,每隔3个月对两组儿童进行一次认知能力测验,连续测验4次。其设计特点是:既可看出两组儿童认知能力的发展趋势,也可比较两组儿童认知能力发展趋势的差异。群组序列设计是指:通过对不同年龄群体有限的追踪数据进行连接,从而对个体某一特征在较长时间内的发展趋势进行分析。例如,对4岁、5岁与6岁三组儿童进行认知能力测量,对4岁组儿童在其4岁、5岁与6岁进行3次测量;对5岁组儿童在其5岁、6岁与7岁进行3次测量;对6岁组儿童在其6岁、7岁与8岁进行3次测量,然后将阶段数据连接起来,得到4至8岁儿童认知能力的连续数据。其设计的主要特点是:将横断研究设计与追踪研究设计结合起来,缩短了测量的时间,但其主要不足在于:阶段数据提供的信息可能不足以反映连续的整体数据所代表的信息。

目前,随着统计理论的进展与相应软件的开发,对追踪数据的分析技术有了长足的进步。相应的分析方法主要包括:重复测量的一元方差分析、多元方差分析、时间序列分析、潜变量增长曲线模型与多层线性模型分析。方差分析的方法侧重于解决总体平均发展趋势的问题;时间序列分析与后两种模型方法不仅可对总体平均增长趋势进行分析,也可对个体发展趋势之间的差异进行分析。

二、追踪数据的方差分析

(一)追踪数据的一元与多元方差分析

追踪数据的趋势分析,既可采用一元方差分析,也可采用多元方差分析。如果将多个时间点的测量看成是被试内变量的多个水平,即可采用一元方差分析的方法进行追踪研究。例如,将一组被试,多个时间点的测量看成是一个单因素重复测量的实验设计;将多组被试,多个时间点的测量看成是一个两因素混合实验设计;将一组被试、不同测试条件(被试内变量)、多个时间点的测量看成是一个两因素重复测量的实验设计;将多组被试、不同测试条件(被试内变量)、多个时间点的测量看成是一个重复测量两因素的三因素混合实验设计。显然,只要将一个实验中的多个时间点的测量看成是被试内变量的多个水平,就可将该实验归结为任何更为复杂的重复测量或混合实验设计。如果将被试内变量的多个水平看成是多个因变量,则可采用多元方差分析的方法进行追踪研究。例如,可将多组被试,多个时间点的测量看成是单因素多元方差分析;将多组被试、不同测试条件(被试间变量)、多个时间点测量看成是两因素多元方差分析。同样,只要将一个实验中的多个时间点的测量看成是多个因变量,就可将该实验归结为任何更为复杂的多元实验设计。

一般来说,对于同一实验数据,采用一元方差分析与多元方差分析会得到相同的统计结果。然而,两种方法所要求的假设条件不同。在一元方差分析时,要求数据满足方差齐性的假设条件,即满足球形假设,如满足,可参见标准一元方差分析的统计结果,这时重复测量方差分析的统计检验力较强。如不满足,可参见备选一元方差分析的统计结果,但是这时方差分析所犯第一类错误的概率只是接近指定的显著性水平值。多元方差分析不要求数据满足球形假设的条件,而要求数据呈多元正态分布,当假设条件满足时,多元方差分析所犯第一类错误的概率相当于指定的显著性水平值,然而,当样本容量较小时,不宜采用多元方差分析。

本章仅对追踪数据的一元方差分析进行介绍与说明,对追踪数据多元方差分析有兴趣的读者可参考有关书籍。

(二) 追踪数据一元方差分析的基本原理与步骤

例 7-1-1

随机选取 8 名学生,在一年级、二年级、三年级与四年级时对其进行数学能力测验。结果如表 7-1-1 所示,问:学生在不同年级的数学能力是否存在差异?数学能力线性增长趋势是否显著?数学能力二次及三次增长趋势是否显著?

表 7-1-1 四个年级学生数学能力测试结果

学生	一年级	二年级	三年级	四年级
1	45	55	67	79
2	40	50	61	70
3	42	57	65	73
4	50	62	72	85
5	47	54	64	82
6	44	51	62	78
7	49	60	69	80
8	41	53	55	68

一元方差分析与多元方差分析结果均表明:总体来说,学生在不同年级时的数学能力有极显著差异($P=0.000<0.01$)。多重比较结果表明:学生在四个年级的数学能力均有极显著差异($P=0.000<0.01$)。由于上述分析过程与结果与单因素重复测量方差分析完全相同,故在此主要说明学生数学能力

增长趋势分析的基本原理与步骤。

1. 线性、二次与三次趋势图

一般来说,如有 K 次重复测量,则可对其进行 $K-1$ 次趋势分析,但一般仅给出线性、二次、三次趋势分析。例如,在上例中,$K=4$,则可进行线性、二次、三次趋势分析。现将线性、二次与三次趋势表示如图 7-1-1 至图 7-1-3:

(1)
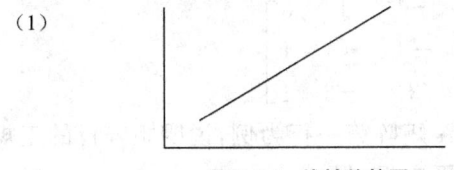
图7-1-1　线性趋势图

(2)
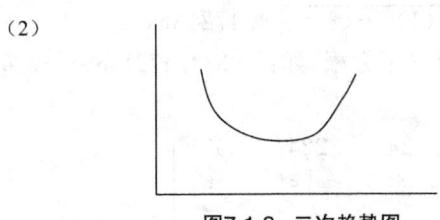
图7-1-2　二次趋势图

(3)
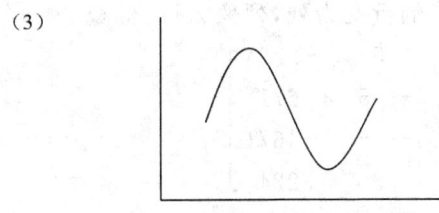
图7-1-3　三次趋势图

2. 线性、二次与三次趋势的分析步骤及说明

现以例 7-1-1 数据为例,说明其线性、二次与三次趋势分析的步骤与结果。
(1) 可通过查正交多项式系数表得到一次、二次与三次函数表达式,

即:$f_1(x)=2x-5$;$f_2(x)=x^2-5x+5$;$f_3(x)=\dfrac{1}{3}(10x^3-75x^2+167x-105)$

将 $x=1;x=2;x=3;x=4$ 分别代入上述函数表达式,如:
将 $x=1$ 代入 $f_1(x)=2x-5$,得 -3;
代入 $f_2(x)=x^2-5x+5$,得 1;
代入 $f_3(x)=\dfrac{1}{3}(10x^3-75x^2+167x-105)$,得 -1;
……;
将 $x=4$ 代入 $f_1(x)=2x-5$,得 3;

代入 $f_2(x)=x^2-5x+5$，得 1；

代入 $f_3(x)=\dfrac{1}{3}(10x^3-75x^2+167x-105)$，得 1。

(2) 将上述四列数据整理后，便得到以下 A 矩阵(也可通过查正交多项式系数表得到)：

$$A=\begin{bmatrix} -3 & -1 & 1 & 3 \\ 1 & -1 & -1 & 1 \\ -1 & 3 & -3 & 1 \end{bmatrix}$$

(3) 将 A 矩阵各行正规化。以 A 矩阵第一行为例，说明矩阵行的正规化。先求 A 矩阵第一行各元素平方和的平方根，得：

$$\sqrt{(-3)^2+(-1)^2+(1)^2+(3)^2}=4.472136,$$

再将 A 矩阵第一行的各元素除以该平方根，如：$-3/4.472136=-0.671$。其余行类同，得到以下 Q 矩阵：

$$Q=\begin{bmatrix} -.671 & -.224 & .224 & .671 \\ .5 & -.5 & -.5 & .5 \\ -.224 & .671 & -.671 & .224 \end{bmatrix}$$

求 Q 的转置矩阵 Q'，即将 Q 矩阵的行变为列，列变为行，得 Q'：

$$Q'=\begin{bmatrix} -.671 & .5 & -.224 \\ -.224 & -.5 & .671 \\ .224 & -.5 & -.671 \\ .671 & .5 & .224 \end{bmatrix}$$

(4) 求数学成绩正交多项式转换矩阵 D。

将表 7-1-1 学生数学能力测试成绩作为 B 矩阵，按以下公式计算得到 D：

$$D_{8\times 3}=B_{8\times 4}Q'_{4\times 3}$$

$$D=\begin{bmatrix} 45 & 55 & 67 & 79 \\ 40 & 50 & 61 & 70 \\ 42 & 57 & 65 & 73 \\ 50 & 62 & 72 & 85 \\ 47 & 54 & 64 & 82 \\ 44 & 51 & 62 & 78 \\ 49 & 60 & 69 & 80 \\ 41 & 53 & 55 & 68 \end{bmatrix}\begin{bmatrix} -.671 & .5 & -.224 \\ -.224 & -.5 & .671 \\ .224 & -.5 & -.671 \\ .671 & .5 & .224 \end{bmatrix}=\begin{bmatrix} 25.502 & 1.000 & -.436 \\ 22.549 & -.500 & -.661 \\ 22.593 & -3.50 & 1.576 \\ 25.725 & .5000 & 1.130 \\ 25.725 & 5.500 & 1.130 \\ 25.278 & 4.500 & .2350 \\ 22.817 & .0000 & .9050 \\ 18.565 & .5000 & 4.706 \end{bmatrix}$$

将 B 与 D 矩阵中的元素并列起来，如表 7-1-2 所示。

表 7-1-2　学生数学能力正交多项式转换结果

学生	一年级	二年级	三年级	四年级	D_{Lin}	D_{Qua}	D_{Cub}
1	45	55	67	79	25.502	1.000	−0.436
2	40	50	61	70	22.594	−0.500	−0.661
3	42	57	65	73	22.593	−3.500	1.576
4	50	62	72	85	25.725	0.500	1.130
5	47	54	64	82	25.725	5.500	1.130
6	44	51	62	78	25.278	4.500	0.235
7	49	60	69	80	22.817	0.000	0.905
8	41	53	55	68	18.565	0.500	4.706
和	358	442	515	615	188.799	8.000	8.585
均值	44.75	55.25	64.375	76.875	23.5999	1.000	1.0731

(5) 线性、二次项、三次项平方和的计算

根据表 7-1-2 中数据,可将年级效应平方和分解为线性、二次、三次三部分,其平方和可由下式计算:

$$SS_{\text{contrast}} = \frac{nL^2}{c_1^2 + c_2^2 + c_3^2 + c_4^2}$$

其中:$L = c_1(\overline{X}_1) + c_2(\overline{X}_2) + c_3(\overline{X}_3) + c_4(\overline{X}_4)$,$c_1^2 + c_2^2 + c_3^2 + c_4^2 \approx 1$。

说明:

① 上式中的 $\overline{X}_1; \cdots; \overline{X}_4$ 为各年级数学成绩的平均数,n 为被试量。

② 上式中的 $c_1、c_2、c_3、c_4$ 为 Q 矩阵中的各行元素,Q 矩阵中的第一行元素为 $c_{11}、c_{12}、c_{13}、c_{14}$,对应线性部分;第二行元素为 $c_{21}、c_{22}、c_{23}、c_{24}$,对应二次部分;第三行元素为 $c_{31}、c_{32}、c_{33}、c_{34}$,对应三次部分。因此:

线性部分:

$L_{\text{Lin}} = (-0.671)(44.75) + (-0.224)(55.25) + (0.224)(64.375) + (0.671)(76.875) = 23.5999$

$$SS_{\text{Lin}} = \frac{8 \times 23.5999^2}{1} \approx 4452$$

二次项:

$L_{\text{Qua}} = (0.5)(44.75) + (-0.5)(55.25) + (-0.5)(64.375) + (0.5)(76.875) = 1$

$$SS_{\text{Qua}} = \frac{8 \times 1^2}{1} = 8$$

三次项：

$L_{Cub} = (-0.224)(44.75) + (0.671)(55.25) + (-0.671)(64.375) + (0.224)(76.875) = 1.0731$

$SS_{Cub} = \dfrac{8 \times 1.0731^2}{1} \approx 9$

从上可以看出：$SS_{Lin} + SS_{Qua} + SS_{Cub} = SS_A$，即被试内因素的年级效应被分解为线性、二次和三次增长趋势三个部分。由于自由度均为 1，所以线性、二次和三次的平方和就等于各自的均方。

(6) 线性、二次项、三次项残差平方和的计算。

对于上面的三部分，可以得到对应的残差平方和：

$$SS_{残差-线性} = \sum_{i=1}^{n}(D_{Lin} - L_{Lin})^2 = (25.502 - 23.6)^2$$
$$+ (22.594 - 23.6)^2 + \cdots + (18.565 - 23.6)^2 = 43.4$$

$$SS_{残差-二次} = \sum_{i=1}^{n}(D_{Qua} - L_{Qua})^2$$
$$= (1-1)^2 + (-0.5-1)^2 + \cdots + (0.5-1)^2 = 56.5$$

$$SS_{残差-三次} = \sum_{i=1}^{n}(D_{Cub} - L_{Cub})^2$$
$$= (-0.436 - 1.073)^2 + (-0.661 - 1.073)^2 + \cdots$$
$$+ (4.706 - 1.073)^2 = 19.475$$

说明：D_{Lin} 为 D 矩阵的第一列元素，L_{Lin} 为 D 矩阵的第一列元素的均值，其余类同。

三部分的残差平方和等于总的残差平方和，说明正交多项式转换将总的残差分解为线性、二次和三次三个部分。各残差对应的自由度均为 8−1=7，因此线性、二次、三次的残差均方分别为：

$MS_{Residual\text{-}Lin} = \dfrac{43.4}{7} = 6.2$； $MS_{Residual\text{-}Qua} = \dfrac{56.5}{7} = 8.07$；

$MS_{Residual\text{-}Cub} = \dfrac{19.475}{7} = 2.782$

(7) 线性、二次项与三次项的 F 检验。

对应的各部分的 F 检验为：

$F_{Lin} = \dfrac{MS_{Lin}}{MS_{Residual\text{-}Lin}} = \dfrac{4452}{6.2} = 718.08$

$F_{Qua} = \dfrac{MS_{Qua}}{MS_{Residual\text{-}Qua}} = \dfrac{8}{8.07} = 0.99$

$$F_{\text{Cub}} = \frac{MS_{\text{Cub}}}{MS_{\text{Residual-Cub}}} = \frac{9}{2.782} = 3.24$$

对应于 F 值的 P 值显示：在不同年级上学生数学能力有显著的线性增长趋势($F=718.08, P=0.000<0.05$)，二次增长趋势不显著($F=0.99, P=0.353>0.05$)，三次增长趋势也不显著($F=3.24, P=0.115>0.05$)。具体如表 7-1-3 所示。

表 7-1-3 正交多项式对照方差分析表

变异来源		平方和	自由度	均方	F 值	P
年级	线性	4452.0	1	4452.1	718.08	0.000
	二次	8.0	1	8.0	0.99	0.353
	三次	9.0	1	9.0	3.24	0.115
残差	线性	43.4	7	6.2		
	二次	56.6	7	8.1		
	三次	19.5	7	2.8		

第 2 节 追踪数据一元方差分析的常见类型与 SPSS 数据处理

一、一组被试、多个时间点测量的实验设计与 SPSS 数据处理

(一) 例题与分析

随机选取 8 名学生，在一年级、二年级、三年级与四年级时对其进行数学能力测验。目的在于：比较学生不同年级数学能力是否存在差异？以及数学能力的增长趋势是否显著？

分析：该研究的因变量是数学能力测验成绩，可将数学能力测验的年级看成是被试内变量，有四个水平，即一年级、二年级、三年级与四年级的四次测验。因此，在形式上，该实验是一个单因素重复测量的实验设计。

(二) SPSS 操作步骤及结果说明

1. 基本步骤

由于可将本例看成是一个单因素重复测量的实验设计，故以下将重点介绍与说明与趋势分析相关的操作与结果。

(1) 录入数据，建立数据文件，如图 7-2-1 所示。

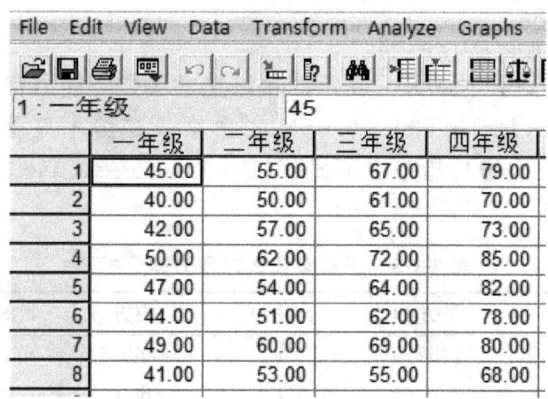

图 7-2-1　SPSS 数据结构

（2）在 SPSS 数据窗口中，依次选择"Analyze\General Linear Model\Repeated Measures"进行重复测量的方差分析。在定义重复测量因素的窗口中，将年级定义为被试内变量，并将其水平数定义为 4。

（3）返回主对话框，打开 Contrasts 子对话框，进行多项式对照比较（系统默认，不需设置，仅为演示而已），如图 7-2-2 所示。

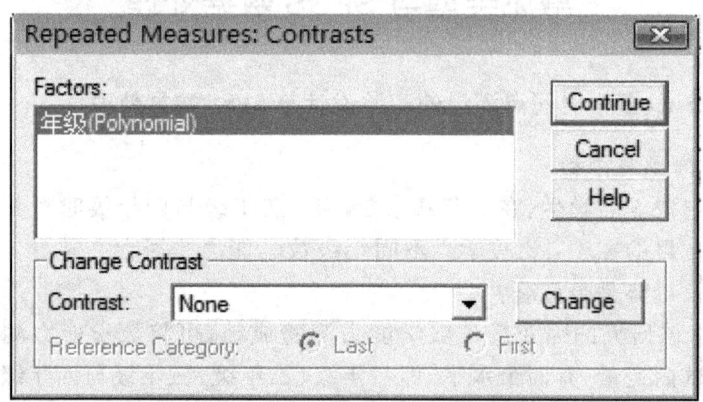

图 7-2-2　Contrasts 子对话框

（4）在主对话框中，点击 Plots 按钮，绘制均值图，具体如图 7-2-3 所示。

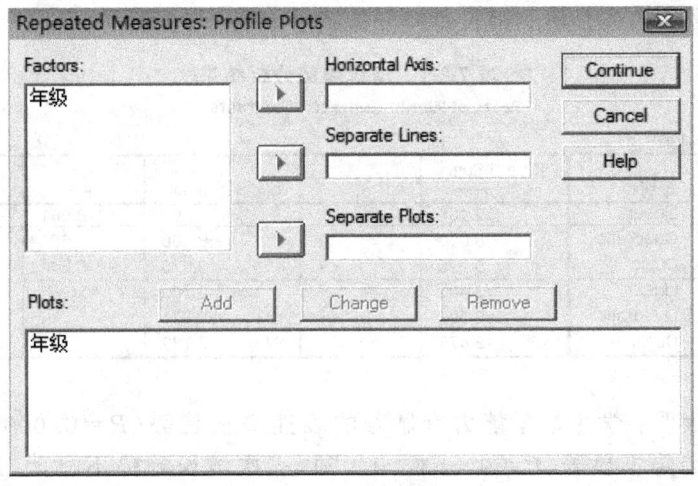

图 7-2-3 均值图

(5) 返回主对话框,在 Options 子对话框内,选择多重比较、描述性统计以及输出多项式转换矩阵(Transformation matrix)选项,如图 7-2-4 所示。最后,返回主对话框,点击"OK"运行。

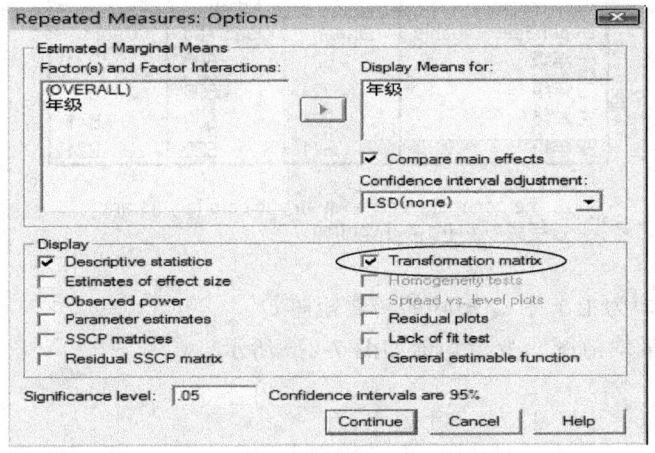

图 7-2-4 Options 子对话框

2. 结果及说明

(1) 一元方差分析与多元方差分析结果(具体略)均表明:总体来说,学生不同年级数学能力有极显著差异($P=0.000<0.01$)。多重比较结果表明:学生在四个年级的数学能力均有极显著差异($P=0.000<0.01$)。

(2) 增长趋势分析。增长趋势分析结果如表 7-2-1 所示。

表 7-2-1　增长趋势分析结果

Tests of Within-Subjects Contrasts

Measure: MEASURE_1

Source	年级	Type III Sum of Squares	df	Mean Square	F	Sig.
年级	Linear	4452.100	1	4452.100	718.081	.000
	Quadratic	8.000	1	8.000	.991	.353
	Cubic	9.025	1	9.025	3.244	.115
Error(年级)	Linear	43.400	7	6.200		
	Quadratic	56.500	7	8.071		
	Cubic	19.475	7	2.782		

结果表明：学生数学能力有显著的线性增长趋势（$P=0.000<0.01$），二次增长趋势不显著（$P=0.353>0.05$），三次增长趋势不显著（$P=0.115>0.05$）。

(3) 正交转换矩阵。正交转换矩阵如表 7-2-2 所示。

表 7-2-2　正交转换矩阵

年级[a]

Measure: MEASURE_1

Dependent Variable	年级		
	Linear	Quadratic	Cubic
一年级	-.671	.500	-.224
二年级	-.224	-.500	.671
三年级	.224	-.500	-.671
四年级	.671	.500	.224

a. The contrasts for the within subjects factors are:
年级: Polynomial contrast

该矩阵即为上节中 Q 矩阵的转置矩阵 Q'。

(4) 变量均值图。变量均值如图 7-2-5 所示。

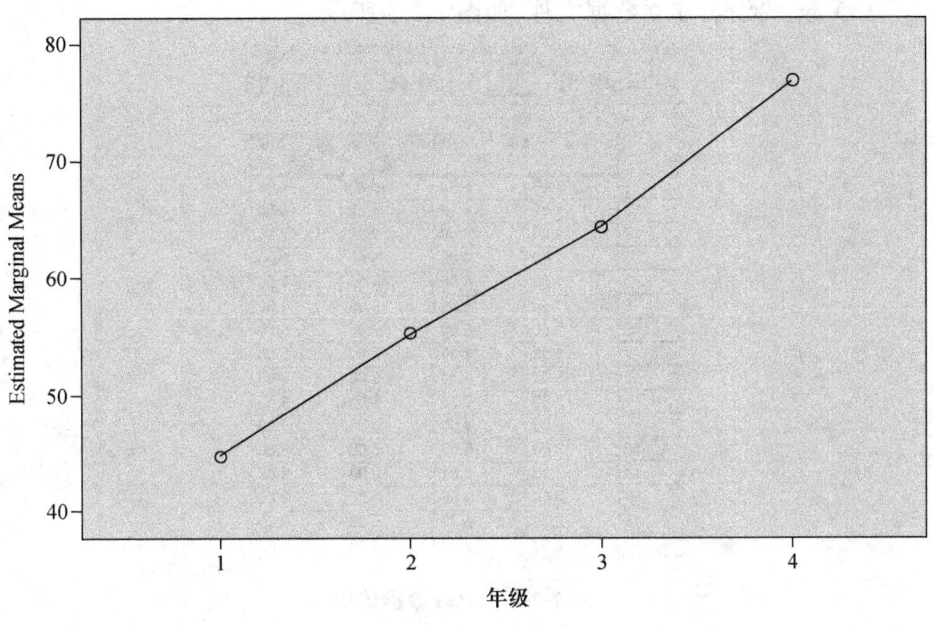

图 7-2-5　变量均值图

从图中也可直观地看到：学生数学能力线性增长趋势显著，二次增长趋势不显著，三次增长趋势不显著。

二、多组被试、多个时间点测量的实验设计与 SPSS 数据处理

（一）例题与分析

随机选择 16 名被试，按学习能力（高、低）分为两组，对其进行三次"问题解决"的测验。要求检验：三次测验成绩之间是否存在显著差异？两组被试之间是否存在显著差异？学习能力与问题解决能力之间是否存在交互作用？被试问题解决能力的增长趋势是否显著？

分析：该实验的因变量是问题解决的测验成绩，实验有两个自变量，学习能力（a）是被试间变量，分高（a_1）与低（a_2）两个水平；问题解决的测验次数可看成是被试内变量，有三个水平，即第一次测验、第二次测验与第三次测验。因此，在形式上，该实验是一个两因素混合实验设计。

（二）SPSS 操作步骤及结果说明

由于本例题是一个两因素混合实验设计，故以下将重点介绍与说明与趋势分析相关的操作与结果。

1. 基本步骤

（1）录入数据，建立数据文件，如图 7-2-6 所示。

	a	第一次测验	第二次测验	第三次测验
1	1.00	5.00	5.00	6.00
2	1.00	4.00	6.00	5.00
3	1.00	5.00	7.00	7.00
4	1.00	4.00	5.00	6.00
5	1.00	6.00	6.00	7.00
6	1.00	5.00	5.00	8.00
7	1.00	6.00	7.00	6.00
8	1.00	4.00	6.00	5.00
9	2.00	6.00	9.00	8.00
10	2.00	5.00	8.00	8.00
11	2.00	4.00	7.00	9.00
12	2.00	5.00	6.00	10.00
13	2.00	7.00	8.00	9.00
14	2.00	4.00	6.00	8.00
15	2.00	6.00	9.00	9.00
16	2.00	5.00	8.00	8.00

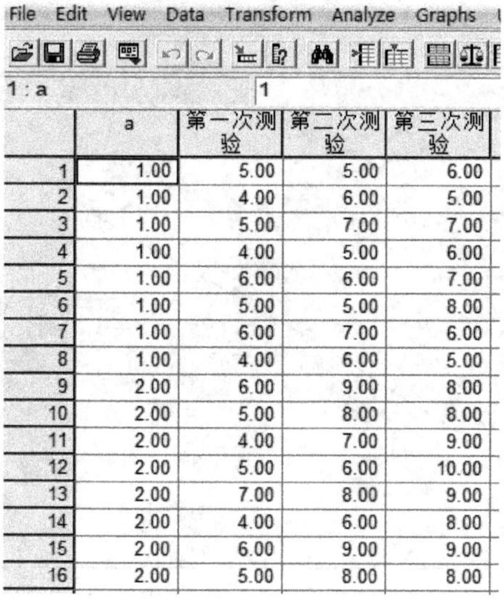

图 7-2-6　SPSS 数据结构

（2）选用重复测量的方差分析模块：Analyze(统计分析)\General Linear Model(一般线性模型)\Repeated Measures(重复测量)。

（3）在被试内变量名(Within-Subject Factor Name:)的方框中，设置被试内变量测验，在定义变量水平数(Number of Level)的方框中，输入 3。

（4）点击定义键(Define)，进入重复测量的方差分析主对话框，将第一次测验、第二次测验与第三次测验键入被试内变量(Within-Subjects Variables)的方框中，将 *a* 键入被试间因素(Between-Subjects Factors)方框中。

（5）返回主对话框，打开 Contrasts 子对话框，进行多项式对照比较(系统默认，不需设置，在此仅为演示而已)，如图 7-2-7 所示。

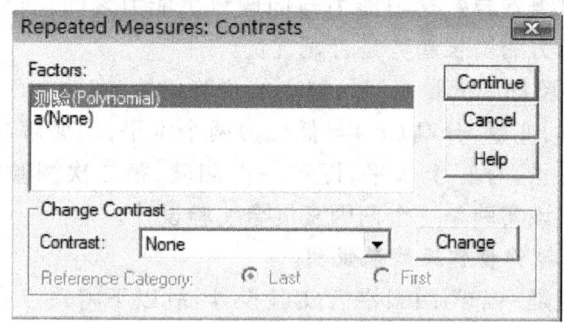

图 7-2-7　Contrasts 子对话框

(6) 在主对话框中，点击 Plots 按钮，绘制均值图，具体如图 7-2-8 所示。

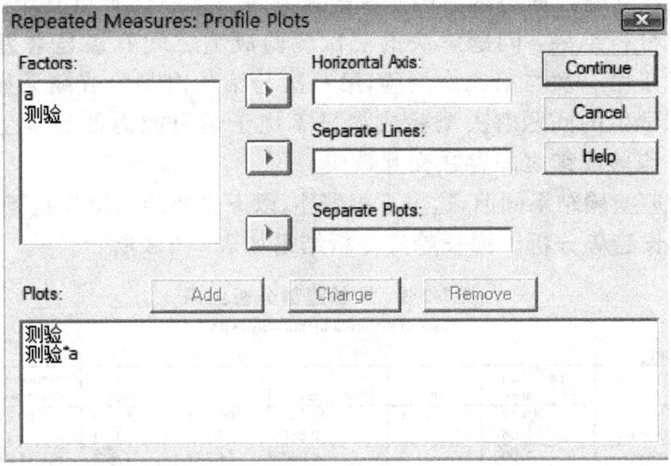

图 7-2-8　绘均值图

(7) 在主对话框中，点击选项（Options）按钮。将被试内变量测验键入右边的 Display Means for: 方框中，采用 LSD(none) 法对测验的三个水平进行多重比较。选择 Display 框中的（Descriptive statistics）命令，进行描述性统计；选择（Observed power）进行统计检验力检验；选择（Transformation matrix）输出多项式转换矩阵；选择（Homogeneity tests）进行方差齐性检验，如图 7-2-9 所示。点击 Continue 按钮，返回主对话框。最后点击"OK"，执行程序。

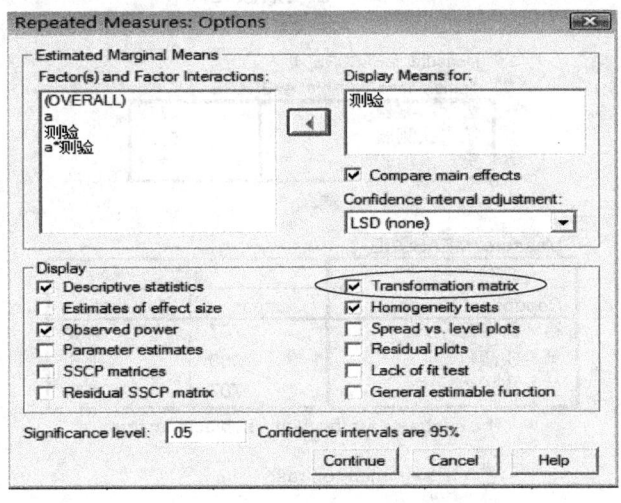

图 7-2-9　Options 子对话框

2. 结果及说明

(1) 由于例题数据与本书第 5 章第 3 节两因素混合实验设计完全一样,故只简要给出分析结果:问题解决的三次测验成绩之间有极显著差异,第三次测验成绩优于第一次与第二次测验,第一次与第二次测验成绩无显著差异;学习能力高的学生的问题解决测验成绩显著优于学习能力低的学生;学习能力与问题解决测验成绩之间存在交互效应。

简单效应检验结果同前,这里不再赘述,以下主要给出增长趋势分析结果。

(2) 增长趋势分析。增长趋势分析结果如表 7-2-3 所示。

表 7-2-3 增长趋势分析结果
Tests of Within-Subjects Contrasts
Measure: MEASURE_1

Source	测验	Type III Sum of Squares	df	Mean Square	F	Sig.	Noncent. Parameter	Observed Power[a]
测验	Linear	45.125	1	45.125	80.222	.000	80.222	1.000
	Quadratic	2.667	1	2.667	3.122	.099	3.122	.377
测验 * a	Linear	8.000	1	8.000	14.222	.002	14.222	.938
	Quadratic	.375	1	.375	.439	.518	.439	.095
Error(测验)	Linear	7.875	14	.563				
	Quadratic	11.958	14	.854				

a. Computed using alpha = .05

结果表明:三次测验成绩的线性增长趋势极显著($P=0.000<0.01$),二次增长趋势不显著($P=0.099>0.05$);对于不同学习能力的被试,三次测验的线性增长趋势存在极显著差异($P=0.002<0.01$),二次增长趋势不显著($P=0.518>0.05$)。

(3) 正交转换矩阵。正交转换矩阵如表 7-2-4 所示。

表 7-2-4 正交转换矩阵
Average
Measure: MEASURE_1

Transformed Variable: AVERAGE	
第一次测验	.577
第二次测验	.577
第三次测验	.577

测验[a]
Measure: MEASURE_1

Dependent Variable	测验	
	Linear	Quadratic
第一次测验	-.707	.408
第二次测验	.000	-.816
第三次测验	.707	.408

a. The contrasts for the within subjects factors are:
测验: Polynomial contrast

(4) 变量均值图。变量均值如图 7-2-10 所示。

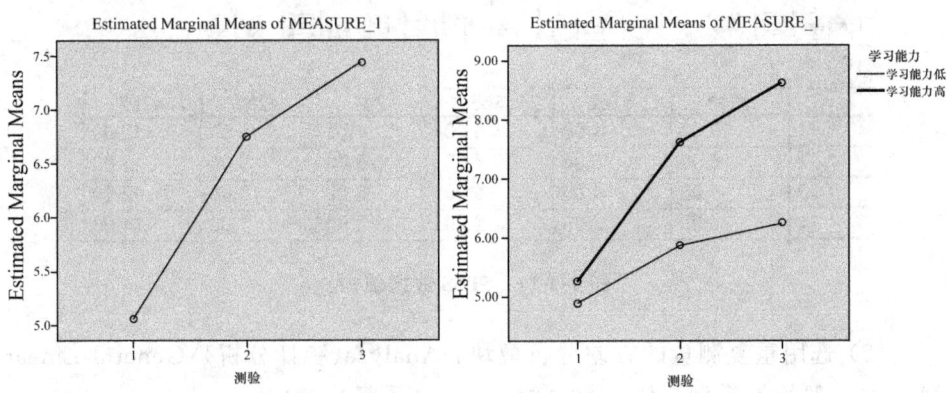

图 7-2-10　变量均值图

从图中也可直观地看到：总体而言，三次测验的线性增长趋势显著，二次增长趋势不显著；两变量交互效应的线性增长趋势显著，学习能力高的学生问题解决能力的线性增长速度比学习能力低的学生快，而二次增长趋势不显著。

三、一组被试、不同测试条件、多个时间点测量的实验设计与 SPSS 数据处理

(一) 例题与分析

随机选择 4 名被试，在无提示与有提示情况下，对其进行三次"问题解决"的测验。要求检验：三次测验之间是否存在差异？在有无提示的条件下，被试问题解决的测验成绩是否存在差异？有无提示与问题解决成绩之间是否存在交互作用？被试问题解决能力的增长趋势是否显著？

分析：该实验的因变量是问题解决的测验成绩，实验中，有两个自变量，有无提示 a 是被试内变量，分无提示（a_1）与有提示（a_2）两个水平；问题解决测验次数 b 是被试内变量，有三个水平，即第一次测验（b_1）、第二次测验（b_2）与第三次测验（b_3）。因此，在形式上，该实验是一个两因素重复测量的实验设计。

(二) SPSS 操作步骤及结果说明

本例题是一个两因素重复测量的实验设计，以下将重点介绍与说明与趋势分析相关的操作与结果。

1. 基本步骤

(1) 录入数据，建立数据文件，如图 7-2-11 所示。

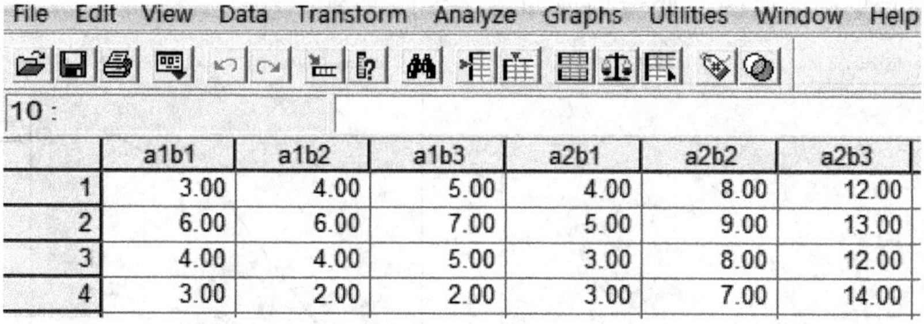

图 7-2-11 SPSS 数据结构

（2）选用重复测量的方差分析模块：Analyze（统计分析）\General Linear Model（一般线性模型）\Repeated Measures（重复测量）。

（3）在被试内变量名（Within-Subject Factor Name：）的方框中，设置被试内变量 a，水平数为 2；设置被试内变量 b，水平数为 3。

（4）点击定义键（Define），进入重复测量的方差分析主对话框，将 a_1b_1、a_1b_2、a_1b_3、a_2b_1、a_2b_2、a_2b_3 键入被试内变量（Within-Subjects Variables）框中。

（5）返回主对话框，打开 Contrasts 子对话框，进行多项式对照比较（系统默认，不需设置，仅为演示而已），如图 7-2-12 所示。

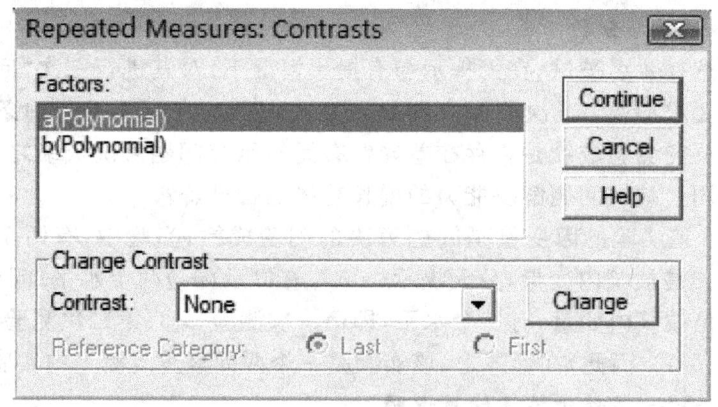

图 7-2-12 Contrasts 子对话框

（6）在主对话框中，点击 Plots 按钮，绘制均值图，具体如图 7-2-13 所示。

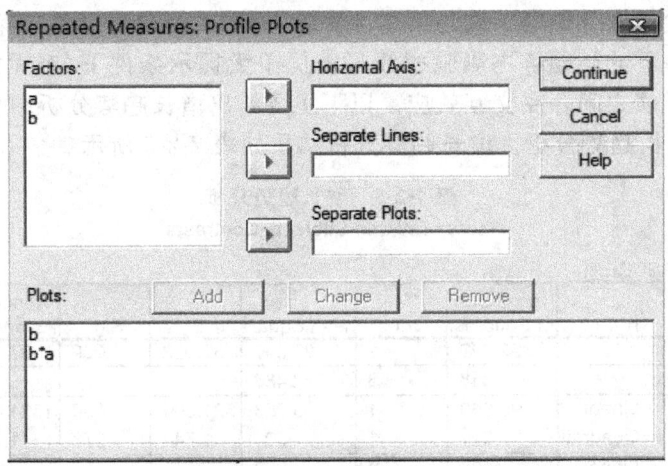

图 7-2-13　绘均值图

(7) 在主对话框中,点击选项(Options)按钮。将被试内变量 b 测验键入右边的 Display Means for:方框中,采用 LSD(none)法对三次测验成绩进行多重比较。选择 Display 框中的(Descriptive statistics)进行描述性统计;选择(Observed power)进行统计检验力检验;选择(Transformation matrix)输出多项式转换矩阵,如图 7-2-14 所示。最后,点击 Continue 按钮,返回主对话框,点击"OK",执行程序。

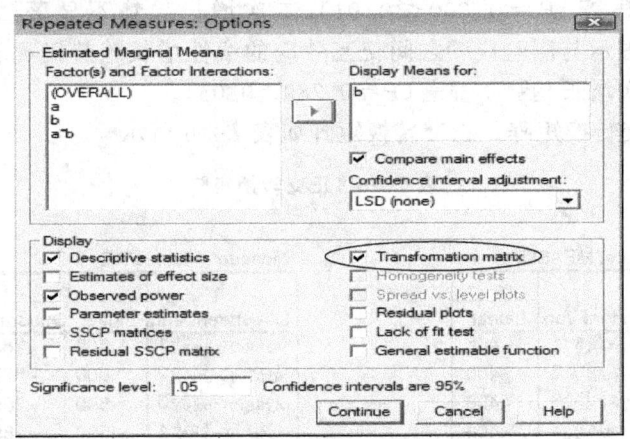

图 7-2-14　Options 子对话框

2. 结果及说明

(1) 由于本例题数据与本书第 5 章第 2 节两因素重复测量实验设计完全一样,故只简要给出分析结果:问题解决的三次测验成绩之间有极显著差异,第三次测验成绩优于第一次与第二次测验,第二次测验成绩优于第一次测验;有提示条件下的问题解决测验成绩显著优于无提示条件下;有无提示与问题解决测验成绩之间存在交互效应。以下主要给出增长趋势分析结果。

(2) 增长趋势分析。增长趋势分析结果如表 7-2-5 所示。

表 7-2-5 增长趋势分析
Tests of Within-Subjects Contrasts

Measure: MEASURE_1

Source	a	b	Type III Sum of Squares	df	Mean Square	F	Sig.	Noncent. Parameter	Observed Power[a]
a	Linear		92.042	1	92.042	37.022	.009	37.022	.970
Error(a)	Linear		7.458	3	2.486				
b		Linear	95.063	1	95.063	1521.000	.000	1521.000	1.000
		Quadratic	.521	1	.521	1.744	.278	1.744	.157
Error(b)		Linear	.188	3	.063				
		Quadratic	.896	3	.299				
a * b	Linear	Linear	68.063	1	68.063	39.361	.008	39.361	.977
		Quadratic	.021	1	.021	.086	.789	.086	.055
Error(a*b)	Linear	Linear	5.188	3	1.729				
		Quadratic	.729	3	.243				

a. Computed using alpha = .05

由于 a 因素只有两个水平,故仅对其线性增长趋势进行分析,结果表明:a 因素线性增长趋势极显著($P=0.009<0.01$)。b 因素三次测验成绩的线性增长趋势极显著($P=0.000<0.01$),二次增长趋势不显著($P=0.278>0.05$);有无提示与测验成绩之间交互效应的线性增长趋势极显著($P=0.008<0.01$),二次增长趋势不显著($P=0.789>0.05$)。

(3) 正交转换矩阵。正交转换矩阵如表 7-2-6 所示。

表 7-2-6 正交转换矩阵

a[a]

Measure: MEASURE_1

Dependent Variable	a
	Linear
无提示-测验1	-.408
无提示-测验2	-.408
无提示-测验3	-.408
有提示-测验1	.408
有提示-测验2	.408
有提示-测验3	.408

a. The contrasts for the within subjects are:
 a: Polynomial contrast

b[a]

Measure: MEASURE_1

Dependent Variable	b	
	Linear	Quadratic
无提示-测验1	-.500	.289
无提示-测验2	.000	-.577
无提示-测验3	.500	.289
有提示-测验1	-.500	.289
有提示-测验2	.000	-.577
有提示-测验3	.500	.289

a. The contrasts for the within subjects are:
 b: Polynomial contrast

（4）变量均值图。变量均值图如图 7-2-15 所示。

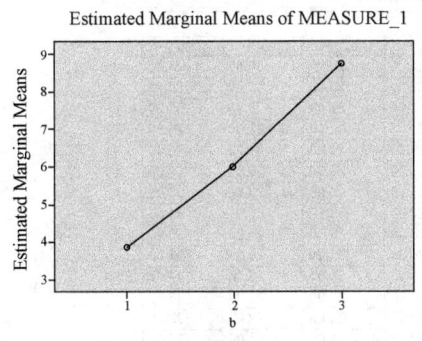
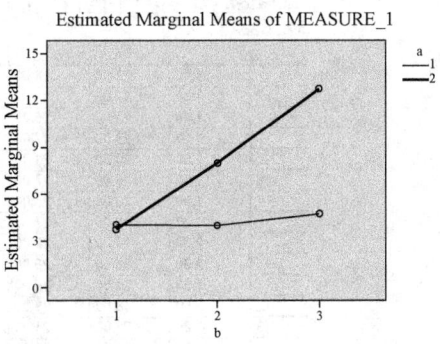

图 7-2-15　变量均值图

从图中也可直观地看到：三次测验成绩的线性增长趋势显著，而二次增长趋势不显著；两变量交互效应的线性增长趋势显著，即在有提示的情况下，三次测验成绩线性增长趋势显著快于无提示的情况，而二次增长趋势不显著。

四、多组被试、不同测试条件、多个时间点测量的实验设计与 SPSS 数据处理

（一）例题与分析

随机选择 16 名被试（男女各半），按性别分为两组，每组 8 人。在无提示与有提示情况下，对其进行三次"问题解决"的测验。要求检验：三次测验成绩之间是否存在差异？性别在测验成绩上是否存在差异？在有无提示的条件下，被试问题解决的测验成绩是否存在差异？所有二阶与三阶的交互效应是否显著？被试问题解决能力的增长趋势是否显著？

分析：该实验的因变量是问题解决的测验成绩，有三个自变量，性别（a）是被试间变量，分女（a_1）与男（a_2）两个水平；问题解决测验（b）是被试内变量，有三个水平，即第一次测验（b_1）、第二次测验（b_2）与第三次测验（b_3）；有无提示（c）是被试内变量，分两个水平，c_1 为无提示，c_2 为有提示。因此，从形式上看，该实验是一个重复测量两因素的三因素混合实验设计。

（二）SPSS 操作步骤及结果说明

本例题是一个重复测量两因素的三因素混合实验设计。以下将重点介绍与说明与趋势分析相关的操作与结果。

1. 基本步骤

（1）录入数据，建立数据文件，如图 7-2-16 所示。

	a	b1c1	b1c2	b2c1	b2c2	b3c1	b3c2
1	1.00	21.00	18.00	24.00	28.00	30.00	24.00
2	1.00	13.00	14.00	21.00	20.00	32.00	30.00
3	1.00	22.00	25.00	26.00	24.00	26.00	31.00
4	1.00	23.00	17.00	28.00	12.00	27.00	28.00
5	1.00	20.00	21.00	26.00	28.00	31.00	30.00
6	1.00	19.00	17.00	26.00	25.00	30.00	24.00
7	1.00	22.00	28.00	26.00	23.00	25.00	30.00
8	1.00	16.00	27.00	22.00	31.00	31.00	31.00
9	2.00	18.00	22.00	22.00	36.00	26.00	38.00
10	2.00	28.00	26.00	28.00	32.00	28.00	34.00
11	2.00	24.00	35.00	29.00	38.00	25.00	47.00
12	2.00	18.00	29.00	20.00	28.00	31.00	36.00
13	2.00	21.00	24.00	23.00	24.00	22.00	23.00
14	2.00	22.00	31.00	28.00	31.00	27.00	35.00
15	2.00	23.00	29.00	24.00	28.00	25.00	37.00
16	2.00	19.00	25.00	22.00	28.00	24.00	31.00

图 7-2-16　SPSS 数据结构

(2) 选用重复测量的方差分析模块：Analyze(统计分析)\General Linear Model(一般线性模型)\Repeated Measures(重复测量)。

(3) 在被试内变量名(Within-Subject Factor Name：)的方框中，设置被试内变量 b，水平数为 3；设置被试内变量 c，水平数为 2。

(4) 点击定义键(Define)，进入重复测量的方差分析主对话框，将 b_1c_1、b_1c_2、b_2c_1、b_2c_2、b_3c_1、b_3c_2 键入被试内变量(Within-Subjects Variables)框中；将被试间变量 a 键入被试间变量(Between Subjects Factors(s)：)框中。

(5) 返回主对话框，打开 Contrasts 子对话框，进行多项式对照比较(系统默认，不需设置，仅为演示而已)，如图 7-2-17 所示。

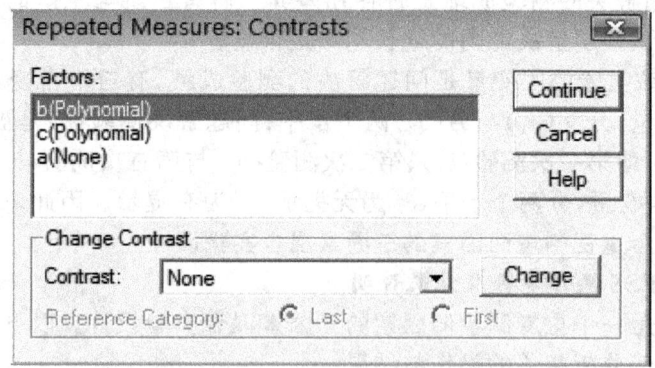

图 7-2-17　Contrasts 子对话框

(6) 在主对话框中，点击 Plots 按钮，绘制均值图，具体如图 7-2-18 所示。

268

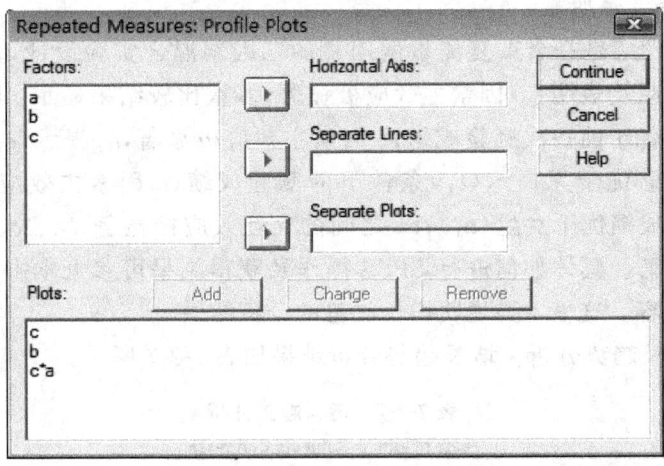

图 7-2-18　绘制均值图子对话框

(7) 在主对话框中,点击选项(Options)按钮。将被试内变量 b 测验键入右边的 Display Means for:方框中,采用 LSD(none)法对测验的三个水平进行多重比较。在 Display 框中,选择(Descriptive statistics)进行描述性统计;选择(Observed power)进行统计检验力检验;选择(Transformation matrix)输出多项式转换矩阵;选择(Homogeneity tests)进行方差齐性检验,如图 7-2-19 所示。点击 Continue 按钮,返回主对话框。最后点击"OK",执行程序。

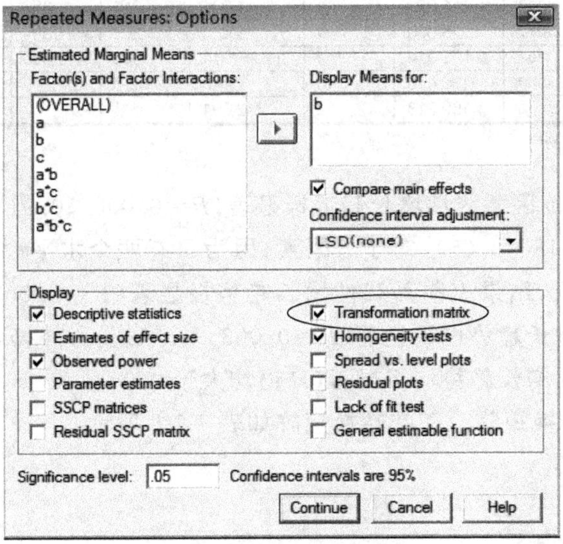

图 7-2-19　Options 子对话框

269

2. 结果及说明

(1) 本例题是一个重复测量两因素的三因素混合实验设计,多元与一元方差分析结果均表明:b 因素主效应极显著,多重比较结果显示:后一次测验成绩均显著优于前一次测验成绩;c 因素主效应极显著,有提示(c_2)条件下的测验成绩显著优于无提示(c_1)条件下的测验成绩;a 因素主效应显著,男生(a_2)的测验成绩优于女生(a_1);ca 之间的交互效应极显著,ba、bc、bca 的交互效应均不显著。具体如何进行 SPSS 操作及获得结果可参见本书第 6 章第 3 节的有关内容。这里主要说明增长趋势的分析结果。

(2) 增长趋势分析。增长趋势分析结果如表 7-2-7 所示。

表 7-2-7 增长趋势分析
Tests of Within-Subjects Contrasts

Measure: MEASURE_1

Source	b	c	Type III Sum of Squares	df	Mean Square	F	Sig.	Noncent. Parameter	Observed Power[a]
b	Linear		841.000	1	841.000	51.094	.000	51.094	1.000
	Quadratic		.083	1	.083	.011	.918	.011	.051
b * a	Linear		27.563	1	27.563	1.675	.217	1.675	.226
	Quadratic		.021	1	.021	.003	.959	.003	.050
Error(b)	Linear		230.438	14	16.460				
	Quadratic		104.896	14	7.493				
c		Linear	297.510	1	297.510	12.394	.003	12.394	.905
c * a		Linear	304.594	1	304.594	12.689	.003	12.689	.911
Error(c)		Linear	336.063	14	24.004				
b * c	Linear	Linear	1.563	1	1.563	.202	.660	.202	.070
	Quadratic	Linear	11.021	1	11.021	.911	.356	.911	.145
b * c * a	Linear	Linear	25.000	1	25.000	3.228	.094	3.228	.387
	Quadratic	Linear	1.42E-014	1	1.42E-014	.000	1.000	.000	.050
Error(b*c)	Linear	Linear	108.438	14	7.746				
	Quadratic	Linear	169.313	14	12.094				

a. Computed using alpha = .05

结果表明:b 因素线性增长趋势极显著($P=0.000<0.01$),二次增长趋势不显著($P=0.918>0.05$);对于 c 因素,因为只有两个水平,故仅对其线性增长趋势进行分析,结果表明其线性增长趋势极显著($P=0.003<0.01$),ca 交互效应的线性增长趋势也极显著($P=0.003<0.01$)。另外,ba、bc、bca 交互效应的线性与二次增长趋势均不显著(P 值均大于 0.05)。

(3) 正交转换矩阵。正交转换矩阵如表 7-2-8 所示。

表 7-2-8 正交转换矩阵

Measure: MEASURE_1

Dependent Variable	b^b Linear	Quadratic
b1c1	-.500	.289
b1c2	-.500	.289
b2c1	.000	-.577
b2c2	.000	-.577
b3c1	.500	.289
b3c2	.500	.289

a. The contrasts for the within subjects factors are:
b: Polynomial contrast

（4）变量均值图。变量均值图如图 7-2-20 所示。

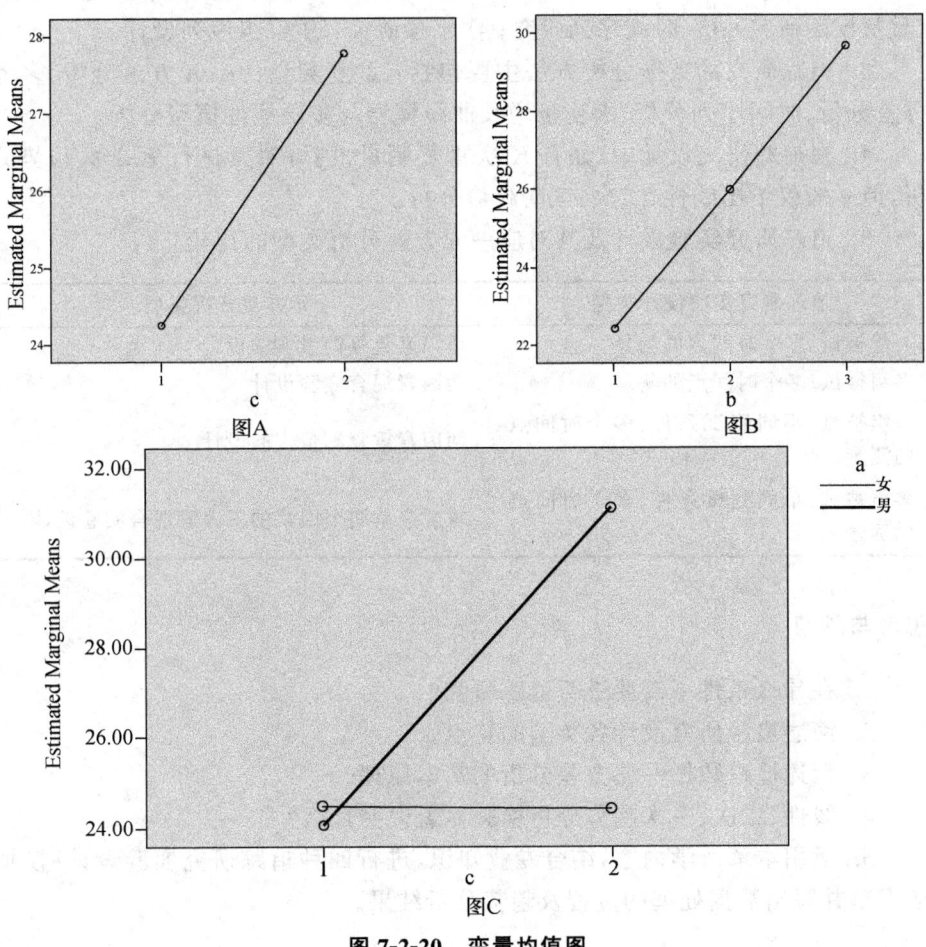

图A

图B

图C

图 7-2-20 变量均值图

从图中也可直观地看到：c 因素的线性增长趋势极显著，与方差分析的结论一致，有提示条件下（c_2）的测验成绩显著优于无提示（c_1）条件下的测验成绩（图A）；三次测验成绩（b因素）呈明显的线性增长趋势，二次增长趋势不显著（图B）；ca交互效应的线性增长趋势极显著（图C），即在无提示到有提示实验条件下，男生测验成绩的线性增长速度显著快于女生。

本章小结

1. 横断研究是指在一个时间点，对被试一个或多个变量进行测量，所得的测量结果就是横断数据。追踪研究是指在多个时间点，对被试一个或多个变量测量，所得的测量结果就是追踪数据。

2. 追踪研究设计大致分为五类：① 同时性横断研究设计；② 趋势研究（重复横断研究）；③ 时间序列研究；④ 干预研究；⑤ 群组序列设计。

3. 追踪研究的数据分析方法主要包括：重复测量的一元方差分析、多元方差分析、时间序列分析、潜变量增长曲线模型与多层线性模型分析。

4. 在追踪研究设计中，如有 K 次重复测量，则可对其进行 $K-1$ 次趋势分析，但一般仅给出线性、二次、三次趋势分析。

5. 追踪研究实验设计及其对应一元方差分析类型的比较

追踪研究实验设计类型	一元方差分析类型
一组被试、多个时间点的测量	单因素重复测量实验设计
多组被试、多个时间点的测量	两因素混合实验设计
一组被试、不同测试条件、多个时间点的测量	两因素重复测量实验设计
多组被试、不同测试条件、多个时间点的测量	重复测量两个因素的三因素混合实验设计

思考与练习

1. 在什么条件下需要进行追踪研究？
2. 简述追踪研究设计各类型的特点。
3. 简述追踪数据一元方差分析的基本原理。
4. 线性、二次、三次趋势分析检验显著说明什么？
5. 运用本章所学内容，结合专业知识，进行四种追踪研究实验设计（模拟数据），并写出数据处理的过程及趋势分析结果。

第8章 单一被试实验设计与数据处理

在心理与教育研究过程中,采用一般的实验设计与统计方法,有时会遇到两个问题:一是样本同质性问题。二是样本容量的问题。与一般的实验研究相比,单一被试(Single Subject)实验法特别适用于相互之间有较大差异的个体。与传统的个案研究相比,单一被试实验法可以对单一或少数被试进行定量的评估,有利于实现定性研究与定量研究的结合。单一被试实验法弥补了传统实验研究方法的局限性,是社会科学研究的一个重要方法。本章将对单一被试实验设计与数据处理进行较详细的介绍。

第1节 单一被试实验简介

一、单一被试实验的界定与类型

(一)单一被试实验的界定

单一被试实验是以一个或几个被试为研究对象,通过相关的实验设计来判断干预是否有效的一种方法。以具有代表性的 A—B 实验设计为例,从操作层面上,它将实验分为基线期和处理期,并对被试的目标行为进行跟踪测量。从数据分析看,它通过对被试基线期与处理期的指标数据进行统计分析,进而推断实验处理是否有效。从适应对象上看,它特别适用于异质性高的群体中的个体。

(二)单一被试实验的类型

单一被试实验从类型上可以分为单基线实验与多基线实验设计。其中,单基线实验设计又可以分为两期实验设计及多期实验设计。两期实验设计包括:A—B 设计及其变式(B—A、B1—B2 设计等)。另外,U 实验设计也是一种单基线实验设计,主要用于比较两种实验处理对改善被试心理或行为哪一种处理更为有效。多期实验设计包括:A—B—A 设计及其变式(B—A—B、A—B—A—B 设计等)。多基线实验设计主要包括:跨情境、跨行为与跨被试的实验设计。

二、单一被试实验的方法论基础

任何一种实验研究方法都是建立在某种或某些方法论基础之上的。简单共存类比、合情推理与证伪法可视为单一被试实验法的方法论基础。

(一) 简单共存类比

类比是一种应用极为广泛的科学发现方法。它既不同于从特殊到一般的归纳法,也不同于从一般到特殊的演绎法。它遵循从特殊到特殊的逻辑过程,即在个别特殊事物之间进行比较分析,以发现它们之间的联系与规律。显然,没有观察分析大量的特殊事物,就无法归纳。没有从大量特殊事物中抽象出来的普遍法则就无从演绎。因此,在研究案例较少,又缺乏足够的前期资料的情况下,类比法就能发挥其独特的作用。如简单共存类比,它是根据对象的属性之间具有简单的共存关系而进行的推理。即:对象 A 有属性 $P_1, P_2, \cdots, P_n$,这些属性与 P_{n+1} 属性有共存关系,对象 B 也有 $P'_1, P'_2, \cdots, P'_n$,如果 $P_1 = P'_1, P_2 = P'_2, \cdots, P_n = P'_n$,则对象 B 也可能有与对象 A 相同的 P_{n+1} 属性。如:艾宾浩斯(Ebbinghaus)著名的记忆实验是一个典型的单一被试实验,被试就是其本人。但毫无疑问,其实验结果反映了人类记忆遗忘的普遍规律。由此可以认为:在一定条件下,单一被试实验的结果可以类推到与实验被试情况相仿的大多数人群中去。现将简单共存类比图示如下。

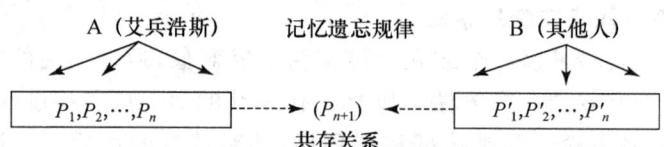

图 8-1-1 简单共存类比图

假设:$P_1 = P'_1$ 是人对从视觉通道输入信息的加工方式,$P_2 = P'_2$ 是人对从听觉通道输入信息的加工方式,$P_n = P'_n$ 是人的记忆生理机制,则:P_{n+1} 可能就是 A 与 B 共同的属性,即人的记忆遗忘规律。

(二) 合情推理

合情推理也是科学研究中的一种基本推理模式。有人把科学推理分为论证推理与合情推理。论证推理是必然推理,有必须执行的严格的逻辑规则,如 $A>B, B>C$,则 $A>C$。合情推理是一种或然推理,没有固定的标准和程式,实际上是由一些猜想构成的。合情推理的模式为:假设 A 蕴涵 B,有两种可能:① A 蕴涵 B,若 B 假,则 A 不可靠。② A 蕴涵 B,若 B 真,则 A 更可靠。将上述内容用图 8-1-2 表示如下。

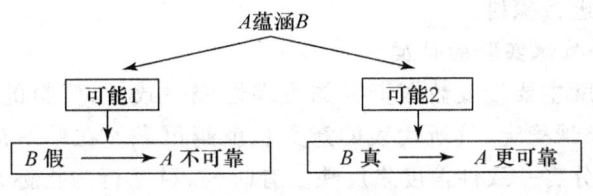

图 8-1-2　合情推理图

例如,在对一个具有自闭倾向儿童的教育过程中,教师偶然的亲近行为引起该儿童意欲交往的行为反应。由此,产生了一个单一被试实验研究课题,该研究的假设 A 为:教师蹲下拥抱的亲近行为能增加所有有自闭倾向儿童的交往行为。假设 A 蕴涵 B,即对每一个有自闭倾向的儿童来说,教师蹲下拥抱的亲近行为都能增加其交往行为。为证实这一假设,可采用一系列的单一被试实验进行验证,从检验一系列 B 的真假来推理 A 是否不断接近真实。如在一次实验中,教师的亲近行为提高了儿童的交往水平,则原假设的可靠性就增加一分;反之,原假设的可靠性就降低一分。因此,单一被试实验法可看成是体现合情推理思想的一个具体的操作程序。

(三) 证伪法

证伪法是以否定归纳法为前提而提出的一种科学观。波普尔(Popper)是证伪主义的代表人物,根据他的观点:所谓"研究"就是通过一系列细致、严谨的手段和方法对不尽精确的对象进行"证伪",从而逐步接近客观真实。基本的证伪形式为:基本假设 H(H 蕴涵 E)、一组辅助性假设 I、假设性检验条件 C。如果证据表明 E 假,则 H、I、C 中至少有一个为假。仍以上述单一被试实验为例。如:基本假设 H 为:教师的亲近行为可改善所有有自闭倾向儿童的交往能力;E 为所有有自闭倾向的儿童;辅助性假设 I 可以是自闭倾向及有自闭倾向儿童的概念的界定等;假设性检验条件 C(实验的初始条件)可包括:教师的年龄、性别、态度、当时的实验环境等。如果在若干实验过程中,某儿童的自闭行为在一定允许概率范围内没有因为教师的亲近行为而有所改变,则可进一步检验实验的辅助性假设与初始条件,并由此不断地修改原假设。如:有可能最终被验证的假设是:和蔼可亲的青年女教师的亲近行为能改变有相似自闭性倾向儿童的交往能力。可见,单一被试实验法体现了证伪的思维逻辑,通过实验,既可不断改进完善原假设,也可能完全推翻原假设。

三、单一被试实验的信度与效度

单一被试实验研究同其他研究方法一样,也涉及实验的信度与效度问题。

以下就此问题进行探讨。

（一）单一被试实验的信度

实验的信度主要涉及数据资料的可靠性或一致性，资料的一致性程度越高，量化的结果越稳定，其所代表的意义也就越可靠。在单一被试实验中，信度主要通过评分者一致性信度来反映。有时候，目标行为指标是生理指标，如臂力、心率、脉搏等，对这些指标的测试主要是通过仪器来完成的。一般认为，生理指标比较稳定，一般不存在信度的问题。但是，在单一被试实验中，经常是通过不同的观察者对同一被试的某一目标行为进行评估。在这种情况下，由于不同的评分者对评估标准的掌握有差异，常常会产生评估结果不一致的问题。为了提高信度，研究者在实验之前，应对评分者进行培训，让其了解所评定目标行为的类型及特征，并熟悉观察活动的程序及记录方法。一般要求评分者信度在 80% 以上，才能开始正式实验。

在单一被试实验中，计算评分者评分一致性信度主要有两种方法：一是计算一次评估的信度，二是计算多次评估的信度。两种方法均属粗算法，粗算法是对评分一致性的粗略判断。

1. 计算一次评估的信度

先看一个例子：有甲和乙两位观察者记录某儿童在 10 分钟之内课堂无关行为的发生次数。甲记录为 10 次，乙记录为 5 次。那么，信度系数是多少呢？

信度系数的计算是以较小的次数为分子，较大的次数为分母，将相除得到的值乘以 100% 即为信度系数，其值越接近 1，信度就越高，反之，则越小。上例应以 5 为分子，10 为分母，相除后换算成百分比，则信度系数为 50%。

2. 计算多次评估的信度

在两位观察者所记录的结果中，以一致的次数为分子，以记录一致的次数和不一致的次数和为分母，相除得到的分数即为信度系数。若要改为信度百分比，只要再乘以 100% 即可（许天威，2003）。同样，数值越大，信度就越高，反之，则越小。其计算公式如下：

$$信度系数 = \frac{一致的次数}{一致的次数 + 不一致的次数} \times 100\%$$

例如，在一项对儿童词汇回忆能力的评估中，采用自由回忆量作为被试回忆能力的评估指标。由于自由回忆的方式是被试口头叙述，评分结果易受评分者主观因素的影响，所以需对评估分数的一致性进行信度检验。有两位教师担任评分员，假设在 10 次评分中，两人一致的评分有 5 次，不一致的评分也有 5 次，那么，则以一致的评分 5 作为分子，以一致的和不一致的评分总和作为分母，相除得 5/10，换算成百分比，则信度系数为 50%。

(二) 单一被试实验的效度

任何一种实验设计都要接受效度的检验。教育实验的效度可分为内部效度与外部效度,内部效度是说明实验中因变量的变化在多大的可靠性程度上是由自变量的变化而引起的一个指标;外部效度是指实验结果可推广的范围。从内部效度来说,单一被试实验与团体实验设计的区别在于:团体实验是通过对各样本统计量差异的显著性检验来证明实验处理的有效性,而单一被试实验主要是通过对个体实验处理前后有关数据差异的显著性检验来证明实验处理是否有效。两者的共同之处在于:影响实验内部效度的因素几乎是相同的,例如:被试因素、测验情境、测验工具和偶发事件等。因此,保证单一被试实验的内部效度与团体实验一样在于有效地控制上述各种因素,即控制实验中的无关变量。从外部效度来说,由于单一被试实验的被试数量少,所以其主要受到实验外部效度的质疑,即研究者需要回答:"如果重复这项研究,会得到同样的结果吗?""如果用不同的被试,也会得到这样的结果吗?"其核心问题是:单一被试实验的类化作用有多大?下面就提高单一被试实验外部效度的问题进行探讨。

(三) 提高单一被试实验外部效度的方法

1. 实验复制

实验复制(experimental replication)是提高单一被试实验外部效度的主要方法,实验复制主要有三种形式:一是按原实验程序进行直接复制或系统复制,直接复制是指保持原实验设计不变而进行重复实验;系统复制是指在原实验设计的基础上,改变部分实验变量(如被试或情境)来进行重复实验,如某单一被试实验结果表明实验处理在语文教学情境下有效,那么可在数学教学情境下重复进行实验,以验证该处理在改变情境的情况下是否也有效。二是研究者对其他研究者已报告处理有效的实验进行复制,这就可以通过比较与综合这些结果来进一步验证实验处理的有效性,如证明有效,即可以提高该实验的外部效度。三是单一被试实验设计中的多基线设计也可看做是一种实验复制,如多基线跨被试实验设计就是将一种实验处理依次实施于多个被试,以验证该处理是否对类似的被试都有效。

2. 元分析技术

简单地说,元分析(Meta Analysis)就是对数据的再分析。元分析技术的特点是:其分析的原始数据来源于一定数量的相关研究的数据;其分析手段是对这些数据进行再分析;其分析目的是确定各研究的平均效应值以及研究特征与结果之间的关系等。例如,在某一研究领域,已有一定数量的通过单一被试实验研究获得的数据,那么就可以利用元分析技术对这些数据进行再分析,从而获得更具普遍意义的结果。因此,从这个意义上说,运用元分析技术能提高单一被试实验的外部效度。

(四)单一被试实验的组成要素

1. 被试

单一被试实验法中的"单一",是指只要一名被试即可以满足研究的基本要求。然而,在实际研究中,有时也需要几名被试同时参与实验,如在跨被试多基线实验研究中。另外,也可以对几名被试同时进行单基线实验研究。几名被试的实验结果可以相互印证,从而提高实验的外部效度。

2. 目标行为

目标行为是指实验者欲干预与测量被试的某种行为。例如:要对某儿童的攻击行为进行实验干预,那么其攻击性行为就是目标行为;要通过干预改善某儿童的尿床行为,那么其尿床行为就是目标行为。如果将实验干预看成是实验中的自变量,那么目标行为就是实验中的因变量,它是单一被试实验中判断实验干预有效性的主要指标,需要进行反复测量。在选择目标行为时,应该注意以下几点。

(1)目标行为是明确的、可量化的行为

目标行为是实验干预与测量的对象,实验干预是否有效,是通过测量目标行为的变化来验证的。因此,选择目标行为,要考虑两点:一是根据有关理论与他人的经验,大致判断所确定的目标行为与实验干预的方法是否有关联。二是对于目标行为,是否有相应的工具和方法来进行测量?也就是说,要找到能反映目标行为改变程度的量化指标。如:有一项关于自闭症儿童交往行为训练的个案研究,其中,"交往行为"是目标行为,研究者给出了衡量该儿童交往行为的数量化指标,即:主试与该儿童交谈10分钟,其中问被试事先拟订的10个问题,如:"你是小×吗?""看这个好不好玩呀?""这是你的小狗吗?"被试如能主动回答一个问题,记一分。被试累积得分数,就是评定其"交往行为"的指标。

(2)对目标行为要进行反复测量

单一被试实验需要对数据进行统计处理,而数据的采集是在一定的时间内,通过对被试进行多次测量而获得的。为了尽可能排除外界因素对被试目标行为的干扰,应尽量保持实验环境的相对稳定。如规定:观察的时间点是上午还是下午?观察的持续时间是10分钟还是15分钟?观察的地点是教室还是个别训练室?一旦做出规定,就不能随意变动。

3. 实验处理

实验处理也称实验介入或干预,主要是指在实验中,实验者对被试所实施的各种训练方法。实验处理必须是保证对被试不会产生任何身心伤害的方法。另外,还应考虑以下问题。

(1) 实验场所

不同的研究目的与内容,会有不同的实验处理。各种实验处理对实验场所有不同的要求。如:要对某儿童不良课堂行为进行干预,就必须在自然的课堂情境下进行;对听障儿童进行听力训练,就要在专用的听力训练室中进行;要对自闭症儿童实施可视音乐干预,就需要在音乐治疗室中进行;要对脑瘫儿童进行感官功能综合训练,就需要在感觉统合训练室中进行。总之,在制订实验处理方案时,必须考虑选择适当的实验场所。

(2) 指导语与实验工具

在大多数情况下,实验会涉及必要的素材。如:指导语、教学玩教具、测试材料与工具,甚至实验仪器与设备等。因此,实验处理实施前,必须准备好所有的实验素材。

(3) 人员分工

研究人员在制订实验方案时,必须考虑有多少人员参与实验,每个人的主要任务是什么,各人之间如何合作等。例如:对一名自闭症儿童进行可视音乐干预,在制订干预方案时,确定有三人参加:一人负责讲述指导语及操纵仪器;另一人负责观察记录被试的有关表现;还有一人负责拍摄录像。每次实验处理实施后,三人必须共同审核资料,确保数据的完整与准确。

第2节 单一被试实验的数据收集

一、单一被试实验的数据指标

一般来讲,在单一被试实验设计中,被试目标行为的数据指标大致有以下几种。

(一) 次数

指目标行为发生的数量,常用单位是次数。如采用拍球训练的方法训练脑瘫儿童前臂的力量,可以以5分钟内被试成功拍球的次数作为训练的指标。对多动症儿童进行注意力训练,可以被试在完成学习任务特定时段内的无意义行为的发生次数为指标。

（二）百分比

行为或事件发生的次数常用百分比表示。例如，在评估某学习困难儿童长时记忆能力时，要求其识记包含 100 个无意义单词的词表，一周后让其自由回忆，如正确回忆出 80 个单词，则反映其长时记忆能力的指标就是 80%。

（三）时间

时间是单一被试实验研究中常用的数据指标，一般包括持续时间和延迟时间。持续时间是指被试目标行为持续发生的时间。在有些研究中，如仅以被试目标行为发生的次数为指标，可能不能反映真实状况，因而以其行为发生的持续时间为指标。如以某学习困难儿童为对象，观察其课堂行为表现。其中一个指标是该儿童在课堂学习中所浪费的时间。这时，记录他在课堂中无关行为发生的次数以及每次无关行为持续的时间，就可得知其无关行为持续的总时间。延迟时间指个人在做出某种反应前所需的时间。例如，有人在学习困难儿童研究中使用"学习情境敏感性"这一指标，并将学习情境敏感性界定为被试完全进入学习状态所需的时间。

（四）其他指标

如用仪器设备测量而得来的指标。如对脑瘫儿童进行训练时，可以采用肌张力、举起物体的重量、能跳的高度或距离作为指标。如对聋儿的呼吸功能进行评估时，可以选用最长声时（MPT）、平均气流率、最大数数能力（MC）等指标。

二、单一被试实验的数据收集方法

对目标行为进行测量，数据的收集主要有两种方法：一是直接观察记录法，二是间接观察记录法。直接观察记录是指在被试所处的情境中，直接观察并记录其相关的行为指标。直接观察记录法除可以对行为进行定量记录之外，还可以对相关因素（特别是情境因素）做详细的文字描述，以期能够为研究结果提供额外的补充说明。间接观察记录法，又称影像记录法，即由于人员数量以及任务分配的限制，不能够对现场的情况进行直接观察记录，这时将现场的情境摄录下来，以备日后进行编码和分析。这种方法的优点是，可有充裕的时间对结果进行分析，并可针对一些特定的片段进行反复观察。

第3节 单基线实验设计与数据处理

一、A—B 设计与数据处理

单一被试实验设计可分为单基线实验设计与多基线实验设计。A—B 设计是单基线实验设计中最基本的形式。以下对 A—B 设计的模式以及数据处理的方法进行介绍。

（一）A—B 设计概述

先看一个例子：有一名多动症儿童，上课时经常做小动作，某教师先对其进行为期 7 天的观察，观察时间定为每天上午的第 1 节课，并记录其做小动作的次数。在第 7 天观察记录结束后，该教师找该儿童谈话，并告诉他，如果做小动作的次数不超过 4 次，将得到一面小红旗。这以后的 7 天，该儿童每天做小动作的次数明显减少，为 2 至 3 次，学习成绩也有所提高。实验数据如图 8-3-1 所示。

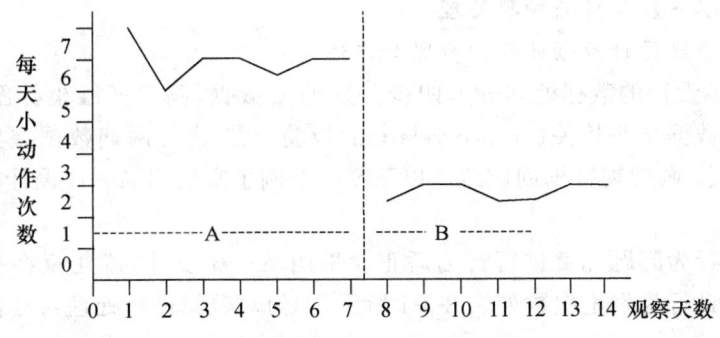

图 8-3-1　某儿童行为干预折线图

8-3-1 图中横坐标为总的观察天数，共 14 天。纵坐标为该儿童每天上午第 1 节课内做小动作的次数。

这是一个典型的 A—B 实验设计。其设计模式如图 8-3-2 所示。

		（引入实验处理）	
	A 阶段 （基线期）		B 阶段 （处理期）
O_1　O_2　O_3　O_4　O_5　O_6　O_7			XO_8　XO_9　XO_{10}　XO_{11}，…，XO_n

图 8-3-2　A—B 设计模式图

其中，A 指基线期，也称观察期，是指研究者仅对被试的目标行为进行观察记录（$O_1, O_2, O_3, O_4, O_5, O_6, O_7$），但不施加任何实验处理的时期。$B$ 指处理期，也称干预期，是指实施实验处理，对被试的目标行为进行干预与观察记录（$XO_8, XO_9, XO_{10}, XO_{11}, \cdots, XO_n$）的时期。

$A—B$ 设计的基本假设是：如果没有实施实验处理，基线条件下的观察结果不会发生变化。换句话说，如果被试目标行为发生变化，那就是实验处理导致的结果。在考虑这一假设的合理性时，还涉及两个问题：一是 $A—B$ 设计是否会与单组实验设计一样，受到被试自然成熟的影响？一般来说，单一被试实验周期较短，自然成熟对被试行为改变的影响不大。二是除实验处理之外，是否有其他因素（如被试自身或环境等）影响被试行为？如果有，会有多大的影响程度呢？对此，$A—B$ 设计很难做出明确的回答。

在实施 $A—B$ 设计时要注意：① 当基线期内的数据趋于稳定时，再开始实施实验处理。② 一般而言，基线期与处理期的长短大致相等，处理期可略长于基线期。③ 在整个实验期间，研究人员、记录人员、观察记录时间与方法等应保持不变。

（二）$A—B$ 设计的数据处理

1. $A—B$ 设计数据处理的步骤与方法

$A—B$ 设计的数据处理分为四步：① 收集数据，画出两维坐标图。② 进行基线期数据自我相关（autocorrelation）检验。③ 进行两期数据差异的显著性检验。④ 画两期数据回归线。以下举一个例子来说明 $A—B$ 设计的数据处理过程。

对某行为问题儿童进行行为矫正。采用 $A—B$ 设计，该儿童在基线期和处理期不良行为发生次数如表 8-3-1 所示，如何对数据进行处理与分析？

表 8-3-1 某问题行为的儿童的不良行为数据表

阶段	次数										
基线期	11	8	8	7	8	9	11	10	9	10	10	7
处理期	7	5	6	1	2	5	6	3	3	2		

（1）收集数据，画出坐标图

根据两期数据，绘出坐标图。通过图可以直观地看到被试行为的变化，如图 8-3-3 所示。

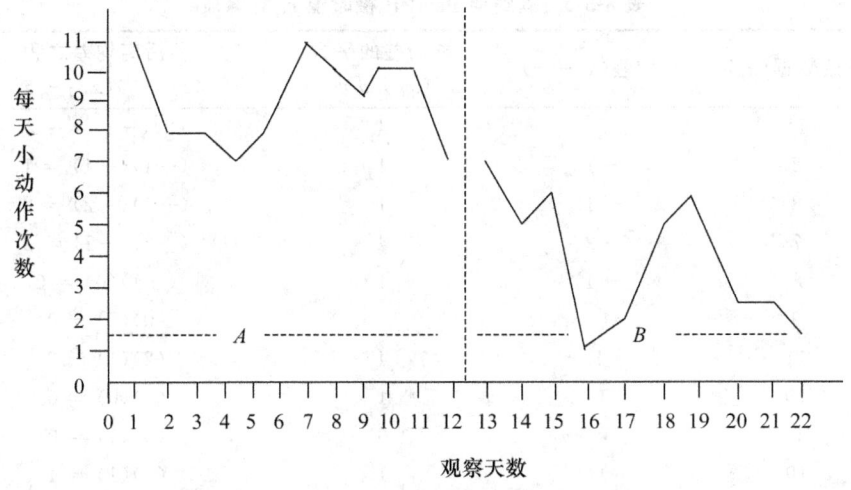

图 8-3-3　某儿童行为干预的 A—B 图

(2) 进行基线期数据的自我相关检验

系列数据的自我相关即数据之间彼此关联,相互影响。通俗地说,就是数据是非随机的,呈一定的变化趋势。反之,系列数据的非自我相关就是数据之间彼此独立,随机分布,没有一定的变化趋势。对于自我相关的数据,不适合采用如 t 检验、F 检验等方法,因为这些统计方法是以数据的随机分布为统计基础的。系列数据的自我相关检验,是根据 Bartlett 比值 (B_r) 的大小来决定的,当 Bartlett 比值的绝对值 <1 时,可以认为系列数据是非自我相关的,当其 ≥1 时,就是自我相关的。一般来说,进行自我相关检验的数据应在 7 个以上。Bartlett 比值的计算公式为:

$$B_r = \frac{r_k}{2/\sqrt{n}}, \quad r_k = \frac{\sum(x_i - \bar{x})(x_{i+1} - \bar{x})}{\sum(x_i - \bar{x})^2}$$

B_r 称为 Bartlett 比值。

r_k 称为 Bartlett 检验值。

$n =$ 系列数据的总量。

要保证随后 t 检验的合理性,首先必须对基线期的数据进行自我相关检验。以下对上例基线期数据进行自我相关检验。

表 8-3-2　基线期 Bartlett 检验值 r_k 计算表

原始数据(x_i)	离均差($x_i - \bar{x}$)	离均差的平方 $(x_i - \bar{x})^2$	前后离均差之积 $(x_i - \bar{x})(x_{i+1} - \bar{x})$
11	2	4	(2)(−1) = −2
8	−1	1	(−1)(−1) = 1
8	−1	1	(−1)(−2) = 2
7	−2	4	(−2)(−1) = 2
8	−1	1	(−1)(0) = 0
9	0	0	(0)(2) = 0
11	2	4	(2)(1) = 2
10	1	1	(1)(0) = 0
9	0	0	(0)(1) = 0
10	1	1	(1)(1) = 1
10	1	1	(1)(−2) = −2
7	−2	4	
平均值 = 9 $\bar{x}$		离均差的平方和 = 22 $\sum(x_i - \bar{x})^2$	前后离均差之积和 = 4 $\sum(x_i - \bar{x})(x_{i+1} - \bar{x})$

本例数据计算：

$$r_k = \frac{\sum(x_i - \bar{x})(x_{i+1} - \bar{x})}{\sum(x_i - \bar{x})^2} = 4/22 = 0.18, n = 12 ; 代入公式：$$

$$B_r = \frac{r_k}{2/\sqrt{n}} = \frac{0.18}{2/\sqrt{12}} = \frac{0.18}{0.58} = 0.31$$

因为本例 B_r 等于 0.31，小于 1，所以基线期的数据是非自我相关的。

(3) 进行两期数据差异的显著性检验

进行两期数据的显著性检验，需分以下三步：

第一步，提出假设

H_0：两期数据无显著性差异。

H_1：两期数据有显著性差异。

第二步，计算相关统计量

将上例基线期及处理期数据与有关数据录入表 8-3-3。

表 8-3-3 基线期及处理期数据与有关数据

序号	基线期数据(x)	处理期数据(y)	基线期数据平方(x^2)	处理期数据平方(y^2)
1	11	7	121	49
2	8	5	64	25
3	8	6	64	36
4	7	1	49	1
5	8	2	64	4
6	9	5	81	25
7	11	6	121	36
8	10	3	100	9
9	9	3	81	9
10	10	2	100	4
11	10		100	
12	7		49	
	基线期数据和 $\sum x = 108$	处理期数据和 $\sum y = 40$	基线期数据平方和 $\sum x^2 = 994$	处理期数据平方和 $\sum y^2 = 198$

将上述数据代入公式：

$$t = \frac{\bar{x} - \bar{y}}{\sqrt{s_c^2 \left(\frac{1}{n_x} + \frac{1}{n_y} \right)}}$$

$$= \frac{\bar{x} - \bar{y}}{\sqrt{\frac{(SS_x + SS_y)}{df_x + df_y} \left(\frac{1}{n_x} + \frac{1}{n_y} \right)}}$$

$$= \frac{\bar{x} - \bar{y}}{\sqrt{\frac{\sum x^2 - (\sum x)^2/n_x + \sum y^2 - (\sum y)^2/n_y}{df_x + df_y} \left(\frac{1}{n_x} + \frac{1}{n_y} \right)}}$$

注：$\bar{x}$ 为基线期数据的平均值，$\bar{y}$ 为处理期数据的平均值；
n_x 为基线期样本大小，n_y 为处理期样本大小；
s_c^2 为两组数据共同方差，$s_c^2 = \frac{SS_x + SS_y}{df_x + df_y}$；
SS_x 为基线期数据的离差平方和。SS_y 为处理期数据的离差平方和。
df_x 为基线期数据自由度；df_y 为处理基数据自由度。
$df_x = n_x - 1; df_y = n_y - 1$
经计算：$t = 6.74$

第三步,统计决断

对结果的统计决断参考 t 检验统计决断规则。

本例自由度 $df=n_1+n_2-2=12+10-2=20$,查 t 值表:$t(20)0.05=2.086$,$t(20)0.01=2.845$,实际计算出的 $t=6.74>t(20)0.01=2.845$,则 $P<0.01$。结论为:在 0.01 显著性水平上基线期与处理期均数有极显著差异。

另外,在数据非自我相关的情况下,也可以用 SPSS 进行 t 检验,选用的模块是:Analyze\Compare means\Independent-samples t-test,具体操作过程见本书第 2 章的相关内容。

(4) 画两期数据回归线

① 回归线的作用

回归线可以反映数据的变化趋势,因而可为实验提供更多的信息。如有一 A—B 实验设计,实验结果如图 8-3-4 所示。

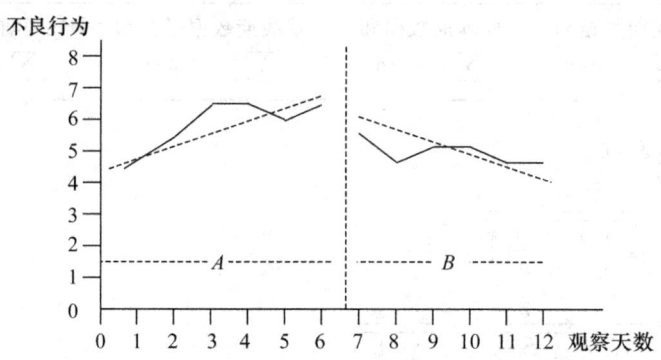

图 8-3-4　某儿童行为干预的回归线

假设统计结果显示:A 期均数高于 B 期均数,但两期数据在统计学意义上无显著差异。而从两期数据的回归线可以看出:A 期回归线斜率为正,而 B 期回归线斜率为负。这表明:实验处理在一定程度上改变了被试行为的变化趋势,即由基线期的逐渐向上改变为处理期的逐步向下。另外,还提示:如果适当延长处理期,两期数据很可能在统计上显示出显著差异。

② 画回归线

画回归线可分三步:一是建立回归方程;二是根据回归方程求出两点;三是连接两点,画出回归线。下面根据上例基线期的数据,说明回归线的画法。

基线期数据以及相关计算结果如表 8-3-4 所示。

表 8-3-4　基线期数据及相关计算结果表

x	y	$x-\bar{x}$	$y-\bar{y}$	$(x-\bar{x})(y-\bar{y})$	$(x-\bar{x})^2$
1	11	−5	2	−10	25
2	8	−4	−1	4	16
3	8	−3	−1	3	9
4	7	−2	−2	4	4
5	8	−1	−1	1	1
6	9	0	0	0	0
7	11	1	2	2	1
8	10	2	1	2	4
9	9	3	0	0	9
10	10	4	1	4	16
11	10	5	1	5	25
12	7	6	−2	−12	36
总和	78	108		3	146

表 8-3-4 中，x 是时间变量，y 是行为指标变量。

第一步，建立回归方程

一元线性回归方程的通式为：

$$\hat{y} = a + bx$$

a 是回归线在 y 轴上的截距；

b 是回归线的斜率，又称回归系数。

建立回归线方程，就是要求出上式中的 a（截距）与 b（回归系数）。

在由 x 估计 y 时，b 与 a 的计算公式为：

$$b_{yx} = \frac{\sum (x-\bar{x})(y-\bar{y})}{\sum (x-\bar{x})^2}$$

$$a_{yx} = \bar{y} - b_{yx}\bar{x}$$

将表中数据代入公式：

$$b_{yx} = \frac{\sum (x-\bar{x})(y-\bar{y})}{\sum (x-\bar{x})^2} = \frac{3}{146} = 0.02$$

$$a_{xy} = \bar{y} - b_{yx}\bar{x} = 9 - 0.02 \times 6.5 = 8.87$$

因此，回归方程为：

$$\hat{y} = 8.87 + 0.02x$$

第二步，根据回归方程求出两点

设：$x_1=1$，代入回归方程，得：$\hat{y}_1=8.89$；设：$x_2=12$，代入回归方程，得：$\hat{y}_2=9.11$。

第三步，连接(1,8.89)与(12,9.11)两点，即得到基线期数据回归线。

用同样的方法，可求出处理期数据的回归方程($\hat{y}=5.87-0.34x$)，根据回归方程可画出回归线。两期数据的回归线如图 8-3-5 所示。

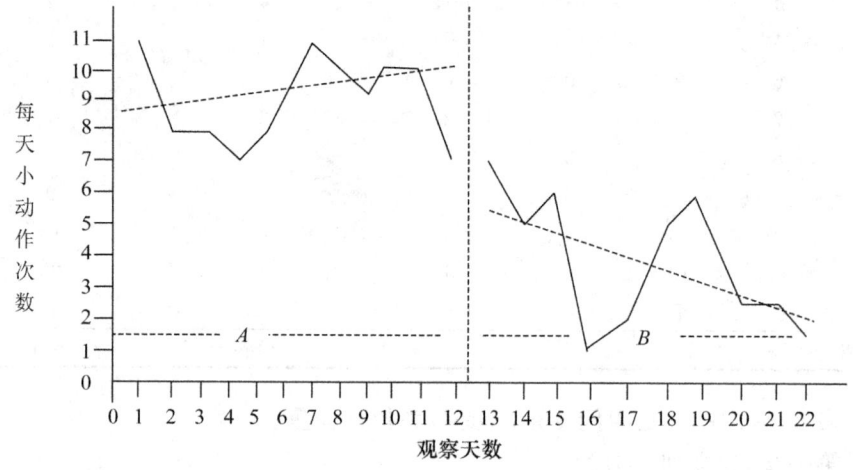

图 8-3-5 某儿童不良行为干预的回归线（两期）

（三）A—B 设计中的常见问题及处理

A—B 设计是心理与教育研究中常用的方法。然而，许多研究人员或一线教师在实际应用中，常常会遇到一些问题。现就这些问题以及处理办法讨论如下。

1. 处理期在前，基线期在后

对于 A—B 实验设计来说，基线期在前，处理期在后。也就是说，对被试先观察，后干预。然而，在有些研究中，我们面临的是需要立即实施实验干预。例如：一名存在严重言语障碍的儿童需要进行言语矫治。如果采用 A—B 设计，那就意味着需要用一定的时间对其言语状况进行观察，而时间对该儿童言语矫治来说又是十分宝贵的。这时，就应该采用先处理，后观察的 B—A 实验设计。B—A 实验设计的数据处理方法与 A—B 实验设计一样，但其结果是在于说明：被试的目标行为在实验处理期与撤销实验处理后有无显著性差异。

2. 只有处理期，没有基线期

只有处理期，没有基线期的实验设计可看成是 B_1—B_2 实验设计。B_1 表示实验处理前期，B_2 表示实验处理后期。一般而言，在被试目标行为急需干预,而且干预时间又较长时,可采用 B_1—B_2 实验设计。

例如,某儿童有较严重的攻击行为,出于伦理方面考虑,采用 B_1—B_2 实验设计对其进行及时处理。如果整个处理期为 12 天,则可根据数据情况,将实验处理前 6 天定为 B_1,实验处理后 6 天定为 B_2。

(1) 如果统计结果表明：数据非自我相关,且 t 检验显著。这时,如能排除个人因素(被试攻击行为自然消退)的影响,则有理由相信：实验处理有效；从 B_2 期均数显著低于 B_1 期的结果可推断,该实验处理可能具有累积效应。结果如图 8-3-6 所示。

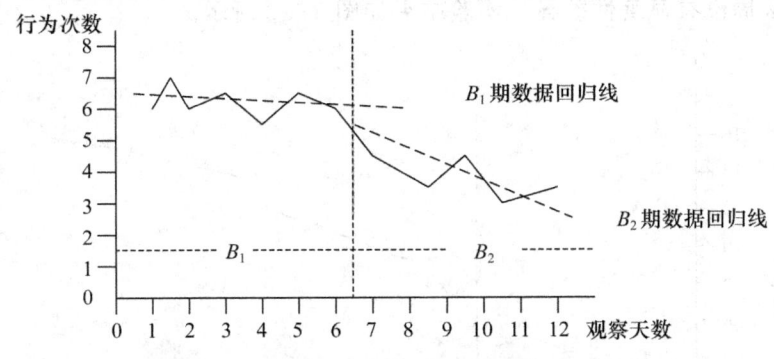

图 8-3-6　B_1—B_2 设计两期数据回归线

(2) 也可画出所有数据的回归线。如果回归线趋势明显向下,则可定性地说明实验处理有效,结果如图 8-3-7 所示。

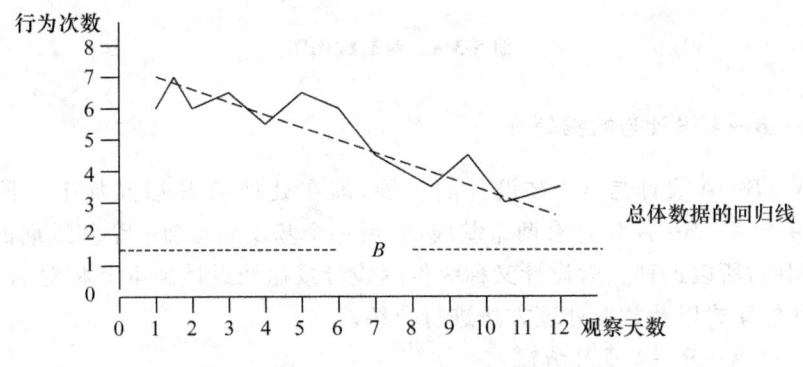

图 8-3-7　B_1—B_2 设计总体回归线

3. 基线期与处理期数据采集时间间隔不等的情况

在 A—B 实验设计中,当评估时间间隔较长(如以周为单位)时,那么整个实验周期就会很长。为了节约人力与物力,往往将重点放在实验处理上,在某些特定的情况下,可缩短基线期,如:基线期的间隔以天为单位,处理期的间隔以周为单位。

例如,我们曾开展"故事教学对提高听障儿童听理解能力的实验研究",实验设计如下:先准备 18 篇长度与难度相仿的小故事,每篇故事附 15 个问题。随机选 6 篇作为基线期的测试材料,每天测 1 篇,分 6 天完成;其余 12 篇作为处理期测试材料,每周末测 1 篇故事,分 12 周完成。实验干预为故事教学,被试回答 15 个问题的成绩即为听理解能力的指标。本实验将基线期缩短为一周,我们的假设是:听障儿童在没有干预的情况下,第一周内的听力理解能力与后 12 周没有显著性差异。实验结果如图 8-3-8 所示。

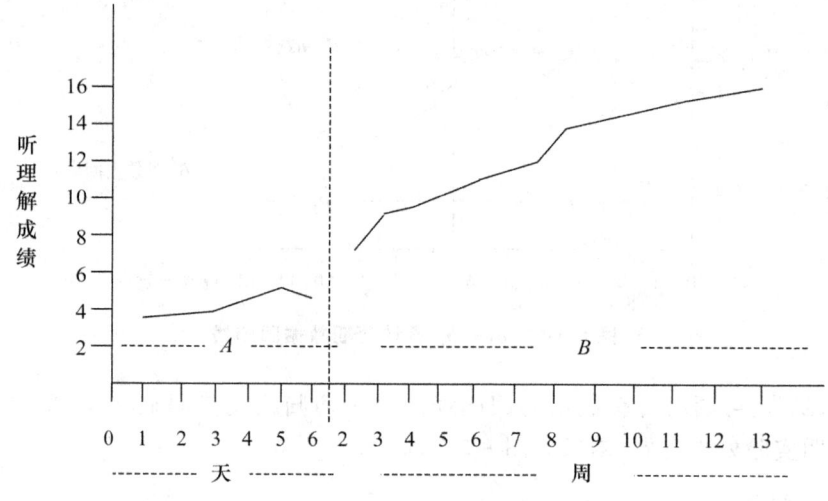

图 8-3-8 两期数据图

二、A—B—A 设计与数据处理

A—B—A 设计是 A—B 设计的扩展,即在处理期 B 后又加上一段基线期。由于 A—B—A 设计有两个基线期,后一个基线期与前一个基线期的实验条件相同,所以这种实验设计又称为倒返设计或撤回设计。本节将对 A—B—A 设计的模式以及数据处理方法进行介绍。

(一) A—B—A 设计概述

A—B—A 设计的实验过程分三个部分:先在不加任何干预的条件下,观察记录被试的行为变化,这是第一个基线期。当行为变化趋于稳定时,对被试施加实验处理,同时观察并记录其行为变化,有几次处理,就有几次观察和记录,这一阶段称为处理期。接着,撤销实验处理,恢复到与处理期前相同的实验条件下,再对被试行为进行观察与记录一段时间,这一阶段称为第二基线期。其设计模式如图 8-3-9 所示。

A_1 阶段 (基线期1)	引入实验处理 B 阶段 (处理期)	撤销实验处理 A_2 阶段 (基线期2)
O_1 O_2 O_3 O_4 O_5 O_6	XO_7 XO_8 XO_9 XO_{10} XO_{11} XO_{12}	O_{13} O_{14} O_{15} O_{16} O_{17} O_{18}

图 8-3-9　A—B—A 设计模式图

下面是一个 A—B—A 实验设计的例子:对某儿童的不良行为进行干预。整个实验周期为 18 天,第 1 至第 6 天为第一观察期,第 7 至第 12 天为处理期,第 13 至第 18 天为第二观察期。结果如图 8-3-10 所示。

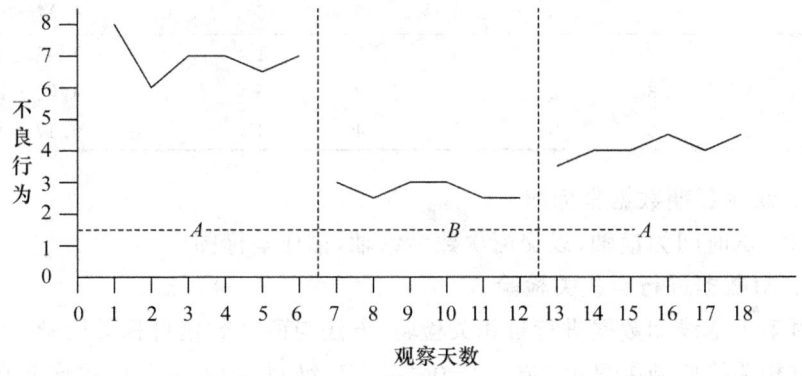

图 8-3-10　三期数据的折线图

与 A—B 设计相比较,A—B—A 设计在处理期结束后,又增加了一段观察期。其主要作用在于:判断实验处理是否具有延时作用。

以上述研究为例,对可能的实验结果分三种情况讨论。

1. 处理期数据比第一基线期低,第二基线期数据等于或低于处理期。即在撤销实验处理后,被试行为仍然保持或低于处理期水平。结论为:实验处理有效,并有延时效应。

2. 处理期数据比第一基线期低,第二基线期数据在第一基线期与处理期之间。即在撤销实验处理后,被试行为有所恢复,但未达到处理前水平(如图 8-3-10)。结论为:实验处理有效,但只有一定的延时效应。

3. 处理期数据比第一基线期低,第二基线期数据等于或高于处理期。即在撤销实验处理后,被试行为又恢复或高于实验处理前水平。结论为:实验处理有效,但只有即时效应,没有延时效应。

(二) A—B—A 设计的数据处理

对 A—B—A 设计进行数据处理,大致可分以下四步:绘制各期数据的坐标图、对第 1 基线期数据进行自相关检验、进行三期数据的 F 检验和绘制三期数据的回归线。下面以一个例子对 A—B—A 设计数据处理的步骤进行说明。

例 8-3-1

一名有自闭倾向的儿童(小 D),缺乏主动与人交流的行为。实验者采用音乐治疗的方法对她进行治疗。实验采用 A—B—A 设计,以小 D 主动发起的交流行为为观察指标(单位时间内与人交流的次数),三期数据结果如表 8-3-5,问音乐治疗是否促进了该儿童的主动交流行为?

表 8-3-5 三期数据统计结果表

	1	2	3	4	5	6	7	M±SD
A	0	2	1	3	2	1	1	1.43±0.98
B	4	3	2	6	8	5	5	4.71±1.98
A	4	3	5	5	4	4		4.17±0.75

1. 绘制各期数据坐标图

以测试时间为横轴,以交流次数为纵轴,描成坐标图。

2. 对数据进行自相关检验

对第 1 基线期数据进行自相关检验,方法与两期数据自相关检验相同。

自相关检验结果显示:$B_r = -0.208$,B_r 绝对值均小于 1,数据非自我相关,数据有效。

3. 进行三期数据的显著性检验

三期数据处理的方法与单因素完全随机实验设计的方法完全相同。首先,进行三组数据的 F 检验,如差异显著,则进行三组数据的两两比较,以确定哪两组之间存在显著性差异。对本例中三期数据进行单因素方差分析(ONE-WAY ANOVA),结果表明:三期数据差异显著($F(2,17) = 11.38$,$P = 0.001$)。多重比较(POST-HOCK)结果表明:基线期 1 与处理期有极显著性差异($P<0.01$);基线期 1 与基线期 2 有极显著差异($P<0.01$);处理期与基线期 2 没有显著性差异($P=0.48$)。这说明,实施音乐治疗后,该儿童的主动交流行为明显增加,撤除干预后,主动交流行为虽有所下降,但也明显高于干预之前的水平,且与处理期没有显著性差异。因此,从总体上讲,干预是有效的,并有一定的延时效应。

4. 绘制三期数据的回归线

同两期数据回归线的绘制方法一样,对三期数据绘制回归线,如图 8-3-11 所示。

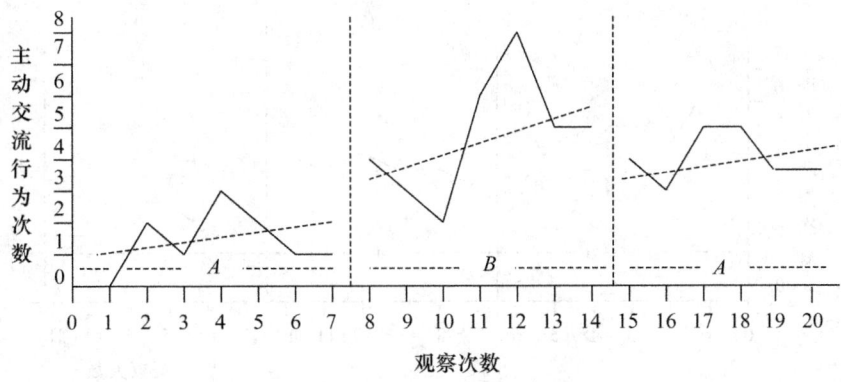

图 8-3-11 三期数据的回归线

(三) A—B—A 设计的变式

1. A—B—A—B

如果在 A—B—A 设计之后再加一段实验处理 B,那就成为 A—B—A—B 设计了。如以干预某儿童每天课堂做小动作的行为为例,结果如图 8-3-12 所示。

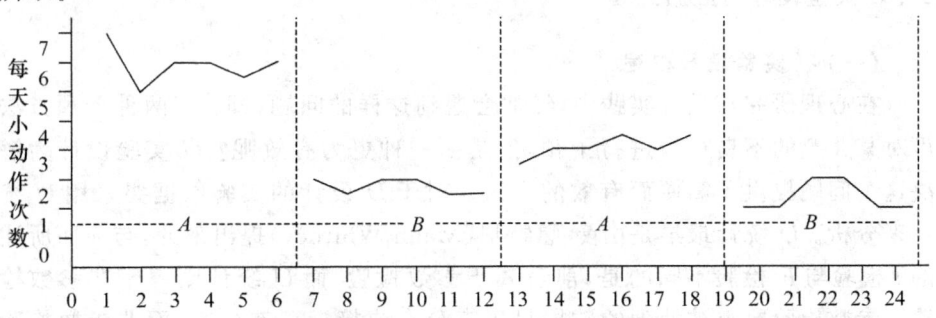

图 8-3-12 A—B—A—B 设计模式图

从图 8-3-12 可见,在第一个处理期时,被试做小动作的次数明显减少,在撤销处理后,作小动作的次数有所增加,但未达到第一基线期水平。再实施同样的实验处理,被试做小动作的次数又明显减少,即与第一处理期相仿。由于两次实验处理都得到了相同的效果,基本排除无关变量的影响,故可认为:实验处理的效果是肯定的。由此,可以看出:与 A—B 设计和 A—B—A 设计相比,A—B—A—B 设计的内部效度更高。

2. B—A—B 设计

如将 A—B—A 设计改为 B—A—B 设计,即:处理、观察、再处理。假设结果如图 8-3-13 所示。

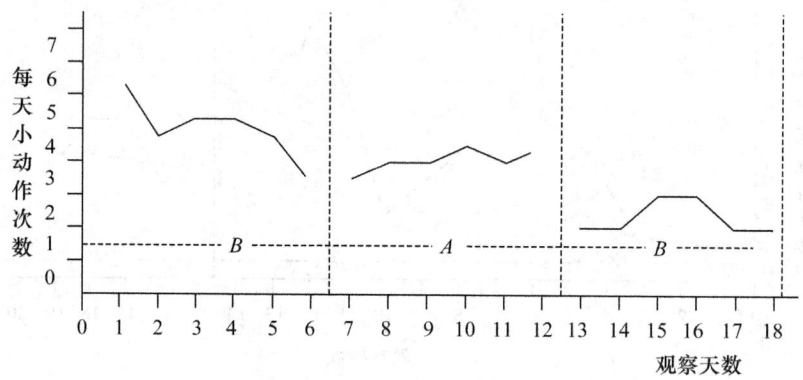

图 8-3-13 B—A—B 设计模式图

从图 8-3-13 可见:撤销实验处理后,被试目标行为基本维持在处理期水平,但当其再次接受同样处理时,目标行为明显降低。说明:实验处理可能需要经过几次实施才能显示出效果。

三、U 实验设计与数据处理

(一)U 实验设计概述

在心理研究与教育实践中,经常会遇到这样的问题,即:有两种干预方法可对某儿童的不良行为进行干预,但是哪一种更为有效呢?U 实验设计为解决这个问题提供了简便而有效的方法。对于 U 设计的实验数据要采用 U 统计来分析。U 统计最早是由曼-惠特尼(Mann-Whitney)提出来的,与前面所述的 t 检验与 F 检验不同的是,前者属于参数检验,而 U 统计则属于非参数检验。参数检验要求被处理的数据呈正态分布或接近正态分布,而非参数检验无此要求,因此 U 统计的数据是"自由分布"的。下面以一个例子来说明 U 实验设计的应用与数据处理。

(二)U 实验设计及数据处理

例如:有一名 6 岁儿童,通过对其交往、情绪和行为的观察和评估,诊断结果为:有内敛自闭倾向。拟采用正性音乐 A 和负性音乐 B 两类音乐对其进行干预。正性音乐是指节奏感强、速度较快的曲目,如《锤打天地》、《套娃一家》和《贝多芬第五交响曲》等。负性音乐是指节奏不太明显、速度较缓慢的曲目,如《天鹅》和《圣母颂》等。为了检验两类音乐的治疗效果,采用 U 实验设计。在实施过程中,两类音乐按照 ABBA 交替的顺序进行,每类音乐各实施 5 次,每首曲子听两遍,约 16 分钟,每天干预一次,10 天完成。该实验以该儿童听音乐时注意力维持时间(分)为指标。实验结果如表 8-3-6 所示,问两类音乐对维持该儿童的注意力有无差异?

表 8-3-6　每次实验处理自闭症儿童注意维持时间表(分钟)

A	B	B	A	A	B	B	A	A	B
7.5	3.1	3.1	8.3	9.4	4.2	5	9.8	12.1	8.3

1. 数据的初步整理

将表 8-3-6 中的数据按 A 与 B 两种处理分列,如表 8-3-7 所示。

表 8-3-7　两种实验处理自闭症儿童注意维持时间表(分钟)

A	B
7.5	3.1
8.3	3.1
9.4	4.2
9.8	5
12.1	8.3
平均值　9.42	4.74

通过对数据的初步整理,发现:在 A 处理条件下,该儿童注意维持时间要比 B 处理条件下要长。但这种差异是否具有统计学意义,还需进一步检验。

2. 求平均等第值

将被试 10 次音乐干预后所得数据按序排列。数据按序排列的原则是:将优良数据排在前面,何为优良数据要按情况来定。如以不良行为次数为指标,则其发生次数越少,数据越优良;如以儿童注意维持时间为指标(如本例),则其时间越长,数据越优良。在对原始数据排序后,要赋予每一原始数据绝对等第值与对应的平均等第值,如表 8-3-8 所示。

表 8-3-8　自闭症儿童注意维持时间等第值表

原始数据	12.1	9.8	9.4	8.3	8.3	7.5	5	4.2	3.1	3.1
绝对等第	10	9	8	7	6	5	4	3	2	1
平均等第	10	9	8	6.5	6.5	5	4	3	1.5	1.5

平均等第值的算法分两种情况：一是原始数据没有重复，这时平均等第值就是绝对等第值，如表 8-3-8 中最初三个原始数据由大到小，没有重复，其绝对等第值与平均等第值均为 10，9，8。二是原始数据有重复，如表 8-3-8 中第 4 和第 5 个原始数据均为 8.3，对应的绝对等第值为 7 和 6，将绝对等第值 7 和 6 相加后除以 2，就是它们的平均等第值 6.5。同样，最后的两个相同的原始数据的平均等第值均为 1.5。将原始数据与对应的平均等第值列入表 8-3-9。

表 8-3-9　两种处理方法的原始数据与对应的平均等第值表

A 处理后注意维持时间		B 处理后的注意维持时间	
原始分数	平均等第值	原始分数	平均等第值
7.5	5	3.1	1.5
8.3	6.5	3.1	1.5
9.4	8	4.2	3
9.8	9	5	4
12.1	10	8.3	6.5
平均等第值的和　$R_1=38.5$		平均等第值的和　$R_2=16.5$	
A 处理的次数　$n_1=5$		B 处理的次数　$n_2=5$	

3. U 实验设计的显著性检验

（1）提出假设

H_0：两种处理无显著性差异。

H_1：两种处理有显著性差异。

（2）计算统计量

计算统计量 U：$U=n_1 n_2+[n_1(n_2+1)]/2-R$。

n_1：实验中第一种处理方法的实施次数。

n_2：实验中第二种处理方法的实施次数。

R：为较大的平均等第值的和。

如上例：$n_1=5, n_2=5$；

因为：$R_1=38.5, R_2=16.5, R_1>R_2$，故 $R=R_1$。

将三个参数代入 U 统计量公式，计算得：

$$U=5\times 5+[5(5+1)]/2-38.5=1.5$$

（3）统计决断

查有关书籍双侧 U 检验的临界值表（显著性水平为 0.05），表的最上一行为某一处理的实施次数，用 NS 表示。表的最左列为另一处理的实施次数，用

NL 表示。NS 与 NL 交叉之处的值就是临界值。如果两种实验处理的次数不相等,实验次数较小的为 NS,较大的为 NL。U 检验规定:当计算出的 U 等于或小于 U 临界值时,拒绝 H_0,接受 H_1。

该实验的 U 统计量为 1.5,U 临界值 $U_{(0.05)}=2$,$1.5<2$。故拒绝 H_0,接受 H_1。即两类音乐在提高自闭倾向儿童注意稳定性上存在显著性差异,正性音乐的干预效果要优于负性音乐。

(三)用 SPSS 软件进行 U 统计

对于 U 实验设计也可以直接用 SPSS 软件进行数据处理。以下简要介绍操作步骤及对结果进行说明。

1. SPSS 操作步骤

(1)定义组别与注意时间两个变量,标记组别 1 为 A 处理;组别 2 为 B 处理,录入表 8-3-7 中的数据,如图 8-3-14 所示。

	组别	注意时间
1	1.00	7.50
2	1.00	8.30
3	1.00	9.40
4	1.00	9.80
5	1.00	12.10
6	2.00	3.10
7	2.00	3.10
8	2.00	4.20
9	2.00	5.00
10	2.00	8.30

图 8-3-14 U 实验设计数据

(2)选择菜单:Analyze/ Nonparametric Test/ 2 Independent Samples,如图 8-3-15 所示。

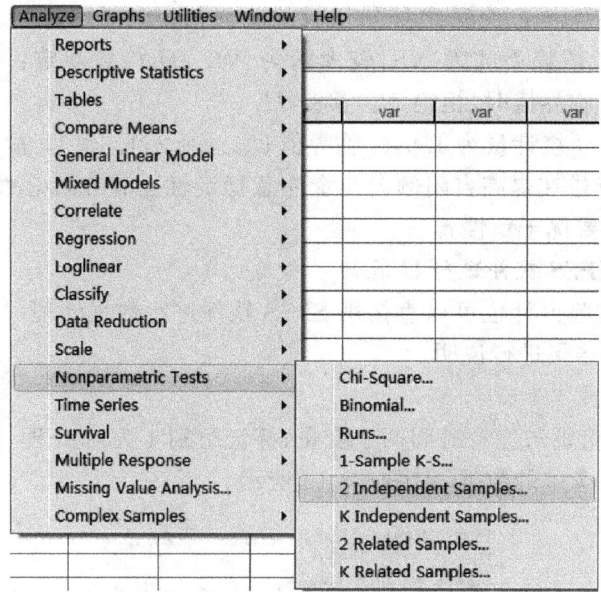

图 8-3-15　菜单选项

（3）在打开的对话框中，把"注意时间"选入 Test Variable List 框中，把"组别"选入 Grouping Variable 框中。单击 Define Groups：按钮打开子对话框，在 Group1 中输入 1，在 Group2 中输入 2。在 Test Type 框下有四个选项，选用 Mann-Whitney U 法，如图 8-3-16 所示。

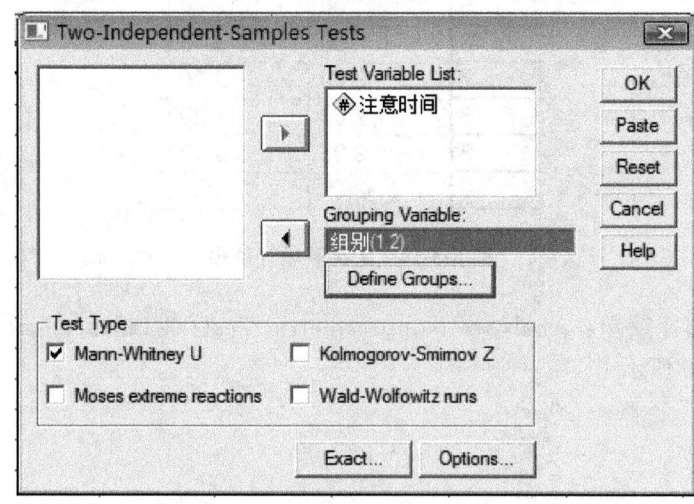

图 8-3-16　变量定义及选用检验方法

说明：Mann-Whitney U（曼—惠特尼）检验、Kolmogorov-Smirnov Z 双样本检验、Moses extreme reaction 极端反应检验与 Wald-Wolfowitz runs 游程检验，均属于两个独立样本的非参数检验。其中，最常用的是 Mann-Whitney U（曼—惠特尼）检验方法（系统默认）。

（4）选择计算显著性水平的方法：单击图 8-3-16 中的 Exact 按钮，有三种可选的方法。由于本例中的样本量小，所以选择第三种 Exact 方法，如图 8-3-17 所示。

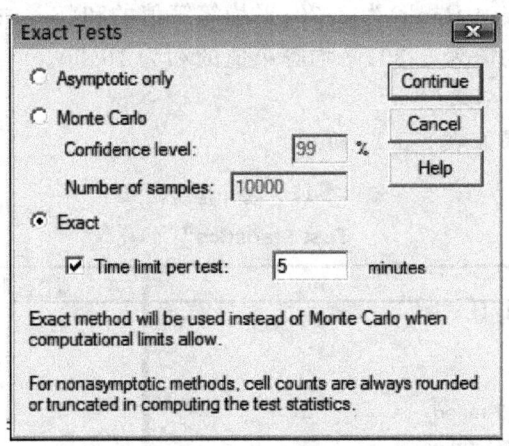

图 8-3-17　选择计算显著性水平的方法

三种计算显著性水平方法的说明：

Asymptotic only 是一种基于渐进分布（asymptotic distribution）的显著性水平检验，一般小于 0.05 即被认为显著。其样本必须足够大，若样本过小或非渐进分布，则该指标可信度不高。

Monte Carlo 方法是基于大样本的显著性水平的近似估计值，要求指定置信度（Confidence level:）与样本量（Number of samples:），样本量越大，估计值越精确。

Exact 方法适用于小样本或数据分布不符合渐进分布假设的情况。每次检验的限定时间为 5 分钟（系统默认）。

（5）单击 Continue 返回，单击 OK 运行程序。

2. 结果说明

（1）描述性统计

描述性统计结果如表 8-3-10 所示。

表 8-3-10 描述性统计结果

Ranks

组别		N	Mean Rank	Sum of Ranks
注意时间	A处理	5	7.70	38.50
	B处理	5	3.30	16.50
	Total	10		

表中输出两组样本容量、等第均值与平均等第值的和。结果显示：A 处理组的等第均值（Mean Rank）为 7.70；平均等第值的和（Sum of Ranks）为 38.5；B 处理组的等第均值为 3.30；平均等第值的和为 16.50。

（2）统计检验结果

统计检验结果如表 8-3-11 所示。

表 8-3-11 统计检验结果

Test Statistics[b]

	注意时间
Mann-Whitney U	1.500
Wilcoxon W	16.500
Z	-2.312
Asymp. Sig. (2-tailed)	.021
Exact Sig. [2*(1-tailed Sig.)]	.016[a]
Exact Sig. (2-tailed)	.024
Exact Sig. (1-tailed)	.012
Point Probability	.008

a. Not corrected for ties.
b. Grouping Variable 组别

结果显示：使用 Exact 检验方法计算的双侧显著性水平为 $P=0.024<0.05$，表明 A 组与 B 组的处理效应有显著差异，即正性音乐的干预效果优于负性音乐。

❖ 第 4 节　多基线实验设计与数据处理

一、多基线实验设计与数据处理

在心理与教育研究中，为了提高实验的外部效度，也经常采用多基线实验设计。下面就多基线实验设计的分类、特点与实施注意事项以及数据处理等问题进行叙述。

(一) 多基线实验设计的分类

多基线实验设计可分为跨情境多基线设计、跨行为多基线设计与跨被试多基线设计。

1. 跨情境多基线实验设计

例 8-4-1

某教师对一名学习困难儿童实施课堂行为干预,以期提高其学习成绩。他以英语、数学及语文学科作为课堂情境,并依次开始实验干预。整个实验周期为四周,每周观察记录 4 次。具体数据如图 8-4-1 所示。

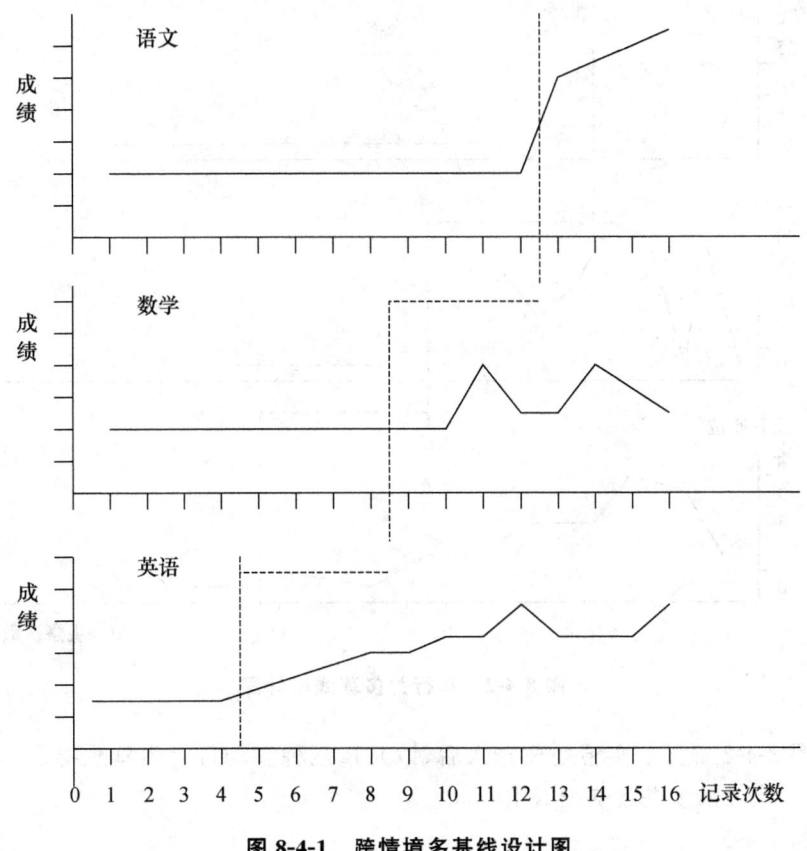

图 8-4-1　跨情境多基线设计图

从图 8-4-1 可见:三种课堂情境的基线期与处理期的时间均不同,英语课堂情境的基线期最短(1 周),处理期最长(3 周);数学课堂情境的基线期与处理相同(均为 2 周);语文课堂情境的基线期最长(3 周),处理期最短(1 周)。

图中直观地显示：在英语课堂情境实施实验干预后，被试的英文成绩有明显提高；在数学课堂情境实施实验干预后，成绩波动，提高不明显；在语文课堂情境实施实验干预后，成绩有显著提高。

2. 跨行为多基线实验设计

例 8-4-2

被试是一名多动症儿童，用行为矫正法来减少其多动行为。选择其3种行为作为观察指标，即：30分钟内摆弄文具、东张西望、离开座位的次数。研究者同时记录这3种行为，每天2次，10天共20次。实验数据如图8-4-2所示。

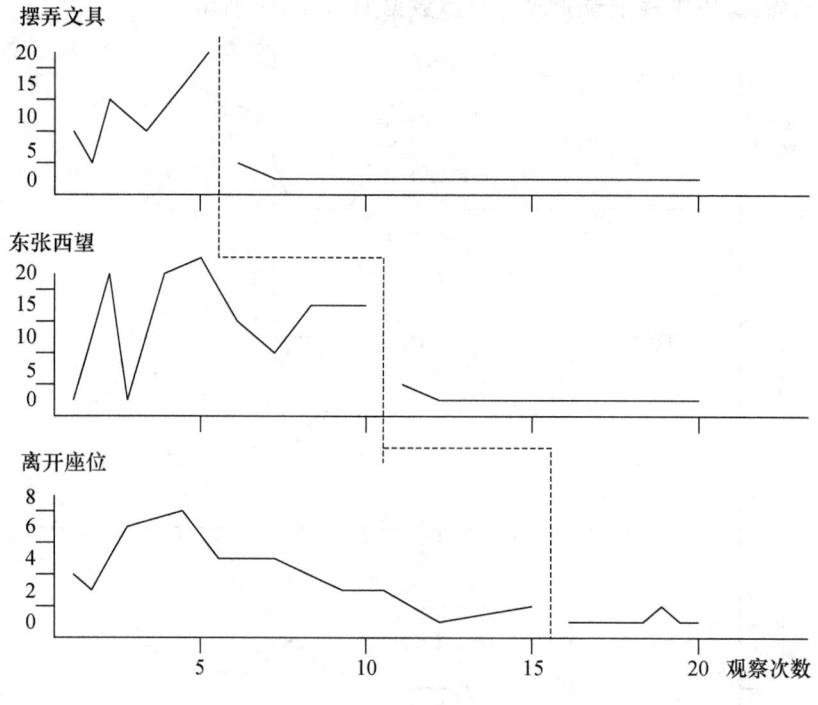

图 8-4-2　跨行为多基线设计图

图 8-4-2 显示：实验处理介入后，该儿童三种多动行为明显改善。

3. 跨被试多基线实验设计

例 8-4-3

被试是三名在同一班级的学习困难学生。观察记录三名学生上课时注意力分散的时间（分钟）。实验处理为：每次课后，任课教师分别向三人反馈实验结果。如注意力分散行为有改善，则予以口头表扬。整个实验28天。结果如图8-4-3所示。

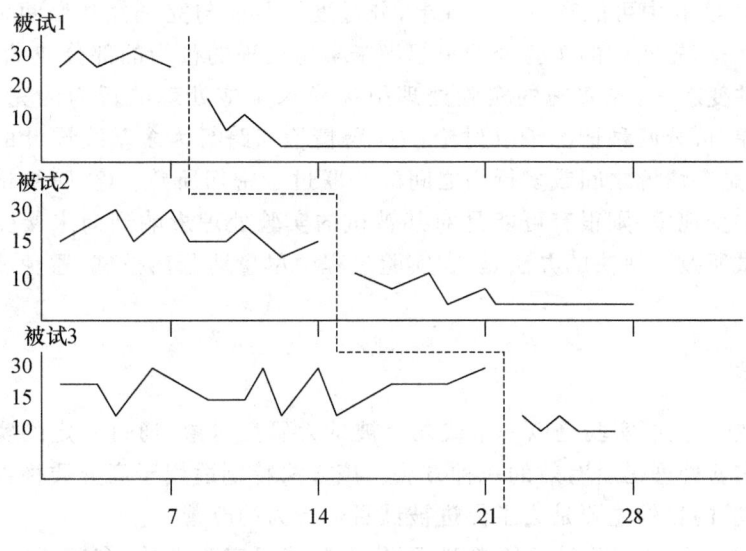

图 8-4-3 跨被试多基线设计图

图 8-4-3 显示：实验处理介入后，前两位学生注意力分散的现象明显改善；后一位学生有一定程度的改善。

（二）多基线实验设计的数据处理

在对多基线实验设计进行数据处理时，可以把它分解为几个单基线实验设计，从而按照单基线实验设计数据处理的办法来处理。最后，根据几个 t 检验结果，对干预的效果进行分析，并得出结论。

二、多基线实验设计的特点及实施注意事项

（一）在多基线实验设计中，可有多个情境、行为和被试。在跨情境与跨行为的多基线设计中只有一个被试，而跨被试多基线设计可有多个被试。

（二）在多基线实验设计中，要注意实验实施的顺序。以跨行为多基线设计为例，如果选择了三种行为，那么对哪一种行为先实施实验处理呢？一般来说，应该选择相对轻微，估计容易干预的行为先实施实验处理，而对相对严重的行为后实施实验处理。

（三）选择情境、行为与被试的基本原则是：彼此之间既要有一定的关联，但又不能过于密切。因为，在多基线实验设计中，所采用的是同一种干预方法。期望一种干预方法在毫无共同之处的情景、行为与被试的实验条件下都有效显然是不可能的。反之，如果关联过于紧密，实验干预就会产生联动效应，那么就没有必要做多基线实验设计了。

（四）实验中可能产生共变现象，分过度性共变与完全性共变两种。过度性共变就是，先实施的实验处理引起尚未实施处理的行为的部分波动和改变；完全性共变就是，先实施的实验处理引起尚未实施处理的行为的完全改变。共变现象，可分两种情况予以讨论：① 跨情境与跨行为多基线设计的共变现象，可能是多情境之间或多行为之间的关联过于密切所致。② 跨被试多基线设计的共变现象，则很有可能是对某被试的实验处理影响到尚未接受处理的其他被试所致。解决的办法是，在实验过程中尽量地分离被试，避免相互干扰和影响。

本章小结

1. 单一被试实验是以一个或几个被试为研究对象，通过一定的实验设计来判断实验处理是否有效的一种方法。该方法特别适用于高异质性群体中的个体，实验的目的主要是为了促进被试目标行为的改善。

2. 单一被试实验设计的类型，可分为单基线实验设计、多基线实验设计。单基线实验设计有：A—B、A—B—A、B—A—B、A—B—A—B、U 设计等。多基线实验设计主要有：跨情境、跨行为、跨被试的实验设计。

3. 以 A—B 实验设计为例，单一被试实验设计的数据处理大致分四步：① 收集数据，绘出两维坐标图。② 进行基线期数据自我相关检验。③ 如基线期数据是非自我相关的，则进行两期数据的显著性检验。④ 画出两期数据的回归线。

4. 单一被试实验设计数据处理方法总结表：

检验类型	t 检验	F 检验	U 检验
检验性质	参数检验	参数检验	非参数检验
用途	两期数据的差异性检验（A—B 实验设计）	三期数据的差异性检验（A—B—A 实验设计）	比较两种实验处理效果（U 实验设计）
检验的程序	基线期数据自相关检验。如非自相关，则进行两期数据的 t 检验。画出两期数据的回归线	基线期数据自相关检验。如非自相关，进行 F 检验。如 F 检验结果显著，则进行两两比较	求平均等第值，计算 U 统计量
统计决断	t 统计量大于等于临界值时，拒绝零假设	F 统计量大于等于临界值时，拒绝零假设	U 统计量小于等于临界值时，拒绝零假设

思考与练习

1. 在单一被试实验设计中,为什么要对基线期数据进行自相关检验?如出现了自相关的情况如何处理?

2. 基线期的数据如下:0,2,1,3,2,1,1,4,3,2,6,请判断数据是否自相关?并画出其回归线。

3. 分别采用 A(呼吸放松训练)与 B(数数法)对一名脑瘫儿童进行言语矫治,测得被试最长声时数据如下,问 A 与 B 哪种方法更有效?

A:5 6 7 5 8

B:4 8 6 9 9

4. 对某学生的焦虑行为进行干预,数据(数值越大,越焦虑)如下,问干预是否有效?

阶段	A				B				A			
次数	1	2	3	4	5	6	7	8	9	10	11	12
分数	10	7	9	6	2	3	3	4	3	4	5	3

5. 请结合专业知识,设计一项单一被试实验研究,请写出实验方案,方案包括:实验目的,实验中的指标变量,如何控制实验中的无关变量?采用何种实验设计?如何进行数据处理?并用图预测实验结果。

第9章 实验研究报告精读

要提高实验研究的水平,必须大量阅读实验研究报告。要读懂一篇实验研究报告,首先必须具备两类知识:一是相关学科的背景知识,二是实验设计与数据处理的相关知识。对于研究生或高年级本科生来说,已具备了一定的专业基础知识。通过本书前几章的学习,也已基本掌握了部分实验设计与数据处理的相关知识。在此基础上,掌握有效的实验报告阅读方法,对于提高实验研究的能力十分必要。本章将在简述实验研究报告精读方法的基础上,通过举例来详细说明如何阅读实验研究报告。

第1节 实验研究报告精读方法

一般而言,阅读实验研究报告不同于阅读其他形式的论文。在一篇实验研究报告中,往往蕴含了大量被浓缩了的信息,读者阅读的目的就是要准确提取与还原这些信息。而匆匆浏览式的阅读是不可能达到目的的。因此,对实验研究报告必须精读。如何精读?坎德威茨(Kantowitz,etal,1997)曾提出一种有效的阅读方法,即核对清单列表法(请参考有关资料)。笔者根据自己多年的教学经验,结合核对清单列表法,提出了三种具体的精读方法,即自我提问法、列表与图示法及反思法。自我提问法是指在阅读过程中,主要就实验报告中的内容进行自我提问,思考自己是否理解相关内容并能用自己的语言叙述出来;列表与图示法是指对实验报告中的有关内容进行整理,提取关键信息,具体可用表格与图示的形式表现出来,使相关内容更为清晰与明了;反思法是指在阅读过程中,不断进行自我反思、自我监控与自我调节。如:该实验研究的理论与实际意义是什么?该研究在实验设计上有无独到之处?实验结果是否可靠与可信?如按实验报告所述的条件,自己或别人能否重复实验过程,并获得类似的实验结果?如果自己来验证同样的假设,会采用怎样的实验设计?是否还可以进行更深入的研究?在具体介绍这三种方法之前,先回顾一下实验研究报告的基本结构。一般来说,一个完整的实验报告通常包括以下主要部分:题目、摘要、引言、方法(包括被试选取、实验设计、实验步骤、数据处理方法等)、结果与讨论、小结。以下就以一篇实验研究报告(《Stroop 效应及其反转：无意识和意识知觉》，耿海燕、朱滢，北京大学心理系。该文已征得心理科学编辑部与作者的同意在此全文引用）为例，选用上述三种方法对各部分进行精读。

一、对前言部分的精读

1 前言

有意识知觉（perception with awareness）使人能够利用知觉到的信息作用于世界而产生一定作用。相反，无意识知觉到的信息引起不由知觉者控制的自动反应。很多研究都发现了这种知觉的主动结果和被动结果之间的差异[1—6]。Merikle等人利用Stroop色词干扰任务的一种变式进行了研究[7,8]。这种实验范式最早由Logan等人[9]提出，后来被Merikle等人用于无意识知觉的研究，它与传统Stroop任务的实验范式不同，只涉及红、绿两种颜色，色词"RED"或"GREEN"是启动刺激，用于启动对红、绿两种靶颜色的命名反应。在实验中首先给被试呈现一个灰色的色词，如RED或GREEN，对色词的知觉或者是有意识的（呈现时间较长），或者是无意识的（呈现时间较短）。接着呈现一个色块（红色或绿色）让被试尽可能快地命名。色词和色块有时一致（如RED和红色块），有时不一致（如RED和绿色块）。当一致的色词——词块对发生的概率（如25%）远小于不一致发生的概率（如75%）时，被试的反应结果依赖于对色词的知觉是有意识的还是无意识的。在意识状态下，被试对不一致的色块的命名要快于对一致的色块的命名，出现了典型的Stroop效应的反转。而在无意识状态下，被试对一致的色块的命名要快于对不一致的色块的命名，出现了典型的Stroop效应。

为什么会出现这种结果的差异？Merikle等人认为，在意识状态下，由于被试知道不一致的色词——词块对（如"红"——绿色，或"绿"——红色）发生的概率（75%）远远大于一致的色词——词块对（如"红"——红色，或"绿"——绿色）发生的概率（25%），他们就能够利用这种概率信息形成一定的反应策略——把色词作为线索，看到色词预期相反的颜色块。而当出现一致情况时，正确反应与他们的预期反应相反，他们必须进行反应转换，因此会出现不一致条件下的反应时短于一致条件下的反应时的结果，即出现Stroop效应的反转；但在无意识状态下，由于被试没有觉知（awareness）到色词的存在，他们也就无法利用概率信息形成一定的反应策略，从而出现

> 一种无意识的启动现象：一致条件下的反应时短于不一致条件下的反应时，即典型的 Stroop 效应。这一结果证实了无意识知觉到的刺激引起自动反应，而有意识知觉到的刺激引起更为灵活的反应。
>
> Merikle 等人在以后的一些研究[10]中用这种实验范式进一步证明了意识知觉和无意识知觉在行为结果上的质的差异，并发现操纵刺激特性（呈现时间）和操纵注意方向（单作 vs. 双作业）所得到的结果非常相似，即在分散注意条件下的结果类似于色词短暂呈现条件下的结果，出现了典型的 Stroop 效应；而在集中注意条件下的结果类似于色词长时间呈现条件下的结果，出现了 Stroop 效应的反转。他们认为这一结果说明了：改变刺激特性和改变注意这两种操作影响了同一个内部过程——即信息表征的激活水平，而表征的激活水平达到一定程度才能产生意识。如果真是这样，那么在决定一个刺激能否被有意识知觉到时，刺激特性和注意之间应该存在相互补偿。
>
> 本研究的目的是想利用上述的实验范式进一步展开研究这个问题，即是否可以通过单纯提高注意水平使得对一个短暂呈现的刺激的知觉由无意识变为有意识？下面的实验就是针对这个问题而设计的。

1. 自我提问

在阅读论文题目与引文时，可自问如下问题：研究者大致的研究目的是什么？实验中的自变量与因变量是什么？该研究的背景是什么？实验的假设是什么？我能理解该文中无意识知觉、有意识知觉、典型 Stroop 效应、Stroop 效应反转、刺激特性、注意方向以及它们之间的逻辑联系吗？

2. 反思法

（1）该文拟通过 Stroop 效应及其反转任务来研究无意识与有意识知觉的问题。因此，设置 Stroop 效应及其反转任务是研究者拟操纵的自变量，而无意识与有意识知觉是实验中的因变量，从以往相关实验推断，该研究评价无意识与有意识知觉的指标可能是知觉反应时与反应错误率。

（2）Merikle 等人利用 Stroop 色词干扰任务的一种变式对无意识与有意识知觉的问题进行了研究。其结论为：在无意识状态下，被试对一致色块的命名时间短；对不一致色块的命名时间长。其原因是在无意识状态下，被试没有知觉到色词的存在，无法利用概率信息形成反应策略，因此出现了典型的 Stroop 效应；在意识状态下，被试对不一致色块的命名时间短，而对一致色块的命名时间长。其原因是在意识状态下，被试能利用概率信息形成反应策略，因此出现了 Stroop 效应的反转。

（3）该研究拟采用 Merikle 等人的研究范式来验证实验假设：即在不改变刺激呈现时间短的情况下，改变操作刺激特性，提高被试对刺激的注意水平，使被试从无意识知觉状态进入有意识的知觉状态，从而产生 Stroop 效应的反转现象。

二、对研究方法部分的精读

2 研究方法

Merikle 的研究[7,10]已证明：当色词的呈现时间很短暂时，出现了典型 Stroop 效应，即在一致条件下的反应时短于在不一致条件下的反应时；而当色词的呈现时间较长时，出现 Stroop 效应的反转，即在不一致条件下的反应时短于在一致条件下的反应时。这种行为结果上的质的差异反映了意识知觉和无意识知觉的不同性质。本实验的目的是想证明：当色词短暂呈现而引起典型的 Stroop 效应的时候，除了可以通过延长色词的呈现时间而引起 Stroop 效应的反转，还可单纯通过提高注意水平而使得 Stroop 效应出现反转。

2.1 被试　30 名北京大学的本科生，自愿参加实验，实验后被付给报酬。所有被试视力或矫正视力正常。这些被试被随机分为三组，分别在三种不同的实验条件下进行实验：短 SOA——无框、长 SOA——无框、短 SOA——有框。

2.2 仪器　一台与 Cx486DX2 主机相连的 VGA/EGA 显示器，所有刺激都呈现在显示器的屏幕中央，背景为黑色。把键盘右侧的数字键"1"和"2"设置为反应键，并加上标签，键"1"用红墨水标上"红"，键"2"用绿墨水标上"绿"，被试按"红"或"绿"键做出反应。被试与显示器屏幕的距离为 60—70ms。

2.3 实验设计　这个实验包括两个 2×2 两因素混合设计，设计 1 的两因素是：① 色词——掩蔽 SOA：有 50ms 和 400ms 两个水平，采用组间设计；② 色词与靶颜色的关系：分一致和不一致两个水平，采用组内设计。设计 2 的两因素是：① 色词的注意水平：分高、低两个水平。在高注意水平的条件下，我们在色词呈现之前先呈现一个小方框（大小为 32×32 像素），接着色词（大小为 30×30 像素）在小方框内出现。在这里，小方框对于色词的知觉起到一种空间和大小线索的作用，可以使色词从刺激序列中突出出来，以提高被试对于色词的注意水平；而在低注意水平的条件下，没有小方框的出现。这一因素采用组间设计;②色词与靶颜色的关系;分一致和不一致两个水平,采用组内设计。设计2中一个需要控制的变量是色词的呈现时间,为50ms。请注意,设计1的SOA为50ms条件下的实验与设计2的低注意水平条件下的实验完全相同。因为本实验的目的在于证明:一个短暂闪现而被无意识知觉的刺激,既可以通过延长呈现时间,也可以通过提高注意水平而使得它的知觉变为有意识的。也就是说,色词的呈现时间和注意水平这两个自变量的组合产生三种实验条件:(1)50msSOA——无小方框;(2)400msSOA——无小方框;(3)50msSOA——有小方框。

2.4 实验过程 每个被试进行7组实验,每组实验包括48个trials,其中12个trials色词——靶颜色是一致的,其他36个trials色词——靶颜色是不一致的。被试只能在组间休息。第一组实验被用作练习。

在50msSOA——无小方框的条件下,也就是低注意水平的实验条件,每个trial的实验程序如下:1)1000ms的空白;2)色词"红"或"绿"呈现50ms,颜色为灰色,灰度50(黑色0——白色63的连续体,下面提到的灰色其灰度均为50),字体大小为30×30像素;3)四个灰色"#"成矩阵排列构成的掩蔽刺激呈现450ms,大小为32×32像素;4)靶刺激为变成红色或绿色的四个"#",呈现到被试做出反应。可以看出,掩蔽刺激和靶刺激的唯一不同是颜色。在75%的trials中,色词和靶颜色是不一致的,在25%的trials中是一致的。被试的任务是当四个"#"由灰色变为红色或绿色时,尽可能快地做出反应,变为红色按"红"键,变为绿色按"绿"键。被试按键后立即启动下一个trial。在这种实验条件下不告诉被试色词的存在。

当SOA为400ms时,每个trial的实验程序如下:1)1000ms空白;2)灰色色词呈现50ms;3)空白350ms;4)灰色掩蔽刺激呈现100ms;5)红色或绿色靶刺激一直呈现到被试做出反应。在这种条件下,告诉被试色词的存在。其他情况与上述50msSOA——无小方框条件下相同。

在50msSOA——有小方框的条件下,即高注意水平的实验条件下,每个trial的实验程序如下:1)500ms空白;2)小方框呈现500ms;3)灰色色词"红"或"绿"在小方框内呈现,时间为50ms;4)灰色掩蔽刺激呈现450ms;5)红色或绿色靶刺激呈现到被试做出反应。在这种条件下,告诉被试色词的存在,其他方面与上述50msSOA——无小方框条件下相同。

1. 自我提问

该研究如何选取与分配被试？采用了怎样的实验设计？其实验的步骤是什么？实验设计与实验假设之间是怎样的关系？

2. 列表与图示法

(1) 将两个 2×2 的两因素混合实验设计列表如下：

表 9-1-1　实验一

	b_1（一致）	b_2（不一致）
a_1 50ms	不加框 50ms	不加框 50ms
a_2 400ms	不加框 400ms	不加框 400ms

表 9-1-2　实验二

	b_1（一致）	b_2（不一致）
a_1（低注意）	不加框 50ms	不加框 50ms
a_2（高注意）	加小框 50ms	加小框 50ms

从上表可见：

① 在实验一与实验二中，a_1 与 a_2 为被试间变量；b_1 与 b_2 为被试内变量。

② 被试分配与三种实验条件：

第一组，被试 10 人。实验一色词呈现时间 50ms 的实验条件与实验二低注意的实验条件完全相同，实验中不告诉被试色词的存在。

第二组，被试 10 人。实验条件为：色词呈现时间 400ms，不加小框，实验中告诉被试色词的存在。

第三组，被试 10 人。实验条件为：色词呈现时间 50ms，加小框，实验中告诉被试色词的存在。

(2) 将三组实验色词-色块在屏幕上的呈现过程列表 9-1-3 如下：

表 9-1-3　色词-色块在屏幕上的呈现过程列表

	空白时间	色词呈现时间	掩蔽时间	色块呈现
G1：	1000ms	50ms	450ms	被试反应
G2：	1000ms	400ms=50ms+空白350ms	100ms	被试反应
G3：	500ms+方框呈现500ms	在框中呈现50ms	450ms	被试反应

在三种实验条件下，从实验开始到色块（靶刺激）出现的总时间均为 1500 毫秒。

3. 反思法

(1) 为什么在第一组实验条件下，不告诉被试色词的存在；而在第二与第三组实验条件下要告诉被试色词的存在？这可能是为了进一步保证被试对色词从无意识进入有意识知觉。

（2）为什么在第二组实验条件下，色词的呈现时间是：400ms＝50ms＋空白350ms，即为什么要在50ms后再加350ms的空白时间？这可能是为了给被试留出信息加工的时间，从而保证被试对色词的知觉从无意识状态进入有意识状态。

（3）该研究实验设计与实验假设联系紧密，逻辑严谨。尤其是实验设计十分巧妙，具有重要的借鉴意义。它将一个涉及三因素的实验分为2个两因素实验设计，其中一组的实验条件既可用作练习，也可作为实验的基线水平，同时也明显减少了被试量。

三、对结果与分析部分的精读

3 结果及分析

实验结果如图1、图2所示，可以看出，长SOA和短SOA条件下所得的结果与Merikle等人的结果一致，表现了两种条件下Stroop干扰模式的质的差异。更为重要的是，低注意水平和高注意水平两种条件下的Stroop干扰模式也出现了类似的质的差异。

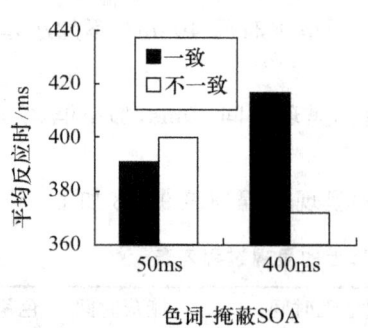

图1 操纵刺激呈现时间的结果

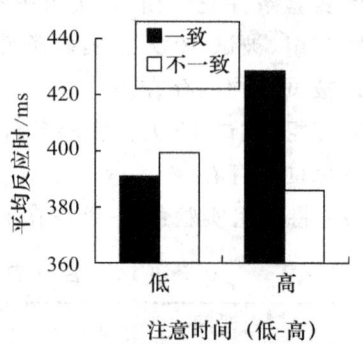

图2 操纵注意水平的结果

对反应时结果进行2×2两因素混合设计的方差分析，结果显示SOA与色词——靶颜色一致性之间存在显著的交互作用，$F(1,18)=10.61$，$P<0.004$。进一步做每种SOA条件下的配对t-test，结果显示在SOA为50ms，被试在色词——靶颜色一致情况下的反应（390.68ms）快于不一致情况下的反应（400.12ms），$t(9)=4.54$，$P<0.001$；而当SOA为400ms时，被试在不一致情况下的反应（372.23ms）快于一致情况下的反应（417.10ms），

$t(9)=2.71, P<0.024$。这些结果与 Merikle 等人的研究结果一致。更为重要的发现是：注意水平与色词——靶颜色一致性之间也存在着显著的交互作用，$F(1,18)=7.04, P<0.016$。进一步做每种注意水平下的配对 t-test 发现，在低注意水平下，被试在一致情况下的反应快于不一致情况下的反应（即 SOA 为 50ms 的情况），而在高注意水平下，被试在不一致情况下的反应（386.10ms）快于一致情况下的反应（429.13ms），出现 Stroop 效应的反转，$t(9)=2.19, P<0.056$。从以上结果可以看出，当刺激短暂呈现而被无意识知觉到的时候，增强刺激特性（延长呈现时间）或提高注意水平都能使得对它的知觉变为有意识的。

以上是反应时结果，除此之外，被试的错误率也得到了记录，结果如下表所示。

表 1 平均错误率结果

实验条件	色词—靶颜色的关系	
	一致	不一致
设计 1		
50msSOA	0.024	0.026
400msSOA*	0.155	0.039
设计 2		
无框（低注意水平）	0.024	0.026
有框（高注意水平）*	0.132	0.056

* 表示一致和不一致条件下的结果存在显著差异，$P<0.01$。

对设计 1 和设计 2 的错误率结果分别进行 2×2 两因素混合设计的方差分析，结果显示，设计 1 中的 SOA 与色词——靶颜色一致性之间存在显著的交互作用，$F(1,18)=38.16, P<0.001$。进一步做每种 SOA 条件下的配对 t-test 发现，当 SOA 为 50ms 时，被试在一致条件下的错误率与不一致条件下的错误率没有显著差异，$t(9)=0.23, P<0.82$；当 SOA 为 400ms 时，被试在一致条件下的错误率显著大于不一致条件下的错误率，$t(9)=6.40, P<0.001$。设计 2 中的注意水平与色词——靶颜色一致性之间也存在显著的交互作用，$F(1,18)=12.60, P<0.002$。进一步做配对 t-test 显示，当注意水平较低时（无框），被试在一致条件下的错误率与不一致条件下的错误率没有显著差异（同 SOA 为 50ms 条件）；而当注意水平较高时，被试在一致条件下的错误率显著高于不一致条件下的错误率，$t(9)=3.61$，

$P<0.006$。上述实验结果显示,当色词被有意识知觉到时(SOA 为 400ms 或高注意水平条件下),被试能利用色词提供的预期信息做出反应,即看到色词预期相反的颜色。由于 25% 的 trials 不符合预期策略,所以出现上述一致条件下的错误率高于不一致条件下的错误率的结果。而当色词被无意识知觉到时,被试不能利用色词所提供的预期信息,只能根据靶颜色本身做出反应,因而一致条件下错误率与不一致条件下的错误率没有显著差异。

1. 自我提问法

自己能否看懂相关表格、图示及其说明,如看不懂是什么原因?能否将相应的文字转化为表格或图示?或者反过来,将相应的表格或图示用文字或语言来表述?

2. 列表与图示法

(1)反应时分析

根据例文中的图 1、图 2 以及相关叙述可知:

SOA 与色词-色块一致性之间的交互作用极显著,根据有关数据,绘出简单效应图图 3:

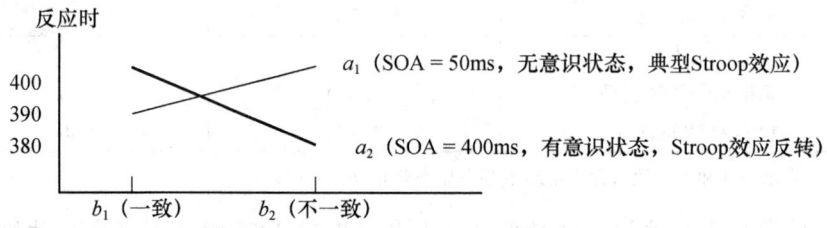

图 9-1-1 简单效应图

注意水平与色词-色块一致性之间交互作用显著,根据有关数据,绘出简单效应图图 4:

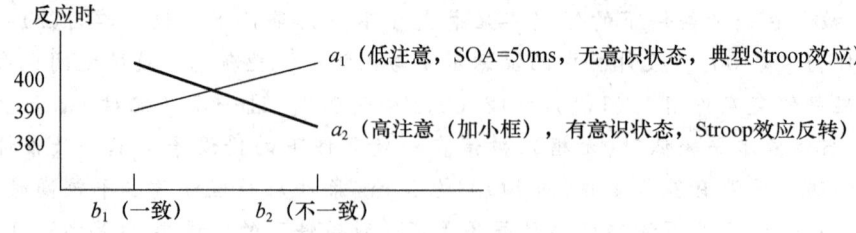

图 9-1-2 简单效应图

(2) 平均错误率分析

SOA与色词-色块一致性之间的交互作用极显著,根据有关数据,绘出简单效应图。

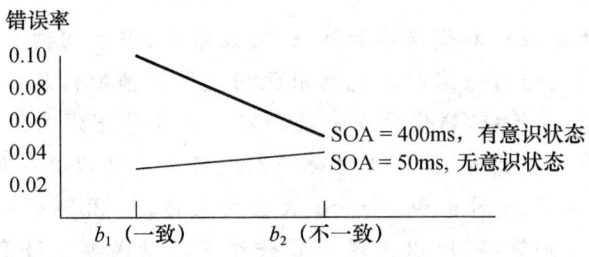

图 9-1-3　简单效应图

注意水平与色词-色块一致性之间的交互作用极显著,根据有关数据,绘出间单效应图。

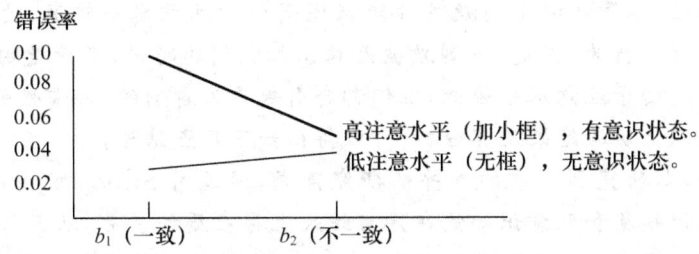

图 9-1-4　简单效应图

从反应时看:两图十分相似,即在刺激呈现时间较长与提高注意的条件下,都能使被试无意识知觉转化为有意识知觉,从而出现 Stroop 效应反转。从平均错误率看:两图也十分相似,即在刺激呈现时间较长与提高注意的条件下,被试反应错误率相当。

3. 反思法

通过将相应的文字转化为图示,实验结果更为清晰明了;利用文字与图示的双重编码,确实有助于自己的理解与记忆。自己也能借助于在图示过程中形成的表象,更准确地对实验结果进行复述。

四、对结论部分的精读

4 结论

综合以上反应时和错误率的结果,可以看出,当色词被无意识知觉时,被试在对靶颜色进行命名时不能利用色词提供的预期信息,从而反应时出现典型的 Stroop 效应,错误率在一致和不一致条件下没有表现出差异;而当色词被有意识知觉时,被试在对靶颜色进行命名时能够利用色词提供的预期信息,从而反应时出现 Stroop 效应的反转,而 25% 的一致条件下的 trials 不符合预期策略,所以出现一致条件下的错误率显著高于不一致条件下的错误率的结果。此外,实验结果还说明,当刺激短暂呈现而被无意识知觉到的时候,增强刺激特性(延长呈现时间)或提高注意水平都能使得对它的知觉变为有意识的。

从以上的一系列实验以及 Merilke 的实验可以看出,当刺激被有意识知觉的时候,不管是由于刺激特性较强还是由于注意水平较高,他们都能指导人的有意行为;但是,当刺激被无意识知觉到的时候,不管是由于刺激特性弱还是由于注意水平较低,他们都会引起更为自动的、习惯性的反应。

根据以上实验结果及其分析,可以得出如下几点结论:

第一,本研究利用质的差异的研究范式,通过对 Stroop 效应的研究,证明了意识知觉和无意识知觉在行为结果上存在质的差异,从而证明了无意识知觉的存在。意识知觉和无意识知觉概念的区分是非常必要的。

第二,刺激特性(呈现时间)的改变和注意的改变引起了非常类似的行为上的质差模式,这与 Merikle 等人的研究结果一致,说明两种操作影响的是同一个内部过程。

第三,当一个刺激短暂呈现而被无意识知觉的时候,增强刺激特性(延长呈现时间)或提高注意水平都能使它的知觉变为有意识的。这说明在决定一个刺激是被有意识知觉还是无意识知觉时,刺激特性和注意之间存在着补偿作用。这更进一步地说明了两种操作影响的是同一个内部过程,即记忆中信息单元的激活水平。刺激特性的增强或注意水平的提高都可以增加激活水平,二者的作用可以累加。当激活水平达到一定程度时,意识就产生了。

第四,意识知觉可以引导人的有意行为,而无意识知觉引起更为自动的、习惯化的行为反应。

(参考文献略)

1. 自我提问法

该实验验证了原假设吗？作者对结果的解释与说明是否充分与合理？读完这篇实验报告，自己有哪些启示和感想？如果在不改变上述实验假设与范式的基础上，继续深入研究，自己将如何进行实验设计？

2. 反思法

该实验设计巧妙，逻辑严密，实验结果可靠与可信。根据该实验的结果与说明，可做以下推论与假设：即在不改变刺激呈现时间的条件下，无论采用什么方法（如：色词字体增粗、加色、变形、闪烁、甚至在色词呈现的同时，附加声音提示等），只要能提高被试的注意水平，都应该得到与该实验相同的结果。

第2节 实验研究报告精读

一、实验研究报告举例

组织结构图标记对文章整体信息理解与保持的影响

杜晓新　宋永宁　黄昭鸣

（摘自：心理科学　2006年29卷　第1期）

摘　要　本研究采用实验的方法，研究了组织结构图标记对被试文章整体信息理解与保持的影响。结果表明：(1)用组织结构图进行标记能有效提高被试对文章整体信息的通达；(2)组织结构图标记类型与文章难度之间存在显著的交互作用，即在文章容易时，标记效应不显著；在文章较难时，标记效应极显著；(3)当阅读材料较难时，在半标记条件下，被试得分最高；全标记次之；无标记最低。

关键词　组织结构图　标记　整体信息

1　前言

现代学习策略理论将具体的学习策略分为：复述、精制与组织策略。其中的组织策略是一种复杂、深层次的编码方式。具体地说，文本组织就是将文字材料中的诸多具体内容或观点，以关键词或短句的形式概括为许多项目；对项目加以分析、比较及归类；并记下每类中所包含的项目数，再分析、确定类与类之间的关系;最后,将各类中所包括的项目按已确定的关系联系起来,形成一个组织结构图[1]。文本组织的目的是在各信息之间建立语义上的联系。从理论上说,材料被组织的程度越高,就越容易被理解与提取。

根据现代学习策略的理论,我们在学习策略训练模式的构建与实践研究中,提出了认知与监控学习策略训练模式[2],阅读组织策略训练是其中的一项重要内容。根据文本组织的涵义,我们又总结出六种文本组织的结构图,即:线性结构、坐标结构、网状结构、线中有线式结构、线中有网式结构及网中有线式结构。多年的学习策略训练教学实践表明:有效应用组织策略能明显提高阅读者整体把握文本信息的能力。然而,有关文本组织策略的一些理论问题还有待进一步探讨,例如:在什么条件下应用组织策略更为有效? 自行组织是否比他人提供组织结果更有效? 近年来,国内外对文章信息标记的研究为我们探讨这些问题提供了一些启示。

文章信息的标记是指可以在文章不同位置出现的、本身不给文章带来任何新内容但能强调文章结构或具体内容的词、短语和句子或特殊符号。标记可分为强调某一具体信息的微观标记和强调文章结构的宏观标记[2]。对文章进行宏观标记的方法主要有:对文章的主要内容,如关键句等进行画线、扩写等标记方法。有关研究表明:读者可以利用宏观信息的标记建构文章主题的结构表征[4],对文章宏观信息的标记,有利于学习者对文章中关键信息的提取与保持[5,6]。

在对文章信息标记研究材料进行梳理后,我们认为:组织结构图是对文本信息进行编码的结果,它将文本中主要信息组成了一个逻辑更为明晰的框架;同时又未提供额外的信息,符合文本标记的界定。由此我们设计了本研究,对目前文章标记的实验范式做一变换,以组织结构图进行标记,拟探讨以下问题:以组织结构图为标记能否有效提高阅读者对文章整体信息的理解与保持;不同的标记方式(无标记、全标记、半标记)是否会对读者文章整体信息理解与保持产生影响;标记方式与文章难度是否会对读者文章整体信息的理解与保持产生交互作用。通过实验研究,如果能证明组织结构图的标记方式能有效提高阅读者对文章整体信息的理解与保持,那么就能进一步证明组织策略的科学性以及进行组织策略训练的必要性。

2 实验方法

2.1 被试与实验设计

随机抽取华东师范大学特殊教育学系1至3年级60名本科生作为被试。将抽取的被试随机分为三组,每组20人,各组被试的平均年龄21岁,男女比例相当。所有被试均未接受过系统的组织策略训练。

本实验为2×3两因素混合实验设计。被试间变量为标记类型,分为无标记、半标记和全标记三个水平;被试内变量为文章难度,分为容易与较难两个水平。第一组被试接受无标记的实验处理,第二组接受半标记的实验处理,第三组接受全标记的实验处理。所有被试均要阅读难易不同的文章各一篇。

2.2 实验材料

实验材料是两篇阅读材料,每篇约700字。其中一篇较容易,另一篇较难。难易划分的依据为:文章提供的信息量;文章结构的复杂程度。每篇材料又分为无标记、全标记、半标记三个版本。其规定性如下:无标记材料除了提供文本以外,不提供任何标记信息;全标记材料除提供文本以外,提供相应的完整的组织结构图;半标记材料除提供文本以外,只给出部分组织结构图,剩下的部分由被试根据文章内容补充完整。每篇文章附有四道单选题(四选一)。题目设计的原则是考察被试对文章整体信息理解与保持的水平。在正式实验前,进行了一定范围的预测,根据预测结果,对部分题目进行了修改与调整。

2.3 实验步骤

本实验的实施分为阅读与测试两个阶段。被试先阅读两篇文章,然后收回文章,发下测试题,进行测试。阅读阶段的指导语为:"请同学们认真阅读以下两篇文章,15分钟后,将收回文章,并进行相关的阅读理解测试"。测试阶段的指导语如下:"请根据前面读过的两篇文章的内容,回答问题。每题只有一个正确答案。"被试答对记一分,答错记零分,最后,对相关数据用SPSS9.0进行统计处理。

3 实验结果

实验结果如表1所示:

表1 被试对文章整体信息理解与保持的分数(M±SD)

	难	易	总体
无标记	2.6±0.9	3.8±0.4	3.4±0.8
半标记	3.6±0.8	3.8±0.4	3.7±0.8
全标记	3.0±0.9	3.5±0.7	3.5±0.8
总体	3.0±0.9	3.7±0.5	

表1数据的统计结果表明：文章标记类型的主效应极显著($F(2.57)=6.14, P=0.004$)；文章难度的主效应极其显著($F(1.57)=24.93, P=0.00$)；文章标记类型和文章难度之间的交互作用显著($F(2.57)=4.77, P=0.012$)。对文章难度和标记类型交互作用的简单效应检验表明：在文章容易时，标记效应不显著[$F(2.57)=1.85, P=0.167$]；在文章较难时，标记效应极显著[$F(2.57)=6.82, P=0.002$]。

4 分析与讨论

4.1 组织结构图的标记效应及分析

从表1可见：半标记时被试阅读分数最高(平均3.7分)；全标记次之(平均3.5分)；无标记时最低(平均3.4分)。统计结果显示：三种标记类型的主效应极显著。这说明：组织结构图标记能有效提高被试对文章整体信息的通达。进一步的多重比较结果表明：半标记与无标记之间差异极显著($P=0.002$)，即：在半标记条件下，被试对文章整体信息的理解与保持水平远优于无标记的情况。这一结果完全符合我们的预期，即在半标记条件下，被试既有组织结构图的提示，又需其主动与深入地加工信息；而在无标记的情况下，被试对文章整体信息的理解与保持水平完全依赖其自身信息加工的水平。这一实验结果也与其他宏观标记实验结果相符。半标记与全标记之间差异显著($P=0.01$)。这一结果也符合我们的预期，即在半标记条件下，要求被试补充组织结构图中的有关信息，而在全标记的情况下，组织结构图是已提供的，在这两种不同的实验条件下，被试信息加工的主动程度与深入水平是不同的，实验结果说明：被试主动与深入地信息加工更有助其对文章整体信息的理解与保持。

全标记与无标记之间差异不显著($P=0.532$)。出现这一结果的可能原因是：由于对应的统计只是从标记类型这一维度进行的，而排除了另一纬度文章难度所产生的影响。从表1中可见：在文章较难时，全标记条件下的均分高于无标记条件，而在文章较容易时，全标记条件下的均分反而低于无标记条件下的均分，如将两种条件下的得分平均后再行统计处理，那么出现上述结果就不难理解了。

4.2 文章难度与标记效应的交互作用及分析

上述统计结果表明：文章难度的主效应极其显著，即在阅读较难与较易文章的条件下，前者对文章整体信息理解与保持水平明显低于后者，这一结果与一般经验相符。然而，值得关注的是：实验结果显示标记类型与难度之间存在显著的交互作用。简单效应检验结果表明：在文章容易时，标记效应不显著；在文章较难时，标记效应极显著。以下从文章难易两个纬度做进一步的说明与分析：

当阅读材料较容易时，在无标记与半标记的条件下，被试的阅读分数相等（平均分均为 3.8 分）；而在全标记条件下，被试的阅读分数最低（平均为 3.5 分）。尽管数据分析结果表明三种标记条件之间的差异不显著（$P=0.167$），但是对于在全标记条件下被试阅读分数低于无标记的结果似乎有些令人费解。对此，可能的解释是：材料难度较低，意味着其中的关键项目较少，逻辑结构较为清晰，被试不需依赖附加的标记也能通达文章的主体结构与关键内容。相反，如果附加标记，可能不但不会促进被试对整体信息的通达，还会对其信息加工起到干扰的作用。同样，国内的一些学者也得到过类似的实验结果。对此，他们的解释是：文章标记的促进效应依赖于文章标记效应的实验条件，当文章主题很少，文章中各主题之间又很容易建立联系时，读者可能不需要文章标记的帮助就能建构完整的文章主题结构表征了[3]。

当阅读材料较难时，在半标记条件下，被试对文章整体信息保持与理解的分数最高（平均 3.6 分），全标记次之（平均 3.0 分），无标记最低（平均 2.6 分）。方差分析结果表明：三类标记之间差异极显著（$P=0.002$），进一步的多重比较结果表明：半标记与无标记之间的差异极显著（$P=0.001$）；半标记与全标记之间的差异显著（$P=0.047$）；尽管全标记条件下的均分高于无标记，但是两者之间的差异未达到统计上的显著水平（$P=0.102$）。

上述结果说明：对于不同难度的材料，组织结构图的标记效应是不同的，即对容易的材料而言，标记的效应不显著；而对较难的材料，标记的效应是显著的。因此，材料难度是影响标记效应的一个重要因素。从信息加工的角度看：阅读是一个搜索信息的过程，阅读较难材料的信息搜索过程更为复杂，在搜索未经有效组织的材料时，经常会出现在易于混淆的概念中绕圈子的现象。另外，由于信息之间缺乏联系，搜索范围较大，而工作记忆的容量有限，思维负荷就会加重，提取与保存信息的能力下降。而对经过组织的信息进行搜索时，由于已对易混淆的概念经过梳理，就可以避免在其中绕圈子的现象。同时，较大的搜索范围已分成若干相互联系的较小的搜索范围，故可减轻思维负荷，提高提取与保存信息的能力。上述实验结果表明，在学习较难的文本材料时，提供组织结构图是帮助学习者组织、搜索与提取信息的有效手段。

4.3 本研究的启示

通过本研究,我们得到的主要启示有:本实验结果证明了组织结构图标记能有效提高被试对文章整体信息的理解与保持,这与用其他宏观标记方式的研究结果一致。但是组织结构图标记与其他宏观标记方式对促进被试文章整体信息的理解与保持是否会有差异呢?我们假设:由于组织结构图的标记方式与现有其他宏观标记方式相比,能为被试提供一个更为清晰的逻辑框架,所以用组织结构图标记能更有助于被试对文章整体信息的理解与保持。验证这一假设是我们下一步的研究任务。

上述研究结果已表明:被试信息加工的主动与深入程度对文章整体信息的理解与保持有重要的作用。如果要求被试完全自行采用组织结构图对文章进行标记,那么其信息加工的主动与深入程度会进一步提高。由此推测:在被试自行采用组织结构图对文章进行标记的条件下,其对文章整体信息的理解与保持水平将会比半标记的条件下更高。验证这一假设是我们拟进行的又一项研究任务。我们推论:由于组织结构图具有结构上的完整性、逻辑上严密性与视觉上的直观性,它可能更有助于有特殊教育需要学生(如学习困难、听觉障碍等)对文章整体信息的通达,目前我们正在进行这方面的研究[7]。

5 结论

本研究的主要结论如下:

5.1 用组织结构图进行标记能有效提高被试对文章整体信息的通达。另外,半标记远优于无标记;半标记优于全标记;全标记与无标记之间差异不显著。

5.2 组织结构图标记类型与文章难度之间存在显著的交互作用。在文章容易时,标记效应不显著;在文章较难时,标记效应极显著。

5.3 当阅读材料较难时,半标记条件下被试得分最高;全标记次之;无标记最低。半标记与无标记之间的差异极显著;半标记与全标记之间的差异显著;全标记与无标记之间的差异不显著。

参考文献(略)

二、实验研究报告精读

可对上述实验报告用自我提问法、列表与图示法及反思法精读如下:

(一) 自我提问法

1. 什么是组织结构图与组织结构图标记？什么是文章的整体信息？
2. 组织结构图标记方式与以往标记方式有何不同？
3. 该研究的假设是什么？
4. 文章中全标记、半标记和无标记是怎样界定的？
5. 该实验是否验证了原假设？
6. 能否将该实验设计及被试分配用表格表示出来？
7. 能否根据原文提供的数据表及说明，画出交互作用的简单效应分析图？

(二) 列表与图示法

1. 针对问题6，将该实验设计及被试分配用表格表示如下：

表 9-2-1　实验设计及被试分配

$N=60$		文章难度	
		难	易
标记水平	无标记	S_1-S_{20}	S_1-S_{20}
	半标记	S_{21}-S_{40}	S_{21}-S_{40}
	全标记	S_{41}-S_{60}	S_{41}-S_{60}

标记水平为被试间变量，包括无标记、半标记、全标记三个水平，文章难度为被试内变量，包括难、易两个水平。实验共分三组，每组20名被试。

2. 针对问题7，根据文中表1的数据，绘制简单效应结果图9-2-1如下：

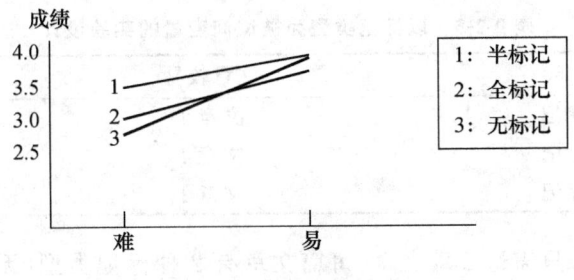

图 9-2-1　简单效应结果

说明：在文章较难时，半标记成绩高于全标记和无标记，全标记的均数高于无标记，但在统计上无差异。在文章较易时，三者之间无显著差异。

(三) 反思法

1. 该文有哪些不足或可改进之处？

（1）该文在实验步骤部分这样叙述："本实验的实施分为阅读与测试两个阶段。被试先阅读两篇文章，然后收回文章，发下测试题，进行测试。"在该实验中，文章难度为被试内变量。对于被试内变量，实验者要尽可能地减少其练习与疲劳效应给实验带来的负面影响。对该实验而言，每位被试应随机阅读两篇难度不同的文章，然而，作者在实验步骤的叙述中并没有明确说明。

（2）该实验为 2×3 两因素混合实验设计。被试间变量为标记类型，分为无标记、半标记和全标记三个水平；被试内变量为文章难度，分为容易与较难两个水平。从该研究的目的与假设来看，标记类型应是作者更为关注的因素。一般而言，在混合实验设计中，研究者往往将其关注的因素作为被试内变量，而这里却作为被试间变量。那么，如果将标记类型作为被试内变量是否可行？两种实验设计有何区别？列表比较如下：

① 以标记类型为被试内变量的实验设计：

表 9-2-2 以标记类型为被试内变量的实验设计

$N=60$	无标记	半标记	全标记
文章较易	文章 1	文章 2	文章 3
文章较难	文章 4	文章 5	文章 6

实验材料：需选 6 篇文章，每篇文章有 1 种标记，实际共需 4 个标记（无标记的文章有两篇）。

② 以标记类型为被试间变量的实验设计：

表 9-2-3 以标记类型为被试间变量的实验设计

$N=60$	文章较易	文章较难
无标记	文章 1	文章 2
半标记	文章 1	文章 2
全标记	文章 1	文章 2

实验材料：只需选 2 篇文章，每篇文章有 2 种标记类型（无标记的文章有两篇），实际共需 4 个标记。

比较上述两表可见：如以标记类型作为被试内变量，则选择实验材料的难度大为增加，具体为：一是需要选择 6 篇文章；二是文章 1,2,3 与文章 4,5,6 在难度与长度上均需匹配。因此，从上述比较分析可知：在混合实验设计中，究竟选择哪个因素为被试内变量，不仅涉及该因素的重要性，还涉及选择实验材料的可操作性与便利性。

2. 对作者提出的两个后续研究是否能提出相应的实验设计方案？

（1）组织结构图标记对聋生文章整体信息理解与保持的影响研究

2×3 两因素混合实验设计：

表 9-2-4　2×3 两因素混合实验设计

$N=60$（聋生）		文章难度	
		难	易
标记方式	无标记	S_1-S_{20}	S_1-S_{20}
	半标记	$S_{21}-S_{40}$	$S_{21}-S_{40}$
	全标记	$S_{41}-S_{60}$	$S_{41}-S_{60}$

（2）不同标记方式对文章整体信息理解与保持的影响研究

2×3 两因素混合实验设计：

表 9-2-5　2×3 两因素混合实验设计

$N=60$		文章难度	
		难	易
标记方式	组织结构图标记	S_1-S_{20}	S_1-S_{20}
	画线标记	$S_{21}-S_{40}$	$S_{21}-S_{40}$
	列提纲标记	$S_{41}-S_{60}$	$S_{41}-S_{60}$

本章小结

实验研究报告精读的三种方法，即自我提问法、列表与图示法以及反思法。

1. 自我提问法

在精读实验报告的过程中，要不断进行自我提问，并将这些问题记录下来。随着阅读的深入，随时进行自我监控，自问哪些问题解决了？哪些问题还有疑问？

2. 列表与图示法

所谓的列表与图示法就是对报告中的有关内容进行整理，提取关键信息，并用两维表与图示的形式表现出来，使其更为清晰与明了。

3. 反思法

在读完整篇实验研究报告后，要进行一系列的自我反思。

思考与练习

请用自我提问法、列表与图示法及反思法对以下两篇实验报告进行精读：

1. 伍新春等，拼音在儿童分享阅读中的作用，心理科学，2002 年，25(5)：548—551.

2. 王甦、李丽，整体—局部范式下的负启动效应，心理学报，2002，34(3)：223—228.

参考资料

1. 杜晓新,宋永宁.特殊教育研究方法[M].北京:北京大学出版社,2011.
2. 丁国盛,等.SPSS统计教程——从研究设计到数据分析[M].北京:机械工业出版社,2006.
3. 林正治.单一受试研究法[M].台北:心理出版社,2006.
4. 卢纹岱.SPSS for Windows 统计分析[M].北京:电子工业出版社,1996.
5. 舒华.心理与教育研究中的多因素实验设计[M].北京:北京师范大学出版社,1994.
6. 刘红云,张雷.追踪数据分析方法及其应用[M].北京:教育科学出版社,2005.
7. 杜晓新,宋永宁,黄昭鸣.组织结构图标记对文章整体信息理解与保持的影响[J].心理科学,2006,29(5):1101—1103.
8. 耿海燕,朱滢.Stroop效应及其反转:无意识和意识直觉[J].心理科学,2001(24):5.